普通高等教育"十一五"国家级规划教材

普通高等专科教育机电类规划教材

2007年度普通高等教育国家精品教材

机 械 工 程 学

主 编 丁树模 刘跃南
副主编 丁问司 黄麓升

机械工业出版社

本书为高职高专机电类规划教材。内容包括机械传动、液压与气压传动、机械制造基础三部分。本书着重叙述了电气类专业所需要的机械工程基础知识，并加强与电气控制联系较为密切内容的介绍。针对高等职业技术教育的特点，通过对内容的精选，注意做到简化理论，突出重点，力求实用；书中多采用简明易懂的插图，如立体图、结构示意图等，便于学生对教材内容的理解。全书严格执行了新的国家标准。本书除具有上述特色外，还在较大程度上介绍与反映了现代机械科学技术的新成果。

本书主要用作高职高专电气类专业教材，也可供大专院校相关专业选用

本书配有电子课件，可发送电子邮件至 cmpgaozhi@sina.com 索取。咨询电话：010-88379375。

图书在版编目（CIP）数据

机械工程学/丁树模，刘跃南主编. —北京：机械工业出版社，2006.7
（2013.6 重印）
普通高等专科教育机电类规划教材
普通高等教育"十一五"国家级规划教材
ISBN 978-7-111- 17039-6

Ⅰ. 机…　Ⅱ.①丁…②刘…　Ⅲ. 机械工程学—高等学校：技术学校—教材　Ⅳ. TH

中国版本图书馆 CIP 数据核字（2005）第 070173 号

机械工业出版社（北京市百万庄大街22号　邮政编码100037）
策划编辑：李超群　王海峰　责任编辑：王海峰　版式设计：冉晓华
责任校对：樊钟英　　　　　责任印制：杨　曦
北京中兴印刷有限公司印刷
2013 年 6 月第 1 版第 6 次印刷
184mm×260mm · 19 印张 · 463 千字
14 001—16 000 册
标准书号：ISBN 978-7-111-17039-6
定价：35.00 元

前　言

本书是高等职业技术院校电气类专业的技术基础课教材，其内容包括三个部分：机械传动、液压与气压传动、机械制造基础。对于"机械工程学"这一门综合性课程来说，还应包括机械制图、工程力学等更为宽广的内容，但鉴于该两方面内容往往另行设课，本书就不再将此编入。

通过本书在教学中的使用，学生可达到如下要求：①了解机械传动中各种常用机构和通用零部件的基本结构原理、特点和应用；②初步掌握液压传动与气压传动中常用元件及典型回路的工作原理、特点和应用，并初步具备阅读一般液压与气动系统图的能力；③了解机械工程材料、金属热加工基础知识，了解金属切削加工的常用工艺方法，熟悉几种典型通用机床的组成、运动和应用特点；④了解几种常用的特种加工技术基本原理及其适用范围；⑤了解机械加工自动化的基本知识，包括组合机床及其自动线、数控机床、计算机辅助设计与制造方面的基本知识。

本书着重电气类专业所需机械工程基础知识的叙述，并加强与电气控制联系较为密切的内容的介绍。针对高等职业技术教育的特点，通过对内容的精选，注意做到简化理论，突出重点，力求实用；书中多采用简明易懂的插图，如立体图、结构示意图等，便于学生对教材内容的理解。全书严格执行了新的国家标准。此外，本书还在较大程度上介绍与反映了现代机械科学技术的新成果。

本书除可作为高职高专工业电气化、数控技术、电子技术、计算机应用等专业的教材外，还适用于电类其他相关专业，工业电气技术人员亦可参阅。

本书的编写工作由广州大学松田学院丁树模（第二、三章）、深圳职业技术学院刘跃南（第十三、十四章）、华南理工大学丁问司（第一、四～七、十二章）、湖南工程学院黄麓升（第十五、十六章）、广州大学松田学院王刚（第八、九章）、刘雁（第十、十一章）共同完成。丁树模、刘跃南任主编，丁问司、黄麓升任副主编。

由于编者水平所限，书中难免存在不少缺点和错误，敬希广大读者批评指正。

编　者
2005 年 2 月

目　　录

前言

第一篇　机　械　传　动

第一章　常用机构 ……………………………………………………… 3

第一节　基本概念 …………………………………………………… 3
第二节　平面连杆机构 ……………………………………………… 5
第三节　凸轮机构 …………………………………………………… 11
第四节　螺旋机构 …………………………………………………… 14
第五节　间歇运动机构 ……………………………………………… 18
复习题 ………………………………………………………………… 19

第二章　常用机械传动装置 ……………………………………………… 21

第一节　带传动 ……………………………………………………… 21
第二节　链传动 ……………………………………………………… 24
第三节　齿轮传动 …………………………………………………… 25
第四节　蜗杆传动 …………………………………………………… 35
复习题 ………………………………………………………………… 36

第三章　轴、轴承、联轴器、离合器、制动器 ………………………… 37

第一节　轴 …………………………………………………………… 37
第二节　轴承 ………………………………………………………… 39
第三节　联轴器、离合器、制动器 ………………………………… 47
复习题 ………………………………………………………………… 52

第二篇　液压与气压传动

第四章　液压传动概述 …………………………………………………… 55

第一节　液压传动的原理和组成 …………………………………… 55
第二节　液压传动的优缺点 ………………………………………… 57
第三节　液压传动的两个基本参数——压力、流量 ……………… 58
第四节　液压传动用油的选择 ……………………………………… 60
复习题 ………………………………………………………………… 61

第五章 液压泵、液压马达和液压缸 ……………………………………………… 62

第一节 液压泵 ………………………………………………………………………… 63
第二节 液压马达 ……………………………………………………………………… 68
第三节 液压缸 ………………………………………………………………………… 69
复习题 ………………………………………………………………………………… 73

第六章 液压控制阀 …………………………………………………………………… 74

第一节 方向阀 ………………………………………………………………………… 74
第二节 压力阀 ………………………………………………………………………… 80
第三节 流量阀 ………………………………………………………………………… 85
第四节 比例阀、插装阀和数字阀 …………………………………………………… 87
第五节 液压伺服阀和电液伺服阀 …………………………………………………… 91
复习题 ………………………………………………………………………………… 95

第七章 液压辅件 ……………………………………………………………………… 96

第一节 过滤器 ………………………………………………………………………… 96
第二节 蓄能器 ………………………………………………………………………… 97
第三节 压力计和压力计开关 ………………………………………………………… 98
第四节 油管和管接头 ………………………………………………………………… 99
第五节 阀类连接块 …………………………………………………………………… 100
第六节 油箱 …………………………………………………………………………… 101
复习题 ………………………………………………………………………………… 102

第八章 液压基本回路 ………………………………………………………………… 103

第一节 压力控制回路 ………………………………………………………………… 103
第二节 速度控制回路 ………………………………………………………………… 105
第三节 多缸动作回路 ………………………………………………………………… 111
复习题 ………………………………………………………………………………… 113

第九章 典型液压系统 ………………………………………………………………… 115

第一节 组合机床动力滑台液压系统 ………………………………………………… 115
第二节 数控车床液压系统 …………………………………………………………… 118
第三节 液压机液压系统 ……………………………………………………………… 120
复习题 ………………………………………………………………………………… 123

第十章 气压传动 ……………………………………………………………………… 124

第一节 气压传动的工作原理、组成及优缺点 ……………………………………… 124
第二节 气动元件 ……………………………………………………………………… 126

第三节 气动基本回路及系统实例 ………………………………………………… 136

复习题 …………………………………………………………………………………… 142

第三篇　机械制造基础

第十一章　机械工程材料 …………………………………………………………… 145

第一节 金属材料的主要性能 ……………………………………………………… 145

第二节 常用金属材料 ……………………………………………………………… 148

第三节 钢的热处理 ………………………………………………………………… 153

第四节 非金属工程材料 …………………………………………………………… 156

复习题 ………………………………………………………………………………… 158

第十二章　金属热加工 ……………………………………………………………… 160

第一节 铸造 ………………………………………………………………………… 160

第二节 锻压 ………………………………………………………………………… 168

第三节 焊接 ………………………………………………………………………… 180

复习题 ………………………………………………………………………………… 190

第十三章　金属切削加工概述 ……………………………………………………… 191

第一节 切削运动和切削用量 ……………………………………………………… 191

第二节 金属切削刀具 ……………………………………………………………… 193

第三节 切削力、切削热和切削液 ………………………………………………… 199

第四节 机床的分类与型号 ………………………………………………………… 200

第五节 机床传动系统的基本概念 ………………………………………………… 203

复习题 ………………………………………………………………………………… 205

第十四章　常用切削加工方法与设备 ……………………………………………… 206

第一节 车床及车削加工 …………………………………………………………… 206

第二节 铣床及铣削加工 …………………………………………………………… 220

第三节 钻床及钻削加工 …………………………………………………………… 225

第四节 镗床及镗削加工 …………………………………………………………… 227

第五节 刨床及刨削加工 …………………………………………………………… 230

第六节 磨床及磨削加工 …………………………………………………………… 233

复习题 ………………………………………………………………………………… 238

第十五章　特种加工 ………………………………………………………………… 239

第一节 概述 ………………………………………………………………………… 239

第二节 电火花加工 ………………………………………………………………… 240

第三节 电解加工 …………………………………………………………………… 244

第四节　超声波加工 ……………………………………………………………………… 245

第五节　激光加工 ………………………………………………………………………… 246

第六节　电子束和离子束加工 …………………………………………………………… 247

第七节　复合加工 ………………………………………………………………………… 249

复习题 …………………………………………………………………………………… 250

第十六章　机械加工自动化 ……………………………………………………… 251

第一节　组合机床及其自动线 …………………………………………………………… 251

第二节　数控机床 ………………………………………………………………………… 261

第三节　现代制造技术 …………………………………………………………………… 267

复习题 …………………………………………………………………………………… 280

附　录 ………………………………………………………………………………… 282

附录 A　机构运动简图符号（摘自 GB／T4460—1984）…………………………………… 282

附录 B　常用液压与气动元件图形符号（摘自 GB／T786.1—1993）……………………… 290

参考文献 …………………………………………………………………………………… 295

第 一 篇

机 械 传 动

　　机械传动是采用机械链接的方式来传递动力和运动的传动。在生产实际中，机械传动是一种最基本的传动方式。因为机械传动总是通过各种机构和零部件的运动来实现的，所以本篇将对一些常用传动机构和零部件的结构原理、性能特点及传动规律作必要的叙述。

第一章

常用机构

 本章学习目的

通过本章学习，掌握组成机器和机械的各种单元体的基本概念，熟悉几种常用机构的功用、工作原理、特点及应用。

 本章要点

1. 零件、构件、部件的基本概念
2. 机器、机构、机械的基本概念
3. 平面连杆机构、曲柄滑块机构、凸轮机构、螺旋机构、间歇运动机构的功用、工作原理、特点及应用实例

常用机构主要包括平面连杆机构、曲柄滑块机构、凸轮机构、螺旋机构和间歇运动机构等。常用机构的基本功用是变换运动形式，例如，将回转运动变换为往复直线运动，将匀速转动变换为非匀速转动或间歇性运动等。

第一节 基 本 概 念

一、零件、构件、部件

任何机器都是由零件组成的，如齿轮、螺钉等。所谓零件，是指机器中每一个最基本的制造单元体。

但是，当我们分析机器的运动时，可以看到，并不是所有的零件都能单独地影响机器的运动，而常常由于结构上的需要，把几个零件刚性地连接在一起，作为一个整体而运动。例如在图 1-1 所示的单缸内燃机中，运动件连杆 7 就是由连杆体、连杆头、螺栓和螺母等零件刚性连接在一起而构成的(见图 1-2)。在机器中，由一个或几个零件所构成的运动单元体，称为构件。

应当指出，构件和通常所说的部件（或组件）是有原则区别的。部件是指机器中由若干零件所组成的装配单元体，部件中的各零件之间不一定具有刚性联系。把一台机器划分为若干个部件，其目的是有利于设计、制造、运输、安装和维修。

二、机器、机构、机械

图 1-1 所示的单缸内燃机是由气缸体 1、活塞 2、进气阀 3、排气阀 4、推杆 5、凸轮 6、

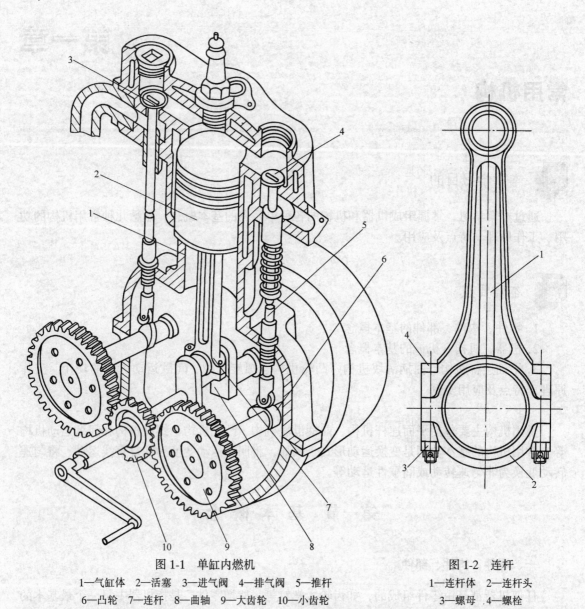

图 1-1　单缸内燃机

1—气缸体　2—活塞　3—进气阀　4—排气阀　5—推杆
6—凸轮　7—连杆　8—曲轴　9—大齿轮　10—小齿轮

图 1-2　连杆

1—连杆体　2—连杆头
3—螺母　4—螺栓

连杆 7、曲轴 8 和大齿轮 9、小齿轮 10 等构件所组成的。活塞的往复移动通过连杆转变为曲轴的连续转动。凸轮和推杆是用来打开或关闭进气阀和排气阀的。为了保证曲轴每转两周进、排气阀各开闭一次，在曲轴和凸轮之间安装了齿数比为 1:2 的一对齿轮。这样，当燃气推动活塞运动时，进、排气阀有规律地开闭，就把燃气的热能转换为曲轴转动的机械能。

从这个例子可以看出，机器具有以下特征：①它是由许多构件经人工组合而成的；②这些构件之间具有确定的相对运动；③它用来代替人的劳动去转换产生机械能（如内燃机、电动机分别将热能和电能转换为机械能）或完成有用的机械功（如金属切削机床的切削加工）。

具有机器前两个特征的多构件组合体，称为机构。机构能实现一定规律的运动。例如在图 1-1 中，由曲轴、连杆、活塞和气缸体所组成的曲柄滑块机构可以把往复直线移动转变为连续转动；由大、小齿轮和气缸体所组成的齿轮机构可以改变转速的大小和方向；由凸轮、推杆和气缸体所组成的凸轮机构可以将连续转动转变为预定规律的往复移动。

机器是由机构组成的。当一个或几个机构的组合能代替人的劳动来转换机械能，或完成有用的机械功时，就成为机器。

机器和机构一般总称为机械。

三、运动副

机构是由许多构件组合而成的。在机构中，每个构件都以一定的方式与其他构件相互连接，这些连接都不是刚性的，两构件之间存在着一定的相对运动。这种使两构件直接接触而又能产生一定相对运动的连接称为运动副。

在图 1-1 所示的内燃机中，活塞和连杆、曲轴和气缸体以及曲轴和连杆之间是用销轴与圆孔构成的连接，这类运动副称为转动副；活塞和气缸体之间是用滑块与滑道构成的连接，这类运动副称为移动副；二齿轮间用齿廓构成的连接称为齿轮副；凸轮和推杆（从动杆）之间的连接称为凸轮副。

第二节　平面连杆机构

连杆机构是用转动副和移动副将构件相互连接而成的机构，用以实现运动变换和动力传递。连杆机构中各构件的形状，因实际结构及要求不同，并非都为杆状，但从运动原理来看，可由等效的杆状构件代替，所以通常称为连杆机构。连杆机构按各构件间相对运动性质的不同，可分为空间连杆机构和平面连杆机构两类。平面连杆机构各构件间的相对运动均在同一平面或相互平行的平面内。在各种机械设备和仪器、仪表中，平面连杆机构的应用十分普遍。下面介绍平面连杆机构的两种结构形式：铰链四杆机构和曲柄滑块机构。

一、铰链四杆机构

在平面连杆机构中，有一种由四个构件相互用铰销连接而成的机构，这种机构称为铰链四杆机构，简称四杆机构。

图 1-3 所示破碎机的破碎机构采用了四杆机构。当轮子绕固定轴心 A 转动时，通过轮上的偏心销 B 和连杆 BC，使动颚板 CD 往复摆动。当动颚板摆向左方时，它与固定颚板间的空间变大，使矿石下落；摆向右方时，矿石在两板之间被轧碎。

如用四个具有等效运动规律的杆件代替图 1-3 中相应的构件，则可绘出如图 1-4 所示的四杆机构图，其中 A、B、C、D 分别为四个铰链。铰链的结构和简化画法如图 1-5 所示。

在分析研究机构的运动时，为了方便起见，并不需要完全画出机构的真实图形，只需用规定符号（见附录 A）画出能表达其运动特性的简化图形，这种简化图形称为机构运动简图（简称机构简图）。图 1-6 所示为铰链四杆机构运动简图，图中箭头表示构件的运动方向。

在上述四杆机构中，构件 AD 固定不动，称为静件或机架。构件 AB 可绕轴 A 作整周转动，称为曲柄。构件 CD 可绕轴 D 作往复摆动，称为摇杆。曲柄和摇杆统称为臂。连接两臂的构件 BC 称为连杆。

除了机架和连杆外，四杆机构中其余两杆可能分别为曲柄和摇杆，也可能都为曲柄或都为摇杆，因而构成具有不同运动特点的四杆机构，其基本形式有以下三种：

1. 曲柄摇杆机构

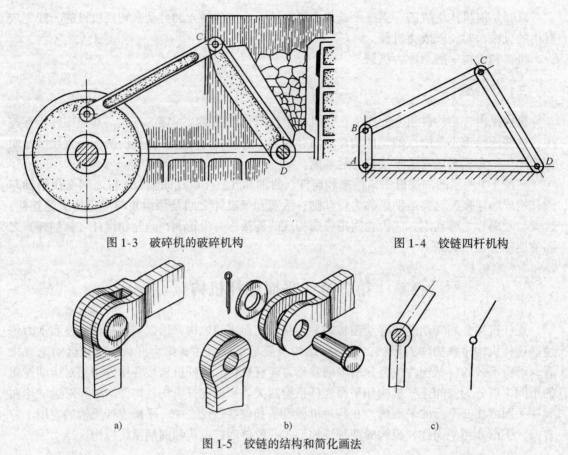

图 1-3 破碎机的破碎机构   图 1-4 铰链四杆机构

图 1-5 铰链的结构和简化画法

a) 外观 b) 组成 c) 简化画法

在四杆机构中，如果一个臂为曲柄，另一个臂为摇杆，则此机构称为曲柄摇杆机构。

在曲柄摇杆机构中，当曲柄为主动件时，可将曲柄的整周连续转动转变为摇杆的往复摆动（见图 1-3 所示破碎机的破碎机构）；当摇杆为主动件时，可将摇杆的往复摆动转变为曲柄的整周连续转动。在缝纫机的驱动机构（见图 1-7）中，踏板即为摇杆，曲轴即为曲柄，当踏板作往复摆动时，通过连杆能使曲轴作整周的连续转动。

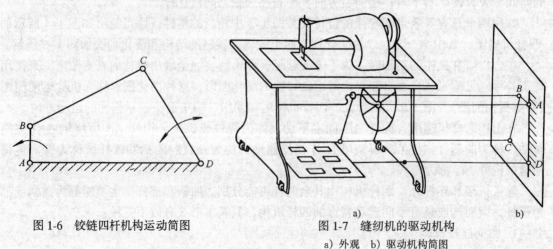

图 1-6 铰链四杆机构运动简图   图 1-7 缝纫机的驱动机构

a) 外观 b) 驱动机构简图

分析曲柄摇杆机构还须注意以下两个特点：

（1）具有急回特性 如图 1-8 所示，当曲柄 AB 为主动件并作等速回转时，摇杆 CD 为从动件作变速往复摆动。由图可见，曲柄 AB 在回转一周的过程中，有两次与连杆 BC 共线，此时摇杆 CD 分别位于两极限位置 C_1D 和 C_2D，摇杆两极限位置的夹角 φ 称为最大摆角。摇杆沿两个方向摆过这一 φ 角时，对应着曲柄的转角分别为 α_1 和 α_2。因为曲柄是以等速回转的，所以 α_1 与 α_2 之比就代表了摇杆往复运动所需时间之比。图中 $\alpha_1 > \alpha_2$，显然摇杆往复摆动同样的角度 φ 所需时间不等。这种从动件往复运动所需时间不等的性质称为急回特性。在生产中，利用机构的急回特性，将慢行程作为工作行程，快行程作为空回行程，则既能保证工作质量，又能提高生产效率。

（2）存在死点位置 如以图 1-8 中的摇杆为主动件、曲柄为从动件，则当摇杆 CD 到达两极限位置 C_1D 和 C_2D 时，连杆和曲柄在一条直线上，连杆加于曲柄的力将通过铰链 A 的中心，作用力矩等于零，因此，不论加力多大，都不能推动曲柄。机构中的这两个极限位置称为死点位置。对传动来说，机构存在死点位置是一个缺陷，这个缺陷常利用构件的惯性力加以克服，如缝纫机的驱动机构在运动中就是依靠飞轮的惯性通过死点的。

曲柄摇杆机构应用相当广泛，如前所述的颚式破碎机的破碎机构、缝纫机的驱动机构以及搅拌机构（见图 1-9）、牛头刨床的进给机构（见图 1-10）等都是应用的实例。

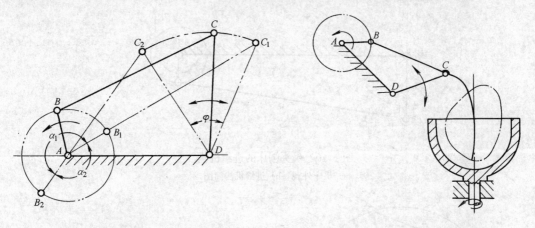

图 1-8 摇杆的最大摆角和死点位置   图 1-9 搅拌机的搅拌机构

牛头刨床的进给运动是间歇运动，每当刨刀返回后，工作台带动工件进给一次。当轮子绕轴 A 转动时（见图 1-10），通过轮子上的偏心销 B 和杆 BC，使带有棘爪的杆 CD 左右摆动。棘爪推动固定在丝杠上的棘轮，使丝杠产生间歇转动，再通过固定在工作台内的螺母，使工作台实现断续进给运动。

2．双曲柄机构

在四杆机构中，如果两臂均为曲柄，则此机构称为双曲柄机构。在双曲柄机构中，两曲柄可分别作为主动件。如图 1-11 所示，若以曲柄 AB 为主动件，则当曲柄 AB 转过 180° 至 AB′ 时，从动曲柄 CD 则转至 C′D，转角为 α_1。当主动曲柄连续再转 180° 由 AB′ 转回至 AB 时，则从动曲柄也由 C′D 转回至 CD，转角为 α_2，显然 $\alpha_1 > \alpha_2$。故这种双曲柄运动特点是：主动曲柄等速回转一周时，从动曲柄变速回转一周，从动曲柄的角速度在一周中有时小于主动曲柄的角速度，有时大于主动曲柄的角速度。图1-12所示的惯性筛就是利用了双曲柄机构的运动特点，使筛子作急回运动。

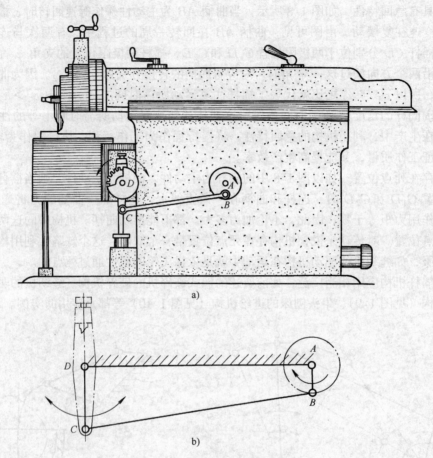

图 1-10　牛头刨床的进给机构

a) 机床外观　b) 进给机构简图

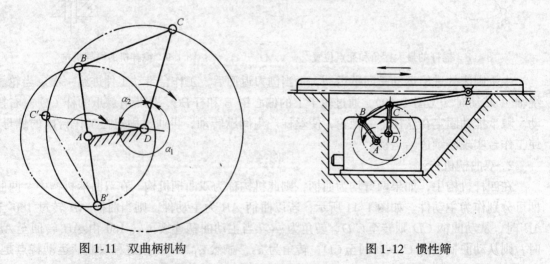

图 1-11　双曲柄机构　　　　　　　图 1-12　惯性筛

在双曲柄机构中，若两曲柄等长，连杆与静件也等长，则根据曲柄相对位置的不同，可得到平行双曲柄机构（见图 1-13a）和反向双曲柄机构（见图 1-13b）。前者两曲柄的回转方向相同，且角速度时时相等；而后者两曲柄的回转方向相反，且角速度不等。由于平行双曲柄机构具有等比传动的特点，故在传动机械中常常采用。图 1-14 所示的机车主动轮联动装置就应用了平行双曲柄机构。为防止这种机构在运动过程中变成反向双曲柄机构，这里装了一个辅助曲柄 EF。

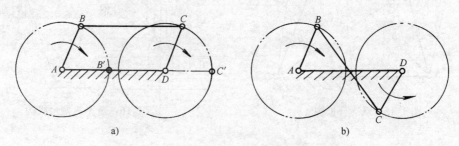

图 1-13　平行双曲柄机构和反向双曲柄机构

a) 平行双曲柄机构　b) 反向双曲柄机构

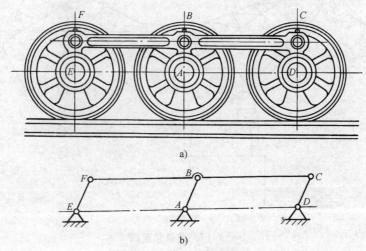

a)

b)

图 1-14　机车主动轮联动装置

a) 结构示意　b) 机构简图

3. 双摇杆机构

在四杆机构中，如果两个臂均为摇杆，则此机构称为双摇杆机构，如图 1-15 所示。在双摇杆机构中，两摇杆可以分别作为主动件。当连杆与从动摇杆成一直线时，机构处于死点位置。

图 1-16 所示的造型机翻台机构即采用了双摇杆机构。当摇杆摆动时，翻台处于合模和脱模两个工作位置。

图 1-17 所示的港口起重机也采用了双摇杆机构，该机构利用连杆上的特殊点 M 来实现货物的水平吊运。

以上我们讨论了三种不同形式的四杆机构。为什么有不同形式之分呢？这是因为机构形式与各杆间的相对长度和机架的选取有关。在四杆机构中，当最短杆与最长杆长度之和小于或等于其余两杆长度之和时，一般可以有以下三种情况：

1) 取与最短杆相邻的任一杆为静件，并取最短杆为曲柄，则此机构为曲柄摇杆机构；

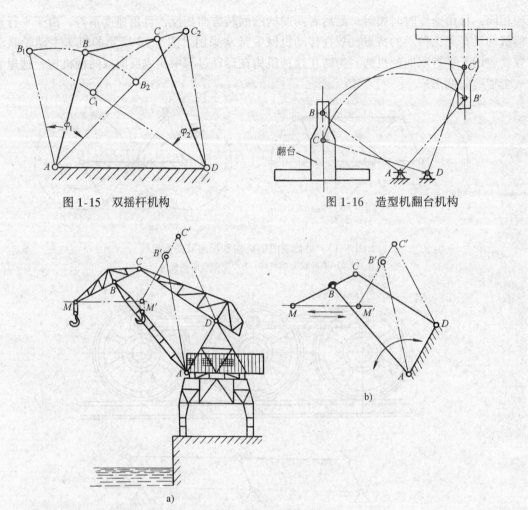

图 1-15 双摇杆机构   图 1-16 造型机翻台机构

图 1-17 港口起重机

a) 结构示意   b) 机构简图

2) 取最短杆为静件时，此机构为双曲柄机构；

3) 取最短杆对面的杆为静件时，此机构为双摇杆机构。

当四杆机构中最短杆与最长杆长度之和大于其余两杆长度之和时，则不论取哪一杆为静件，都只能构成双摇杆机构。表 1-1 示出铰链四杆机构基本形式的判别。

表 1-1 铰链四杆机构基本形式的判别

$a+d \leqslant b+c$			$a+d>b+c$
双曲柄机构	曲柄摇杆机构	双摇杆机构	双摇杆机构
最短杆固定	与最短杆相邻的杆固定	与最短杆相对的杆固定	任意杆固定

注：a—最短杆长度；d—最长杆长度；b、c—其余两杆长度。

二、曲柄滑块机构

曲柄滑块机构是由曲柄、连杆、滑块及机架组成的另一种平面连杆机构，图 1-18 为曲柄滑块机构简图。在曲柄滑块机构中，若曲柄为主动件，当曲柄作整周连续转动时，可通过连杆带动滑块作往复直线运动；反之，若滑块为主动件，当滑块作往复直线运动时，又可通过连杆带动曲柄作整周连续转动。

在曲柄滑块机构中，若滑块为主动件，则当连杆与曲柄成一直线时，机构处于死点位置。

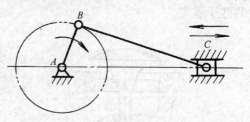

图 1-18　曲柄滑块机构

曲柄滑块机构在各种机械中应用相当广泛。在曲柄压力机中应用曲柄滑块机构（见图 1-19）是将曲柄转动变为滑块往复直线移动；而在内燃机中应用曲柄滑块机构（见图 1-20）则是将滑块（活塞）往复直线移动变为曲柄转动。

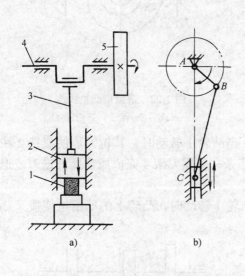

图 1-19　压力机中的曲柄滑块机构
a）机构示意　b）机构简图
1—工件　2—滑块　3—连杆　4—曲轴　5—齿轮

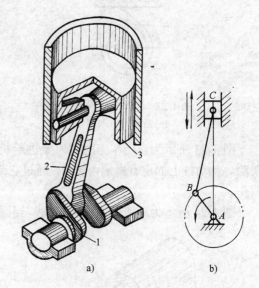

图 1-20　内燃机中的曲柄滑块机构
a）机构示意　b）机构简图
1—曲轴　2—连杆　3—活塞

第三节　凸 轮 机 构

一、凸轮机构的应用和特点

凸轮机构在机械传动中应用很广，下面介绍几个应用实例。

图 1-21 所示为内燃机气阀机构。当凸轮 1 匀速转动时，其轮廓迫使气阀 2 往复移动，从而按预定时间打开或关闭气门，完成配气动作。

图 1-22 所示为铸造车间造型机的凸轮机构。当凸轮 1 按图示方向转动时，在一段时间内，凸轮轮廓推动滚子 2 使工作台 3 上升；在另一段时间内，凸轮让滚子落下，工作台便自由落下。当凸轮连续转动时，工作台便上下往复运动，因碰撞而产生震动，将工作台上砂箱中的砂子震实。

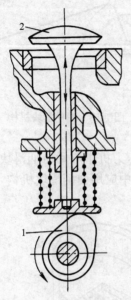

图 1-21 内燃机气阀机构
1—凸轮 2—气阀

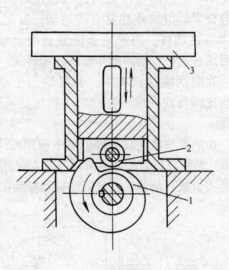

图 1-22 造型机凸轮机构
1—凸轮 2—滚子 3—工作台

图 1-23 所示为自动车床的横刀架进给机构。当凸轮 1 转动时，其轮廓迫使摆杆 2 往复摆动。从动杆上固定有扇形齿轮 3，通过它带动齿条，使横刀架 4 完成所需要的进刀或退刀动作。

图 1-24 所示为车床变速操纵机构。当圆柱凸轮 1 转动时，凸轮上的凹槽迫使拨叉 2 左

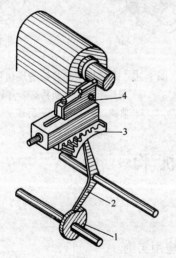

图 1-23 横刀架进给机构
1—凸轮 2—摆杆 3—扇形齿轮 4—横刀架

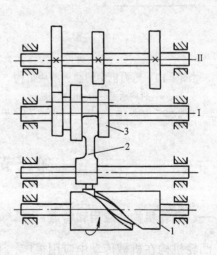

图 1-24 变速操纵机构
1—圆柱凸轮 2—拨叉 3—三联滑移齿轮

右移动，从而带动三联滑移齿轮 3 在轴 I 上滑动，使它的各个齿轮分别与轴 II 上的固定齿轮啮合，这样轴 II 就可以得到三种不同的转速。

图 1-25 为缝纫机的挑线机构。主动件是带凹槽的圆柱凸轮 1，从动件是绕定轴 O 摆动的挑线杆 2，挑线杆在 A 点处装有滚子。当凸轮转动时，通过凹槽和滚子迫使挑线杆往复摆动，以完成挑线运动。

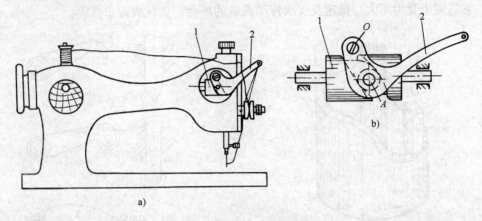

图 1-25　缝纫机挑线机构
a) 总体外观　b) 机构示意
1—圆柱凸轮　2—挑线杆

从上述实例可知，凸轮机构主要由凸轮、从动杆和机架所组成。凸轮是一个具有曲线轮廓或凹槽的构件，而图 1-21 的气阀、图 1-22 的工作台、图 1-23 的摆杆、图 1-24 的拨叉、图 1-25 的挑线杆都是凸轮机构中的从动杆。

在凸轮机构中，当凸轮转动时，借助于本身的曲线轮廓或凹槽迫使从动杆作一定规律的运动，即从动杆的运动规律取决于凸轮轮廓曲线或凹槽曲线的形状。

凸轮机构的最大优点是：只要做出适当的凸轮轮廓，就可以使从动杆得到任意预定的运动规律，并且结构比较简单、紧凑。因此，凸轮机构被广泛地应用在各种自动或半自动的机械设备中。凸轮机构的主要缺点是：凸轮轮廓加工比较困难；凸轮轮廓与从动杆之间是点或线接触，容易磨损。所以通常多用于传递动力不大的辅助装置中。

二、凸轮机构的类型

凸轮机构的种类很多，一般分类如下：

1. 按凸轮的形状分

（1）盘形凸轮机构　在这种凸轮机构中，凸轮是一个具有变化半径的圆盘，其从动杆在垂直于凸轮回转轴线的平面内运动（见图 1-21、图 1-22、图 1-23）。

（2）移动凸轮机构　当盘形凸轮的回转中心趋于无穷远时，就成为移动凸轮。在移动凸轮机构中，凸轮作往复直线运动（见图 1-26）。

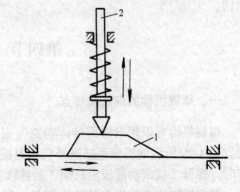

图 1-26　移动凸轮机构
1—凸轮　2—从动杆

（3）圆柱凸轮机构　此机构中的凸轮为一具有凹槽或曲形端面的圆柱体（见图1-24、图1-25、图1-27）。

2．按从动杆的形式分

（1）尖顶从动杆凸轮机构　这种凸轮机构的从动杆结构简单（见图1-28a），并且由于它以尖顶和凸轮接触，因此对于较复杂的凸轮轮廓也能准确地获得所需要的运动规律，但容易磨损。它适用于受力不大、低速及要求传动灵敏的场合，如仪表记录仪等。

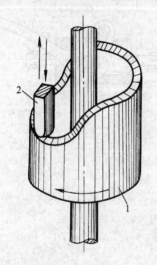
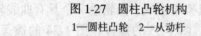
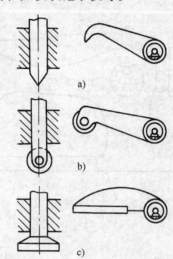

图1-27　圆柱凸轮机构
1—圆柱凸轮　2—从动杆

图1-28　从动杆的形式
a）尖顶从动杆　b）滚子从动杆　c）平底从动杆

（2）滚子从动杆凸轮机构　这种凸轮机构的从动杆（见图1-28b）与凸轮表面之间的摩擦阻力小，但结构复杂。一般适用于速度不高、载荷较大的场合，如用于各种自动化的生产机械等。

（3）平底从动杆凸轮机构　在这种凸轮机构中，从动杆（见图1-28c）的底面与凸轮轮廓表面之间容易形成楔形油膜，能减少磨损，故适用于高速传动。但平底从动杆不能用于具有内凹轮廓曲线的凸轮。

此外，按从动杆的运动方式，凸轮机构还可分为移动从动杆凸轮机构和摆动从动杆凸轮机构。

第四节　螺旋机构

一、螺旋机构的应用和特点

螺旋机构可以用来把回转运动变为直线移动，在各种机械设备和仪器中得到广泛的应用。图1-29所示的机床手摇进给机构是应用螺旋机构的一个实例，当摇动手轮使螺杆1旋转时，螺母2就带动滑板沿机架3的导轨面移动。

螺旋机构的主要优点是结构简单，制造方便，能将较小的回转力矩转变为较大的轴向力，能达到较高的传动精度，并且工作平稳，定位可靠。它的主要缺点是摩擦损失大，传动效率低，因此一般不用来传递大的功率。

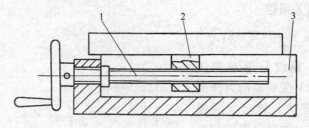

图 1-29　机床手摇进给机构

1—螺杆　2—螺母　3—机架

二、螺旋机构的螺纹

1. 螺纹的类型

根据螺纹截面形状的不同，螺纹分为矩形、梯形、锯齿形和三角形等几种（见图1-30）。其中，矩形螺纹难于精确制造，故应用较少；梯形及锯齿形螺纹在螺旋机构中得到广泛的应用；三角形螺纹主要用于联接。

根据螺旋线旋绕方向的不同，螺纹可分为右旋和左旋两种（见图1-31）。当螺纹的轴线垂直于水平面时，正面的螺纹向右上方倾斜上升为右旋螺纹（见图1-31a、c），反之为左旋螺纹（见图1-31b）。一般机械中大多采用右旋螺纹。

根据螺旋线数目的不同，螺纹又可分为单线、双线、三线和多线等几种。图 1-31 中，图 a 为单线螺纹，图 b 为双线螺纹，图 c 为三线螺纹。

2. 螺纹的导程和升角

由图 1-31 可知，螺纹的导程 L 与螺距 P 及线数 n 的关系是

$$L = nP \qquad (1-1)$$

在图 1-32 中，若直径为 d 的圆柱面上有一根螺旋线

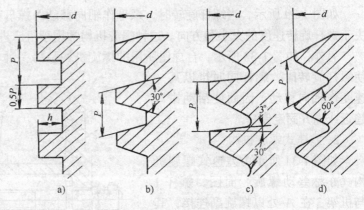

图 1-30　螺纹的牙型

a) 矩形　b) 梯形　c) 锯齿形　d) 三角形

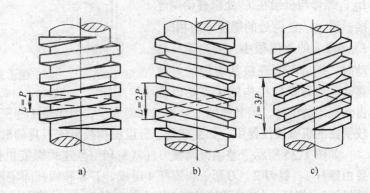

图 1-31　螺纹的旋向和线数

a) 右旋，单线　b) 左旋，双线　c) 右旋，三线

ABC，将其展开在轴向平面内则为直线 AC'，AC' 与圆柱轴线的垂直平面之间的夹角 ψ 即为螺纹升角。根据几何关系得

$$\tan\psi = \frac{L}{\pi d} \qquad (1\text{-}2)$$

在一般情况下，螺纹升角 ψ 都较小，当螺杆（或螺母）受到轴向力作用时，无论这个力有多大，螺母（或螺杆）也不会自行松退，这就是螺纹的自锁作用。由于螺旋机构易于自锁，故在停止传动的情况下，能够实现精确可靠的轴向定位。

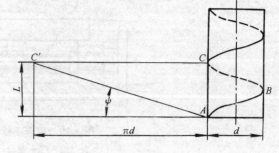

图 1-32　螺纹升角

三、螺旋机构的形式

根据从动件运动状况的不同，螺旋机构有单速式、差速式和增速式三种基本形式。

1. 单速式螺旋机构

如图 1-29 所示，当螺杆旋转时，螺母作轴向移动，螺母移动速度的大小和方向完全取决于螺杆旋转速度的大小和方向。这种螺旋机构常用于机床进给机构、平口虎钳等装置中。

另外，如图 1-33 所示，台虎钳所用的螺旋机构是另一种单速式螺旋机构，当搬动手柄使螺杆旋转时，螺杆同时也以某一速度作轴向移动，因而使活动钳口趋近或离开固定钳口。

2. 差速式螺旋机构

如图 1-34 所示为差速式螺旋机构（亦称差动螺旋）简图。螺杆 1 与机架 3 在 A 处以螺旋副连接，其螺纹导程为 L_A；与螺母 2 在 B 处亦以螺旋副连接，其螺纹导程为 L_B；螺母与机架在 C 处以移动副连接。设 A、B 两处的螺旋方向相同，L_A 和 L_B 的差值很小，则当螺杆转动时，螺母可实现极其缓慢的差速移动。这种螺旋机构的优点是既能

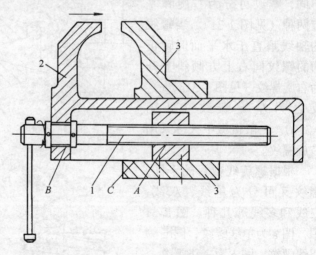

图 1-33　台虎钳
1—螺杆　2—活动钳口　3—固定钳口

得到极小的位移，而其螺纹的导程又无需太小，因而便于加工制造。差速式螺旋机构常用于较精密的机械或仪器中，如测微器、分度机构及机床刀具的微调机构等。

如图 1-35 所示，差动微调镗刀杆就是利用差速式螺旋机构实现微调的。这种镗刀杆主要由螺杆 1、镗刀 2、刀套 3 和镗杆 4 组成，刀套和镗杆固定连接在一起（相当于图 1-34 中的机架）。螺杆 1 的 A 段与刀套 3 以右旋螺纹配合，导程为 L_A；B 段与镗刀 2 亦以右旋螺纹配合，导程为 L_B。镗刀只能在刀套 3 内移动，不能转动（见图 1-35 的 $F\text{-}F$ 剖面）。设 $L_A = 1.25\text{mm}$，$L_B = 1\text{mm}$。当螺杆转过的角度为 10° 时，镗刀 2 的位移为

$$s = (L_A - L_B)\frac{10°}{360°} = (1.25 - 1) \times \frac{10°}{360°} \text{mm} = 0.0069\text{mm}$$

可见控制的位移是极其微小的。

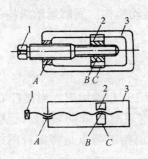

图 1-34　差速式螺旋机构
1—螺杆　2—螺母(或滑块)　3—机架

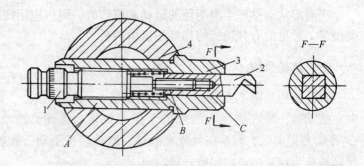

图 1-35　差动式微调镗刀杆
1—螺杆　2—镗刀　3—刀套　4—镗杆

3. 增速式螺旋机构

图 1-36 所示为增速式螺旋机构简图。在螺杆 1 上，a、b 两段螺纹旋向相反，当螺杆 1 在机架 3 的支承内转动时，两螺母 2 和 2′ 将在滑槽内产生较快的逆向运动，或快速分离，或快速趋合。在实际应用中，通常做成 a、b 两段螺纹的导程相等，这样可实现螺母等速快分或快合。

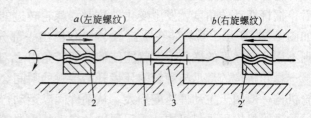

图 1-36　增速式螺旋机构简图
1—螺杆　2、2′—螺母　3—机架

这种螺旋机构常用于机械加工自动定心夹具和两脚规中。

四、滚珠螺旋机构

普通的螺旋机构由于齿面之间存在相对滑动摩擦，所以传动效率低。为了提高效率并减轻磨损，可采用以滚动摩擦代替滑动摩擦的滚珠螺旋机构。如图 1-37 所示，滚珠螺旋机构主要由螺母 1、丝杠 2、滚珠 3 和滚珠循环装置 4 等组成。在丝杠和螺母的螺纹滚道之间装入许多滚珠，以减小滚道间的摩擦。当丝杠与螺母之间产生相对转动时，滚珠沿螺纹滚道滚动，并沿滚珠循环装置的通道返回，构成封闭循环。滚珠螺旋机构由于以滚动摩擦代替了滑动摩擦，故摩擦阻

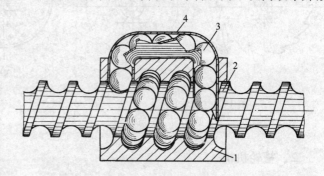

图 1-37　滚珠螺旋机构
1—螺母　2—丝杠　3—滚珠　4—滚珠循环装置

力小，传动效率高，运动稳定，动作灵敏，但结构复杂，尺寸大，制造技术要求高。目前主要用于数控机床和精密机床的进给机构、重型机械的升降机构、精密测量仪器以及各种自动控制装置中。

第五节　间歇运动机构

当需要从动件产生周期性的运动和停顿时，可以应用间歇运动机构。间歇运动机构的种类很多，常见的有棘轮机构和槽轮机构两种。

一、棘轮机构

棘轮机构如图 1-38 所示，主要由棘爪 1、止退棘爪 2、棘轮 3 与机架组成。当摇杆 O_2B 向左摆动时，装在摇杆上的棘爪 1 插入棘轮的齿间，推动棘轮逆时针方向转动。当摇杆 O_2B 向右摆动时，棘爪在齿背上滑过，棘轮静止不动。故棘轮机构的特点是将摇杆的往复摆动转换为棘轮的单向间歇转动。

为了防止棘轮自动反转，采用了止退棘爪 2。

棘轮转过的角度是可以调节的。如图 1-38 所示，当转动螺杆 D 改变曲柄 O_1A 的长度后，摇杆摆动的角度就发生变化，这时，棘轮转过的角度也随之相应改变。另一种调节方法如图 1-39a 所示，棘轮装在罩盖 A 内，仅露出一部分齿，若转动罩盖 A，如图 1-39b 所示，则不用改变摇杆的摆角 φ，就能使棘轮的转角由 α_1 变成 α_2。

棘轮机构的棘爪与棘轮的牙齿开始接触的瞬间会发生冲击，在工作过程中有噪声，故棘轮机构一般用于主动件速度不大、从动件间歇运动行程需改变的场合，如各种机床和自动机械的进给机构、进料机构、千斤顶以及自动计数器等。

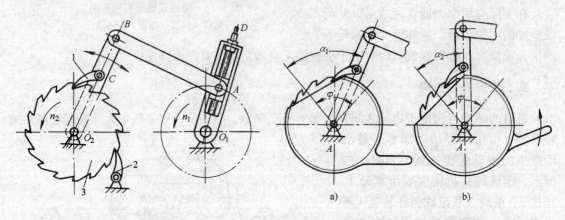

图 1-38　棘轮机构
1—棘爪　2—止退棘爪　3—棘轮

图 1-39　调节棘轮的转角
a) 调节前　b) 调节后

二、槽轮机构

槽轮机构如图 1-40a 所示，它由拨盘 1、槽轮 2 与机架组成。当拨盘转动时，其上的圆销 A 进入槽轮相应的槽内，使槽轮转动。当拨盘转动过 φ 角时，槽轮转过 α 角（见图 1-40b)，此时圆销 A 开始离开槽轮。拨盘继续转动，槽轮上的凹弧 abc（称为锁止弧）与拨盘上的凸弧 def 相接触，此时槽轮不能转动。等到拨盘的圆销 A 再次进入槽轮的另一槽内时，槽轮又开始转动，这样就将主动件（拨盘）的连续转动变为从动件（槽轮）的周期性间歇转动。

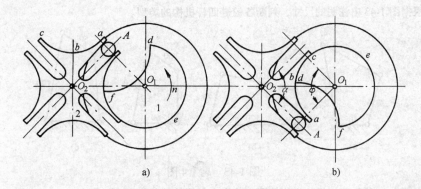

图 1-40 槽轮机构
a）槽轮转动开始 b）槽轮转动结束
1—拨盘 2—槽轮

从图 1-40 可以看到，槽轮静止的时间比转动的时间长，若需静止的时间缩短些，则可增加拨盘上圆销的数目。如图 1-41 所示，拨盘上有两个圆销，当拨盘旋转一周时，槽轮转过 2α。

槽轮机构的结构简单，常用于自动机床的换刀装置（见图 1-42）、电影放映机的输片机构等。

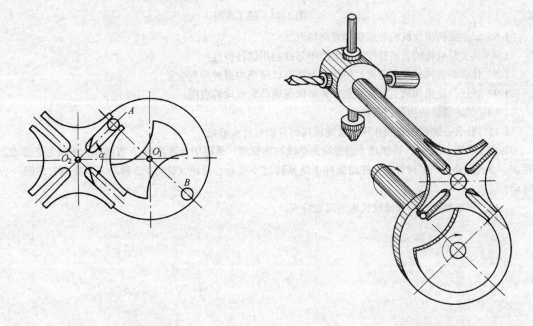

图 1-41 双销槽轮机构   图 1-42 自动机床的换刀装置

复 习 题

1-1 什么是零件、构件、机构？

1-2 什么叫运动副？常见的运动副有哪些？

1-3 什么样的机构叫做铰链四杆机构？四杆机构有哪几种基本形式？试指出它们的运动特点，并各举一应用实例。

1-4　试根据图 1-43 中注明的尺寸，判断各铰链四杆机构的类型。

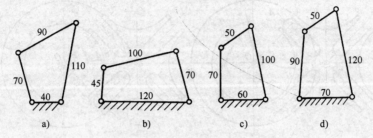

图 1-43　题 1-4 图

1-5　画出图 1-44 所示剪板机的机构简图，并指出各杆件的名称。

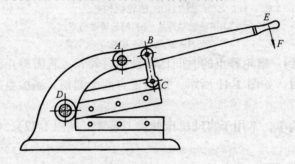

图 1-44　题 1-5 图

1-6　试述曲柄滑块机构的组成和运动特点。

1-7　什么是机构的急回特性？在生产中怎样利用这种特性？

1-8　什么是机构的死点位置？用什么方法可以使机构通过死点位置？

1-9　试述凸轮机构的主要优缺点？并举例说明凸轮机构的应用。

1-10　试述螺旋机构的主要特点。

1-11　什么是螺纹的自锁作用？螺旋机构的自锁有什么好处？

1-12　在图 1-34 中，设螺杆 1 的左端为单线右旋螺纹，螺距 $P_1 = 1.5$mm，右端亦为单线右旋螺纹，螺距 $P_2 = 1.75$mm。当顺时针方向拧动螺杆 1 使其转过半转后，滑块（螺母）2 移动多少距离？向哪一方向移动？

1-13　试述棘轮机构和槽轮机构的运动特点。

第二章

常用机械传动装置

 本章学习目的

通过本章学习，了解机械传动装置的主要功用，熟悉带传动、链传动、齿轮传动和蜗杆传动的工作原理、速比计算、工作特点及应用。

 本章要点

1. 带传动的工作原理、速比计算、工作特点、类型及应用场合
2. 链传动的工作原理、特点及应用场合
3. 齿轮传动的工作原理、速比计算、主要优缺点及应用
4. 直齿圆柱齿轮各部分的名称及几何尺寸的计算
5. 斜齿轮、锥齿轮、蜗杆传动的特点、速比计算及应用场合

机械传动装置的主要功用是将一根轴的旋转运动和动力传给另一根轴，并且可以改变转速的大小和转动的方向。常用的机械传动装置有带传动、链传动、齿轮传动和蜗杆传动等。

第一节 带 传 动

一、带传动的工作原理和速比

1. 带传动的工作原理

带传动是用挠性传动带做中间体而靠摩擦力工作的一种传动。如图 2-1 所示，把一根或几根闭合的传动带 3 张紧在两个带轮 1 和 2 上，带与两轮的接触面上就产生了正压力。当主动轮（一般是小轮）回转时，借助于摩擦力的作用，便将带拖动，而带又拖动从动轮回转。这样，就把主动轴的运动和动力传给了从动轴。

2. 带传动的速比

在机械传动中，主动轮与从动

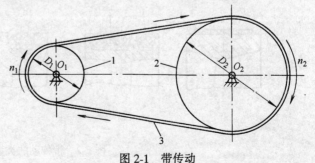

图 2-1 带传动

1，2—带轮 3—带

轮的转速或角速度之比称为速比，用 i 表示，即

$$i = \frac{n_1}{n_2} = \frac{\omega_1}{\omega_2} \tag{2-1}$$

式中　n_1、n_2——主、从动轮的转速；

　　　ω_1、ω_2——主、从动轮的角速度。

对带传动（见图 2-1）而言，如果不考虑带的弹性变形，并假定带在带轮上不发生滑动，那么，主、从动轮的圆周速度是相等的，即

$$v_1 = v_2$$

若以 D_1、D_2 分别表示主、从动轮的直径，则因

$$v_1 = \pi D_1 n_1$$
$$v_2 = \pi D_2 n_2$$

故可得带传动的速比计算公式

$$i = \frac{n_1}{n_2} = \frac{\omega_1}{\omega_2} = \frac{D_2}{D_1} \tag{2-2}$$

式（2-2）表明，带传动中的两轮转速与带轮直径成反比。

二、带传动的特点和类型

1. 带传动的特点

1）可用于两轴距离较远的传动（最大的中心距可达 15m，甚至 40m）。

2）带本身具有弹性，因而可以缓和冲击和振动，使传动平稳，且无噪声。

3）当机器过载时，带会在轮上打滑，能起到对机器的保护作用。

4）结构简单，成本低，安装维护方便，带损坏后容易更换。

5）结构不够紧凑。

6）不能保证准确的传动速比。

7）由于需要施加张紧力，所以轴及轴承受到的不平衡径向力较大。

8）带的寿命较短。

2. 带传动的类型

生产中使用的带传动，有平带、V 带、圆带、同步齿形带等类型（见图 2-2），以平带和 V 带使用最多。平带多用于高速、远距离传动，其他场合大都使用 V 带。

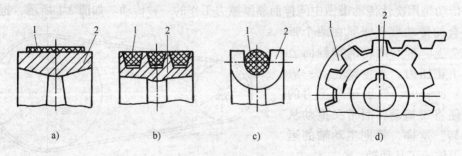

图 2-2　带传动的类型

a）平带传动　b）V 带传动　c）圆带传动　d）同步齿形带传动

1—带　2—带轮

平带的横截面是扁平的矩形，工作时它的内表面与轮缘相接触。V带的横截面是梯形，工作时它的两侧面与轮槽侧面相接触。与平带相比较，在同样张紧的情况下，V带在槽面上能产生较大的摩擦力，因此它的传动能力比平带高得多，这是V带在工作性能上的最大优点。所以，在生产实际中，V带传动要比平带传动获得更为广泛的应用。

三、V带及带轮

1．V带的结构和型号

V带是一种无接头的环形带，其横截面的结构如图2-3所示，一般由包布层1（涂胶帆布）、伸张层2（橡胶）、强力层3（胶帘布或胶线绳）和压缩层4（橡胶）所构成。V带的工作拉力主要由强力层承受。

根据国家标准，我国生产的普通V带共分为Y、Z、A、B、C、D、E七种型号。Y型V带的截面积最小，E型的截面积最大。V带的截面积越大，其传递的功率也越大。生产现场中使用最多的是Z、A、B三种型号。新的国家标准还规定，V带的节线长度（即横截面形心连线的长度）为基准长度，以 L_d 表示。普通V带的基准长度系列如表2-1所示。在进行V带传动计算和选用时，可先按下列公式计算基准长度 L_d 的近似值 $L_d{}'$：

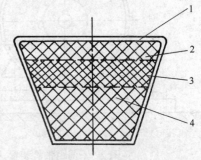

图2-3　V带的结构
1—包布层　2—伸张层　3—强力层
4—压缩层

$$L_d{}' = 2a + \frac{\pi}{2}(D_1 + D_2) + \frac{(D_1 - D_2)}{4a} \quad (2\text{-}3)$$

式中　a——主、从二带轮的中心距；

$Ð_1$、D_2——主、从二带轮的基准直径（与基准长度 L_d 相对应的带轮直径）。

计算出的 $L_d{}'$ 值需按表2-1取相近值进行圆整，最后便可确定 L_d 的标准值。

表2-1　普通V带的基准长度系列（GB11544—1989）　　　　　　（mm）

200	224	250	280	315	355	400	450	500	560	630
710	800	900	1000	1120	1250	1400	1600	1800	2000	2240
2500	2800	3150	3550	4000	4500	5000	5600	6300	7100	8000
9000	10000	11200	12500	14000	16000	18000	20000			

V带的型号由带型和基准长度两部分组成，例如标记为Z1400，即表示基准长度 L_d 为1400mm的Z型V带。

2．带轮的结构

带轮由轮缘、轮辐和轮毂三部分组成（见图2-4）。带轮的轮辐部分有实心、辐板（或孔板）和椭圆轮辐三种形式，图2-4所示的带轮为孔板式轮辐。

四、带传动的张紧装置

在带传动中，带由于长期受拉力作用，易产生永久变形，使长度增加，造成松弛，甚至不能工作，因此必

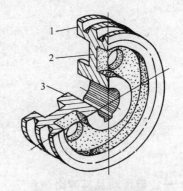

图2-4　V带传动的带轮
1—轮缘　2—轮辐　3—轮毂

须采取一些措施，以保持带在张紧状态下工作。V带传动常用的张紧装置有以下两种结构：

（1）调距张紧　当带传动用于首级传动时多采用此种张紧方法。如图2-5所示，将装有带轮的电动机1固定在滑道2上，拧动调整螺钉3可使电动机移动，由于中心距调整增大，带即被张紧。在中、小功率的带传动中，可采用图2-6所示的自动张紧装置，即将装有带轮的电动机1固定在浮动的摆架2上，利用电动机和摆架的重量自动调距张紧。

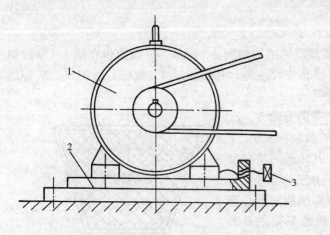

图2-5　调距张紧装置

1—电动机　2—滑道　3—调整螺钉

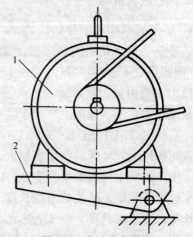

图2-6　自动张紧装置

1—电动机　2—摆架

（2）张紧轮张紧　当中心距由于结构上的限制不能改变时，可采用图2-7所示的张紧轮张紧装置。一般应将张紧轮装在松边带的内侧，使带只受单向弯曲，并尽可能靠近大带轮，以免小带轮的包角减小太多。

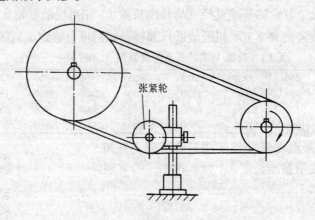

图2-7　张紧轮张紧装置

第二节　链　传　动

一、链传动及其速比

链传动是由两个具有特殊齿形的链轮和一条挠性的闭合链条所组成的（见图2-8）。它依靠链和链轮轮齿的啮合而传动。

设某链传动，主动链轮齿数为 z_1，从动链轮齿数为 z_2。主动链轮每转过一个齿，链条就移动一个链节，而从动链轮也就被链带动转过一个齿。当主动链轮转过 n_1 周，即转过 $n_1 z_1$ 个齿时，从动链轮就转过 n_2 周，即转过 $n_2 z_2$ 个齿。显然，主动轮与从动轮所转过的齿数相等，即

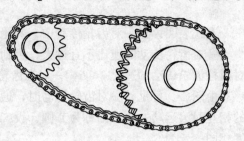

$$n_1 z_1 = n_2 z_2$$

故得链传动的速比为

$$i = \frac{n_1}{n_2} = \frac{z_2}{z_1} \qquad (2\text{-}4)$$

图 2-8　链传动

式（2-4）表明：链传动中的两轮转速和链轮齿数成反比。

二、链传动的特点和应用

链传动的主要特点是：

1）能保证准确的平均速比。

2）可以在两轴中心相距较远的情况下传递运动和动力。

3）铰链易磨损，使链条的节距变大，会造成脱链现象。

链传动主要用于要求传动速比准确、且两轴相距较远的场合，目前广泛地应用于农业机械、轻工机械、交通运输机械、国防工业等行业。

第三节　齿　轮　传　动

一、概述

齿轮传动是一种啮合传动，如图 2-9 所示。当一对齿轮相互啮合而工作时，主动轮 O_1 的轮齿（1、2、3…）通过力 F 的作用逐个地推压从动轮 O_2 的轮齿（1′、2′、3′…），使从动轮转动，因而将主动轴的动力和运动传递给从动轴。

1. 齿轮传动的速比

对于图 2-9 中的一对齿轮传动，设主动齿轮的转速为 n_1，齿数为 z_1；从动齿轮的转速为 n_2，齿数为 z_2。主动齿轮每分钟转过的齿数为 $z_1 n_1$，从动齿轮每分钟转过的齿数为 $z_2 n_2$。因为在二齿轮啮合传动过程中，主动轮转过一个齿，从动轮相应地也转过一个齿，所以在每分钟内两轮转过的齿数应该相等，即

$$z_1 n_1 = z_2 n_2$$

由此可得一对齿轮传动的速比为

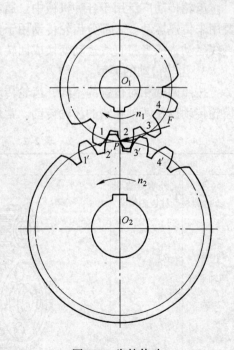

图 2-9　齿轮传动

$$i = \frac{n_1}{n_2} = \frac{z_2}{z_1} \tag{2-5}$$

上式表明：在一对齿轮传动中，两轮的转速与它们的齿数成反比。

一对齿轮传动的速比不宜过大，否则会使结构过于庞大，不利于制造和安装。通常，一对圆柱齿轮传动的速比 $i \leqslant 5$，一对锥齿轮传动的速比 $i \leqslant 3$。

由图 2-9 可见，一对齿轮传动时，通过两轮中心连线上的节点 P 的二切圆在作无滑动的相互对滚运动，此二圆称为节圆。设二节圆直径为 d_1 和 d_2，由于两轮在 P 点的圆周速度相同，皆为

$$v_P = \pi d_1 n_1 = \pi d_2 n_2$$

故有

$$i = \frac{n_1}{n_2} = \frac{d_2}{d_1} \tag{2-6}$$

式（2-6）表明，在一对齿轮传动中，两轮的转速与节圆直径成反比。

2. 齿轮传动的优缺点及应用

齿轮传动的主要优点是：①传动速比恒定不变；②传递功率范围较大；③传动效率高（一般效率为 0.95～0.98，最高可达 0.99）；④工作可靠，寿命较长；⑤结构紧凑，外廓尺寸小。

齿轮传动的主要缺点是：①制造和安装精度要求较高，而精度较低的齿轮在高速运转时会产生较大的振动和噪声；②轴间距离较大时，传动装置较庞大。

齿轮传动广泛用于各种机械中。通常既用于传递动力，又用于传递运动，在仪表中则主要用来传递运动。大部分齿轮传动用于传递回转运动，齿轮齿条传动则可将回转运动变换成直线运动，或者将直线运动变换成回转运动。

3. 齿轮传动的类型

按照两轴相对位置的不同，齿轮传动可分为三大类：两轴平行的齿轮传动、两轴相交的齿轮传动以及两轴相错的齿轮传动。常用齿轮传动的分类及特点见表 2-2。

表 2-2　常用齿轮传动的分类及特点

啮 合 类 别		图　　例	特　　　　点
两轴平行	外啮合直齿圆柱齿轮传动		1. 轮齿与齿轮轴线平行 2. 传动时，两轴回转方向相反 3. 制造最简单 4. 速度较高时容易引起动载荷与噪声 5. 对标准直齿圆柱齿轮转动，一般采用的圆周速度常在 2～3m/s 以下

啮合类别		图 例	特 点
两轴平行	外啮合斜齿圆柱齿轮传动		1. 轮齿与齿轮轴线倾斜成某一角度 2. 相啮合的两齿轮其轮齿倾斜方向相反，倾斜角大小相同 3. 传动平稳，噪声小 4. 工作中会产生轴向力，轮齿倾斜角越大，轴向力越大 5. 适用于圆周速度较高的场合（$v > 2 \sim 3 \text{m/s}$）
	人字齿轮传动		1. 轮齿左右倾斜方向相反，呈"人"字形，因此可以消除斜齿轮因轮齿单向倾斜而产生的轴向力 2. 制造成本较高
	内啮合圆柱齿轮传动		1. 它是外啮合齿轮转动的演变形式。大轮的齿分布在圆柱体内表面，成为内齿轮 2. 大小轮的回转方向相同 3. 轮齿可制成直齿，也可制成斜齿。当制成斜齿时，两轮轮齿倾斜方向相同，倾斜角大小相等
两轴平行	齿条传动		1. 这种转动相当于大齿轮直径为无穷大的外啮合圆柱齿轮转动 2. 齿轮作回转运动，齿条作直线运动 3. 齿轮一般是直齿，也有制成斜齿的

（续）

啮合类别		图　　例	特　　点
两轴相交	直齿锥齿轮传动		1. 轮齿排列在圆锥体表面上，其方向与圆锥的母线一致 2. 一般用在两轴线相交成90°、圆周速度小于2m/s的场合
	曲线齿锥齿轮传动		1. 一对曲线齿锥齿轮同时啮合的齿数比直齿圆锥齿轮多。啮合过程不易产生冲击，传动较平稳，承载能力较高。在高速和大功率的传动中广泛应用 2. 轮齿是弯曲的，加工比较困难，需要专用机床加工
两轴交错	交错轴斜齿轮传动		1. 相应地改变两个斜齿轮的轮齿倾斜角，即可组成轴间夹角为任意值（0°～90°）的交错轴斜齿转动 2. 交错轴斜齿轮转动承载能力较小，且磨损严重

　　按照防护方式的不同，齿轮传动又可分为开式传动和闭式传动。开式传动没有防护的箱体，齿轮将受到灰尘及有害物质的侵袭，而且润滑条件差，容易加剧齿面磨损，所以只能用在速度不高及不太重要的地方。闭式传动则将齿轮封闭在刚性的箱体中，能保证良好的润滑条件。因此，对速度较高或较重要的齿轮传动，一般都采用闭式传动。与开式传动相比较，闭式传动结构较复杂，制造成本较高。

二、渐开线齿廓曲线

　　对齿轮传动最基本的要求是它的角速比（即两轮角速度的比值$\frac{\omega_1}{\omega_2}$）必须恒定不变。否则，当主动轮以等角速度回转时，从动轮角速度是变化的，因而产生惯性力，会引起冲击和振动，甚至导致轮齿的损坏。实际上，大多数的机器都要求其齿轮传动能保证角速比恒定不变这一条件。当然，就转过整个的周数而言，不论轮齿的齿廓形状如何，齿轮传动的转速比是不变的，即与它们的齿数成反比。但若欲使其每一瞬间的速比（如角速比$\frac{\omega_1}{\omega_2}$）都保持恒定不变，则必须选用适当的齿廓曲线。在理论上，可以设计出多种这样的齿廓曲线，但是目前生产中已经采用的还只有渐开线、摆线和圆弧曲线的齿廓。

渐开线齿轮不仅能满足传动角速比恒定不变的基本要求，而且具有易于制造和安装等优点，故常用齿轮多为渐开线齿轮。下面就来讨论渐开线的形成原理和特点。

1. 渐开线的形成

这里讲的渐开线，实际上是圆的渐开线的简称。如图 2-10 所示，当一直线 AB 沿半径为 r_b 的圆作纯滚动时，此直线上任意一点 K 的轨迹 CD 称为该圆的渐开线。该圆称为渐开线的基圆，r_b 为基圆半径，而 AB 称为渐开线的发生线。

2. 渐开线的性质

从渐开线的形成可以看出，它有以下主要性质：

1）发生线在基圆上滚过的线段长度 $\overline{NK}$ 等于基圆上被滚过的一段弧长 $\overset{\frown}{NC}$，即

$$\overline{NK} = \overset{\frown}{NC}$$

2）渐开线上任意一点 K 的法线必切于基圆。设切点为 N，则线段 NK 就是渐开线在 K 点处的曲率半径。由此可见，渐开线上各点的曲率半径是变化的，离基圆越远，其曲率半径就越大，渐开线就越趋平直。

3）渐开线的形状决定于基圆的大小。同一基圆上的渐开线形状完全相同。由图 2-11 可见：基圆越小，渐开线越弯曲；基圆越大，渐开线越平直；当基圆半径趋于无穷大时，渐开线就成为一条直线（此时，齿轮就变成了齿条）。

4）基圆内无渐开线。

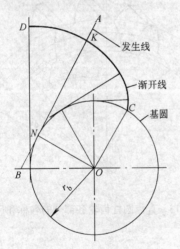

图 2-10　渐开线的形成

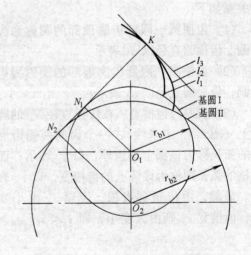

图 2-11　基圆对渐开线形状的影响

3. 渐开线齿廓的压力角

如图 2-12 所示，渐开线齿廓上任意一点 K 的正压力 F 的方向与渐开线绕基圆圆心 O 转动时该点速度 v_K 的方向之间所夹的锐角，称为齿廓在 K 点的压力角，以 α_K 表示。

由图 2-12 可知

$$\angle NOK = \alpha_K$$

$$\cos\alpha_K = \frac{ON}{OK} = \frac{r_b}{r_K} \tag{2-7}$$

或 $$\alpha_K = \arccos \frac{r_b}{r_K}$$

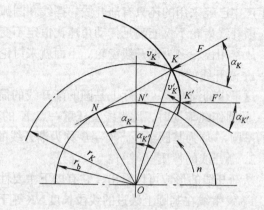

图 2-12　渐开线齿廓的压力角

由式（2-7）可知，对同一基圆的渐开线，基圆半径 r_b 是常数，渐开线上某一点 K 的压力角的大小是随该点至圆心距离 r_K 而变的。显然，离基圆越远，r_K 越大，压力角越大；反之，离基圆越近，r_K 越小，压力角越小；在渐开线起始点，基圆上的压力角为零。

因为压力角较小时，有利于推动齿轮转动。因此，通常采用基圆附近的一段渐开线作为齿廓曲线。

三、直齿圆柱齿轮传动

1. 渐开线直齿圆柱齿轮各部分的名称及几何关系

图 2-13 为直齿圆柱齿轮的一部分。轮齿的顶面和齿槽的底面是同轴线的圆柱面，轮齿的两端面是垂直于齿轮轴线的平面，轮齿的齿廓表面是渐开线曲面，齿廓表面与齿槽底面之间是由过渡圆弧面连接的。

渐开线直齿圆柱齿轮各部分的名称及几何关系如下：

（1）齿顶圆　限制齿廓顶部的圆称为齿顶圆。齿顶圆直径以 d_a 表示。

（2）齿根圆　限制齿廓根部的圆称为齿根圆，齿根圆直径以 d_f 表示。

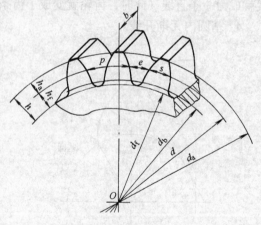

图 2-13　直齿圆柱齿轮各部分的名称和尺寸

（3）齿厚与齿槽宽　在任意直径 d_x 的圆周上（图 2-13 中未注），一个齿的两侧齿廓间的弧长称为该圆上的齿厚，以 s_x 表示；而齿槽的弧长则称为该圆上的齿槽宽，以 e_x 表示。显然，由齿顶到齿根，齿厚 s_x 由小变大，齿槽宽 e_x 则由大变小，即 $s_a < s_f$，$e_a > e_f$。

（4）齿距　在任意直径 d_x 的圆周上，相邻两齿的对应点之间的弧长称为该圆的齿距，以 p_x 表示。显然存在如下关系：

$$p_x = s_x + e_x = \frac{\pi d_x}{z} \tag{2-8}$$

由齿顶到齿根，齿距 p_x 由大变小，即 $p_a > p_f$。

（5）分度圆　分度圆是齿轮上一个特定的圆，其直径以 d 表示。分度圆是一个理论圆，作为齿轮计算和加工的基准，无法直接测量。分度圆上的齿距，通常称为齿轮的齿距，以 p 表示。由式（2-8）可见，分度圆直径 d 与分度圆齿距 p 之间有如下关系：

$$d = \frac{p}{\pi} z \qquad (2\text{-}9)$$

标准齿轮分度圆上的齿厚与齿槽宽是相等的。若以 s 和 e 分别表示分度圆上的齿厚与齿槽宽，则在标准齿轮中，有

$$s = e = \frac{p}{2} \qquad (2\text{-}10)$$

（6）模数 由式（2-9）可见，对于一个齿数为 z 的齿轮，只要其齿距 p 一定，就可以求出其分度圆的直径 d。但是式中的 π 是个无理数，计算和测量都很不方便，故通常将比值 $\frac{p}{\pi}$ 规定为整数或较完整的有理数，称为

模数，以 m 表示，即

$$m = \frac{p}{\pi} \qquad (2\text{-}11)$$

于是得

$$d = mz \qquad (2\text{-}12)$$

模数是齿轮尺寸计算中的一个重要的基本参数，其单位为 mm。齿数相同的齿轮，模数越大，轮齿也越大，齿轮承受载荷的能力也越大。从图 2-14 所示的不同模数的齿形图上可以清楚地看到这一点。

由式（2-12）可知，齿轮模数的大小不仅仅反映轮齿的大小，而且是影响分度圆大小的一个因素，当齿轮齿数相

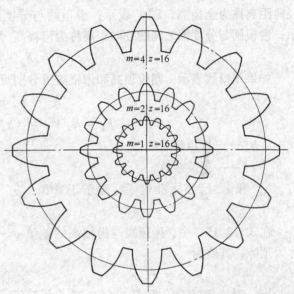

图 2-14 不同模数的轮齿

等时，模数较大者不仅轮齿较大，分度圆也较大（见图 2-14）。

模数已经标准化了，我国制订的齿轮模数标准系列见表 2-3。

表 2-3 齿轮标准模数系列 （mm）

0.1	1.25	4	12	33
0.15	1.50	4.5	(13)	36
0.2	1.75	5	14	40
0.25	2.0	(5.5)	15	45
0.3	2.25	6	16	50
0.4	2.5	(6.5)	18	
0.5	(2.75)	7	20	
0.6	3.0	8	22	
0.7	(3.25)	9	25	
0.8	3.5	10	28	
1.0	(3.75)	11	30	

注：1. 选用时，括号内的模数尽可能不用。

2. 本标准适用于圆柱齿轮、锥齿轮及圆柱蜗杆传动。

3. 对于斜齿圆柱齿轮及人字齿轮，通常取此表值为法向模数。

4. 对于锥齿轮，模数按大端分度圆直径计算。

（7）压力角   压力角是齿轮的又一重要参数。通常说的压力角，指的是分度圆上的压力角，以 α 表示。

分度圆上的压力角规定为标准值，我国规定标准压力角为 20° 和 15°。分度圆压力角为 20°，这也表明，齿廓曲线是渐开线上压力角为 20° 左右的一段，而不是任意的渐开线线段。

至此，可得确切而完整的分度圆概念：齿轮上压力角和模数均为标准值的圆称为分度圆。这一概念对标准齿轮和非标准齿轮都适用。

对于一对标准齿轮，当它们正确安装啮合时，二轮分度圆与节圆是重合的。

（8）全齿高、齿顶高、齿根高和顶隙   在齿轮上（见图 2-13），齿顶圆与齿根圆之间的径向距离称为全齿高，以 h 表示；齿顶圆与分度圆之间的径向距离称为齿顶高，以 h_a 表示；齿根圆与分度圆之间的径向距离称为齿根高，以 h_f 表示。显然

$$h = h_a + h_f \tag{2-13}$$

如果用模数表示，则齿顶高和齿根高可分别写为

$$h_a = h_a^* m \tag{2-14}$$

$$h_f = h_a + c = (h_a^* + c^*)m \tag{2-15}$$

式中 h_a^* ——齿顶高系数；

c^* ——顶隙系数。

h_a^* 和 c^* 已经标准化了，对于正常齿，$h_a^* = 1$，$c^* = 0.25$；对于短齿，$h_a^* = 0.8$，$c^* = 0.3$。

在式（2-15）中，齿顶高与齿根高的差值 c 称为顶隙，其值为

$$c = c^* m$$

当一对齿轮啮合（见图 2-15）时，由于顶隙 c 的存在，一个齿轮的齿顶就不会与另一个齿轮的齿槽底部相抵触，并且顶隙还可以贮存润滑油，有利于齿面的润滑。

（9）齿宽   轮齿两端面之间的距离称为齿宽，以 b 表示。

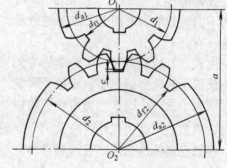

图 2-15   一对标准齿轮的啮合

表 2-4 列出了标准渐开线直齿圆柱齿轮几何尺寸的计算公式。这里所说的标准齿轮是指 m、a、h_a^* 和 c^* 都为标准值、且 $e = s$ 的齿轮。

表 2-4   标准直齿圆柱齿轮几何尺寸的计算公式（$h_a^* = 1$，$c^* = 0.25$，$\alpha = 20°$）

名　称	代　号	计　算　公　式
模　数	m	根据强度和结构要求确定，取标准值
齿　距	p	$p = \pi m$
齿　厚	s	$s = \dfrac{p}{2} = \dfrac{\pi m}{2}$
齿槽宽	e	$e = \dfrac{p}{2} = \dfrac{\pi m}{2}$
分度圆直径	d	$d = mz$
齿顶高	h_a	$h_a = h_a^* m = m$

（续）

名　称	代　号	计　算　公　式
齿根高	h_f	$h_f = (h_a^* + c^*)m = 1.25m$
全齿高	h	$h = h_a + h_f = (2h_a^* + c^*)m = 2.25m$
齿顶圆直径	d_a	$d_a = d + 2h_a = m(z+2)$
齿根圆直径	d_f	$d_f = d - 2h_f = m(z-2.5)$
齿　宽	b	由强度和结构要求确定，一般变速箱换挡齿轮：$b = (6 \sim 8)m$ 减速器齿轮：$b = (10 \sim 12)m$
中心距	a	$a = \dfrac{d_1 + d_2}{2} = \dfrac{m}{2}(z_1 + z_2) = \dfrac{mz_1}{2}(1+i)$

2．标准直齿圆柱齿轮的啮合传动

一对标准直齿圆柱齿轮当其分度圆相切而啮合时，构成标准直齿圆柱齿轮传动（见图 2-15）。为了能正确啮合和连续传动，必须满足以下几个条件：

（1）正确啮合的条件　标准齿轮传动的正确啮合条件是：两齿轮的模数、压力角必须相等。即

$$m_1 = m_2 = m$$
$$\alpha_1 = \alpha_2 = \alpha$$

如不符合此条件，相啮合齿轮的轮齿将相互卡住而无法传动。

（2）连续传动的条件　当齿轮啮合传动时，在一对轮齿即将脱离啮合时，后一对轮齿必须进入啮合。否则，传动就会出现中断现象，发生冲击，无法保持传动的连续平稳性。为了保证传动连续平稳地进行，就要求一对齿轮在任何瞬时必须有一对或一对以上的轮齿处于啮合状态。对于标准齿轮，一般都能满足这一连续传动的条件。实际上，相啮合的齿数越多，传动的连续平稳性就越高。

（3）避免根切和干涉的条件　当用展成法（齿轮刀具与工件毛坯之间犹如一对齿轮传动那样实现对滚）加工齿数较少的齿轮时，轮齿齿根部分往往被刀具多切去一部分，如图 2-16 中间阴影线部分所示，这种现象称为根切。根切后的轮齿不仅强度降低，甚至不能满足连续传动的条件。有的加工方法（如仿形法铣齿）虽能避免加工时轮齿的根切，但在齿轮啮合时，轮齿根部将与相啮合的顶部相抵触，以致两轮轮齿相互卡住，发生干涉。根切和干涉现象都必须避免。对标准直齿圆柱齿轮，避免根切和干涉的条件是：齿轮的齿数必须大于或等于 17，即

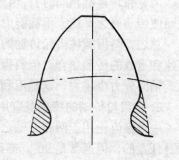

图 2-16　齿廓的根切

$$z \geqslant 17$$

当机器中传动齿轮的齿数必须很少时，为避免根切和干涉，可采用变位齿轮。关于变位齿轮的详细论述，可参阅有关资料。

四、斜齿圆柱齿轮传动和锥齿轮传动的特点及应用

1．斜齿圆柱齿轮传动的特点及应用

　　假想将一个直齿圆柱齿轮沿轴线扭转一个角度，便得到斜齿圆柱齿轮（又称斜齿轮），其轮齿形状的变化如图 2-17 所示。

　　实际上，斜齿圆柱齿轮的轮齿是按螺旋线的形式分布在圆柱体上的，分度圆柱上的螺旋线和齿轮轴线方向的夹角称为斜齿圆柱齿轮的螺旋角。图 2-18 是一斜齿轮沿分度圆柱面的展开图，其中带剖面线部分表示齿厚，空白部分表示齿槽，角 β 为齿轮的螺旋角。β 角越大，则轮齿倾斜越厉害；当 $\beta=0$ 时，该齿轮就是直齿圆柱齿轮。所以螺旋角 β 是斜齿圆柱齿轮的一个重要参数。

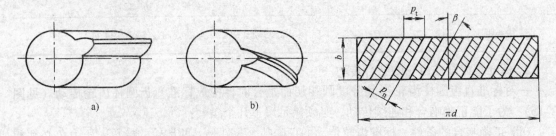

图 2-17　斜齿与直齿的比较　　　　　　图 2-18　斜齿轮沿分度圆柱面展开
a) 直齿　b) 斜齿

　　直齿圆柱齿轮在啮合传动过程中，每一瞬时，轮齿齿面上的接触线都是平行于轴线的直线（见图 2-19a）。因此，在啮合开始或终了时，一对啮合的轮齿是沿着整个齿宽突然开始啮合或突然脱离啮合的，故传动的平稳性差。

　　斜齿圆柱齿轮在啮合传动过程中，轮齿的接触线都是与轴线不平行的斜线（见图 2-19b），在不同位置的接触线又长短不一。从啮合开始时起，接触线长度由零逐渐增大，到某一位置后又逐渐减小，直至脱离啮合。因此，轮齿受力的突增或突减情况有所减轻，传动较为平稳。

　　由图 2-19 还可看出，斜齿圆柱齿轮每一个齿参加啮合的周期比较长（当齿轮模数、齿数、齿宽和转速都相同时），因此，在斜齿圆柱齿轮传动中，同时啮合的齿的对数就比较多，从而使传动更为平稳，承载能力也大为提高。

　　总之，斜齿圆柱齿轮传动的平稳性和承载能力都高于直齿圆柱齿轮传动，所以它适用于高速和重载的传动场合。但斜齿圆柱齿轮承受载荷时会产生附加的轴向分力，而且螺旋角越大，轴向分力也越大，这是不利的方面。改用人字齿轮（见表 2-2）可以消除附加轴向力。

　　2. 锥齿轮传动的特点及应用

　　一对锥齿轮用于两相交轴之间的传动（见表 2-2 图）。在锥齿轮传动中，两轴的交角可以是任意的，但通常是 90°。锥齿轮有直齿和曲线齿两种形状的轮齿，直齿锥齿轮制造较为方便，应用较广。

　　锥齿轮的轮齿是均匀分布在圆锥体上的，且轮齿向锥顶方向逐渐缩小，情况如图 2-20 所示。

　　锥齿轮的加工和安装比较困难，而锥齿轮传动中有一个齿轮必须悬臂安装，这不仅使支承结构复杂化，而且会降低齿轮啮合传动精度和承载能力。因此，锥齿轮传动一般用于轻载、低速的场合。

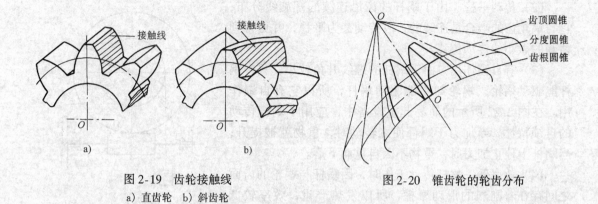

图 2-19 齿轮接触线
a) 直齿轮 b) 斜齿轮

图 2-20 锥齿轮的轮齿分布

第四节 蜗 杆 传 动

一、蜗杆传动原理及其速比计算

蜗杆传动主要由蜗杆 1 和蜗轮 2 组成（见图 2-21a），它们的轴线通常在空间交错成 90°角。常用的普通蜗杆是一个具有梯形螺纹的螺杆，其螺纹有左旋、右旋和单头、多头之分。蜗轮是一个在齿宽方向具有弧形轮缘的斜齿轮。

蜗杆传动一般以蜗杆 1 为主动件，蜗轮 2 为从动件。设蜗杆头数为 z_1，蜗轮齿数为 z_2，当蜗杆转动一圈时，蜗轮转过 z_1 个齿，即转过 z_1/z_2 圈。当蜗杆转速为 n_1 时，蜗轮的转速应为 $n_2 = n_1 z_1/z_2$。所以蜗杆传动的速比应为

$$i = \frac{n_1}{n_2} = \frac{z_2}{z_1} \quad (2\text{-}16)$$

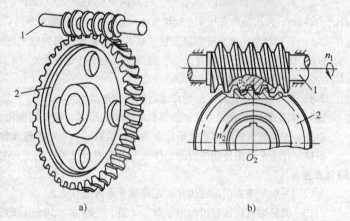

图 2-21 蜗杆传动
a) 组成 b) 蜗轮转向的确定

蜗杆传动中，蜗轮的转向可用下述方法来确定：把蜗杆传动看成一螺旋机构，此时，蜗杆相当于螺杆，螺旋机构中螺母移动的方向就是蜗轮在啮合点的圆周速度的方向，据此即可判定蜗轮的转动方向（见图 2-21b）。

二、蜗杆传动的特点

蜗杆传动有如卜主要特点：

（1）速比大 由式（2-5）与式（2-16）可见，蜗杆传动的速比计算公式在形式上与齿轮传动相同。但齿轮传动中的主动齿轮齿数受最小齿数的限制，而蜗杆传动中的蜗杆头数可小到等于 1（一般 $z_1 = 1 \sim 4$）。因此，单级蜗杆传动所得到的速比要比一对齿轮传动大得多，但它的结构却很紧凑。

（2）传动平稳　由于蜗杆的齿沿连续的螺旋线分布，它与蜗轮齿的啮合是连续的，故传动甚为平稳，并可得到精确的微小的传动位移。

（3）有自锁作用　由于蜗杆的螺纹升角较小，只有蜗杆能驱动蜗轮，蜗轮却不能驱动蜗杆，所以它有自锁作用。在图 2-22 所示的简易起重设备中，应用了蜗杆传动的自锁特性。当加力于蜗杆使之转动时，重物就被提升；当蜗杆上停止加力时，重物不因自重而下落。

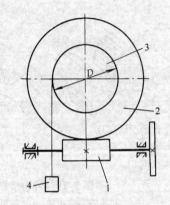

图 2-22　蜗杆传动的自锁作用
1—蜗杆　2—蜗轮　3—卷筒　4—重物

（4）效率低　蜗杆传动工作时，因蜗杆与蜗轮的齿面之间存在着剧烈的滑动摩擦，所以发热严重，效率较低（一般效率 $\eta = 0.7 \sim 0.9$）。由于蜗杆传动存在这一缺点，故其传动的功率不宜太大。

复 习 题

2-1　什么叫速比？带传动的速比如何计算？

2-2　说明带传动的工作原理和特点。

2-3　与平带传动相比较，V 带传动为何能得到更为广泛的应用？

2-4　某 V 带传动使用 B 型胶带，已知两轮间的最大中心距 $a = 500$mm，小轮为主动轮，其基准直径 $D_1 = 180$mm，大轮基准直径 $D_2 = 500$mm。试计算速比、确定带长，并写出带的选型标记。

2-5　带传动为什么要设张紧装置？V 带传动常采用何种形式的张紧装置？

2-6　链传动的主要特点是什么？链传动适用于什么场合？

2-7　齿轮传动的速比如何计算？

2-8　与带传动相比较，齿轮传动有哪些优缺点？

2-9　齿轮的齿廓曲线为什么必须具有适当的形状？渐开线齿轮有什么优点？

2-10　齿轮的齿距和模数表示什么意思？模数的大小对齿轮和轮齿各有什么影响？

2-11　什么是齿轮传动的节圆？什么是齿轮的分度圆？对于一对齿轮的啮合传动，它们的分度圆和节圆是否重合？

2-12　一对标准直齿圆柱齿轮的正确啮合条件是什么？

2-13　某标准直齿圆柱齿轮的齿数 $z = 30$，模数 $m = 3$mm。试按表 2-4 确定该齿轮各部分的几何尺寸。

2-14　已知一标准直齿圆柱齿轮传动的中心距 $a = 250$mm，模数 $m = 5$mm，主动轮齿数 $z_1 = 20$，转速 $n_1 = 1450$r/min。试求从动轮的齿数、转速及传动速比。

2-15　已知一标准直齿圆柱齿轮传动，其速比 $i = 3.5$，模数 $m = 4$mm，二轮齿数之和 $z_1 + z_2 = 99$。试求两轮分度圆直径和传动中心距。

2-16　已知一标准直齿圆柱齿轮的齿顶圆直径 $d_a = 120$mm，齿数 $z = 22$，试求其模数。

2-17　与直齿圆柱齿轮相比较，斜齿轮的主要优缺点是什么？

2-18　锥齿轮传动一般适用于什么场合？

2-19　在图 2-22 中，已知蜗杆为右旋蜗杆，当重物上升时，蜗杆的转动方向该是怎样的？

2-20　已知一蜗杆传动的蜗杆为双头蜗杆，蜗轮齿数 $z_2 = 80$。若要求蜗轮转速 $n_2 = 30$r/min，则该蜗杆传动的速比是多少？蜗杆的转速又应为多少？

2-21　在图 2-22 所示的蜗杆传动中，蜗杆为单头蜗杆，转速 $n_1 = 720$r/min，蜗轮齿数 $z_2 = 60$，卷筒的直径 $D = 200$mm。求重物被提升的速度 v。

第三章

轴、轴承、联轴器、离合器、制动器

 本章学习目的

通过本章学习，了解轴、轴承、联轴器、离合器、制动器等轴系零部件的功用与工作原理；熟悉各主要轴系零部件的基本类型及其性能特点。

 本章要点

1. 轴的功用及合理的结构要求
2. 滑动轴承的结构原理，滚动轴承的主要类型及选用
3. 联轴器、离合器、制动器的基本结构形式、工作原理及主要性能特点

第一节　轴

一、轴的功用与分类

机器中作旋转运动的零件，如齿轮、带轮等，都安装在轴上，依靠轴和轴承的支承作用来传递运动和动力。图 3-1 表示轴在一减速装置中的应用，电动机通过带传动驱动减速器中的轴 2 旋转，轴 2 又通过一对齿轮带动轴 3 旋转，轴 3 端部装有联轴器，通过它带动工作机械运转。由图可见，除减速器内装有两根轴外，电动机和工作机械还分别装有轴 1 和轴 4。

按照轴的不同用途和受力情况，常用的轴可分为两类：

（1）转轴　这类轴用来支承旋转零件并传递转矩，如图 3-1 所示减速器中的轴。

（2）心轴　这类轴只起支承旋转零件的作用，如图 3-2 所示的滑轮心轴。

按照轴的结构形状，轴又可分为直轴和曲轴（见图 1-20 中的内燃机曲轴）、实心轴和空心轴、刚性轴和挠性轴（软轴）等。

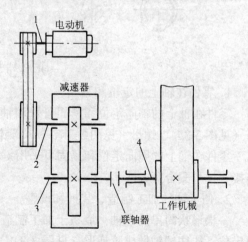

图 3-1　减速装置

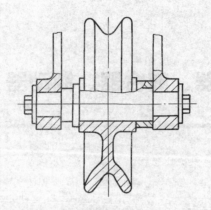

图 3-2　滑轮心轴

二、轴的结构

图 3-3 是一种常见的转轴部件结构图，轴的合理结构，除了根据受力情况设计适当的尺寸形状以使其具备必要的抗破坏、抗变形能力外，还必须满足两点要求：一是轴上零件和轴要能实现可靠的定位和紧固；二是便于加工制造、装拆和调整。

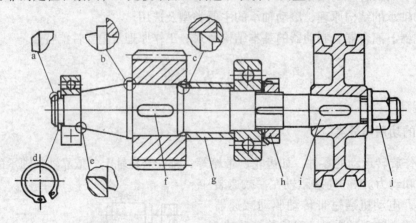

图 3-3　轴的典型结构

1. 零件在轴上的定位和紧固

零件在轴上的轴向定位和紧固可采用轴肩（见图 3-3b、e）、弹性挡圈（见图 3-3d）、套筒（见图 3-3g）、螺母（见图 3-3h、j）、圆锥表面（见图 3-3i）等方法。

零件在轴上的周向定位和紧固可采用键连接（见图 3-3f）、花键连接（见图 3-4）、销钉连接、过盈配合等方法。

2. 便于轴的加工制造、装拆和调整

一根形状简单的光轴，最易于加工制造。但为了使零件在轴上装拆方便以及零件能在轴向定位，往往把轴做成阶梯形（见图 3-3），并在轴肩及轴端倒角（见图 3-3a）。

考虑加工方便，例如为了加工螺纹和磨削轴颈，轴上应留有退刀槽和砂轮越程槽（见图 3-5）。当轴上有多个键槽时，应尽可能安排在同一直线上，使加工键槽时无需多次装夹换位。为了减少应力集中，轴肩过渡要缓和，并做成圆角。但这种圆角还须小于装配零件的圆角，零件方能靠紧轴肩（见图3-3e）。

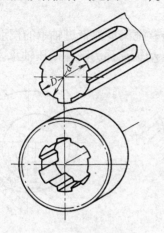

图3-4　花键连接

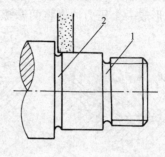

图3-5　螺纹退刀槽和砂轮越程槽

1—螺纹退刀槽　2—砂轮越程槽

第二节　轴　承

轴承是轴的支承件，有时也可以支承绕轴转动的零件。

按照轴承工作表面的摩擦性质，轴承可分为滑动轴承和滚动轴承两大类。

一、滑动轴承

1. 滑动轴承的结构原理

如图3-6所示，滑动轴承主要由轴承座1（或壳体）和轴瓦2所组成，这里，图3-6a、b、c分别表示向心滑动轴承、推力滑动轴承和向心推力滑动轴承。

为了减轻轴瓦与轴颈表面之间的摩擦，降低表面磨损，以保持机器的工作精度，除了使轴颈和轴瓦的接触表面有较高的配合精度、并选用减摩材料（如青铜等）制作轴瓦外，还必须在滑动轴承内加入润滑剂，对滑动表面进行润滑。

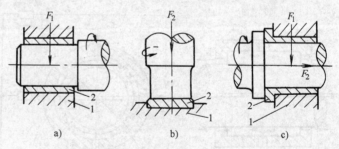

图3-6　滑动轴承的组成

a）向心滑动轴承　b）推力滑动轴承　c）向心推力滑动轴承

1—轴承座　2—轴瓦

一般来说，滑动轴承的润滑可以有两种不同的状态：非液体摩擦状态和液体摩擦状态。非液体摩擦状态如图3-7a所示，在轴颈1和轴瓦2的表面之间形成一层极薄的不完全的油膜，它使轴颈和轴瓦表面有一部分隔开，但还有一部分直接接触。这时，滑动面的摩擦大为减小，一般滑动轴承中的摩擦都处于这种状态。

液体摩擦状态如图3-7b所示，在轴颈1和轴瓦2的表面之间形成一层较厚的油膜，将滑动表面完全隔开。这是一种理想的润滑状态，它使滑动表面之间形成的摩擦和磨损降到极小的程度。为了获得液体摩擦状态，有如下两种方法：

（1）动压法　利用润滑油的粘性和轴颈的高速旋转，把润滑油带进轴承的楔形空间（见图 3-8），形成一个压力油楔将两摩擦表面分开，这种滑动轴承称为液体动压轴承。

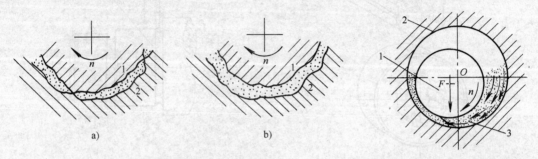

图 3-7　滑动轴承的润滑状态

a）非液体摩擦　b）液体摩擦

1—轴颈　2—轴瓦

图 3-8　液体动压轴承原理

1—轴颈　2—轴瓦

3—油楔

（2）静压法　由液压泵供给的压力油经节流器（一种液压控制元件）后进入轴承油腔，将两摩擦表面分开（见图 3-9），这种滑动轴承称为液体静压轴承。

2．向心滑动轴承

在滑动轴承中，用得最多的是向心滑动轴承。向心滑动轴承有如下三种主要结构形式：

（1）整体式向心滑动轴承　整体式向心滑动轴承（见图 3-10）是在机架（或壳体）上直接制孔并在孔内镶以筒形轴瓦做成的。它的优点是结构简单；缺点是轴颈只能从端部装拆，造成安装检修困难，并且在轴承工作表面磨损后无法调整轴承间隙，必须更换新轴瓦。这种轴承通常只用于轻载、低速或间歇性工作的机器设备中。

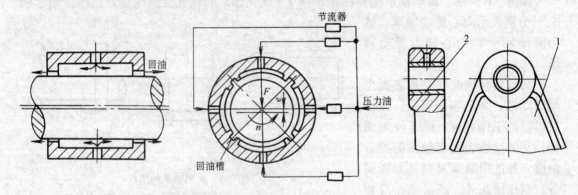

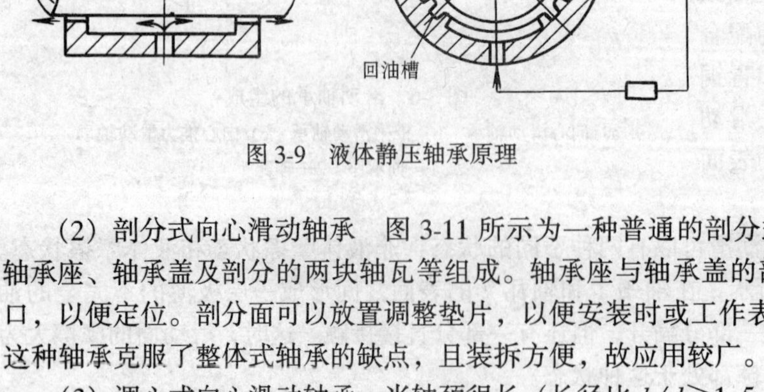

图 3-9　液体静压轴承原理

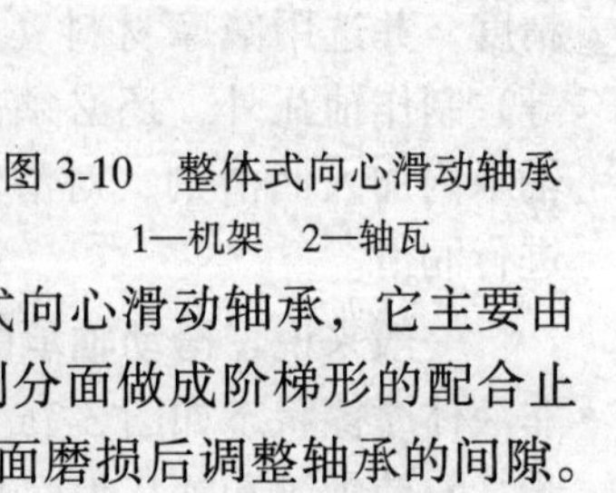

图 3-10　整体式向心滑动轴承

1—机架　2—轴瓦

（2）剖分式向心滑动轴承　图 3-11 所示为一种普通的剖分式向心滑动轴承，它主要由轴承座、轴承盖及剖分的两块轴瓦等组成。轴承座与轴承盖的剖分面做成阶梯形的配合止口，以便定位。剖分面可以放置调整垫片，以便安装时或工作表面磨损后调整轴承的间隙。这种轴承克服了整体式轴承的缺点，且装拆方便，故应用较广。

（3）调心式向心滑动轴承　当轴颈很长（长径比 $l/d \geqslant 1.5 \sim 1.75$）或轴的挠度较大时，

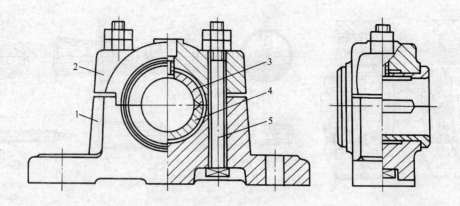

图 3-11　剖分式向心滑动轴承

1—轴承座　2—轴承盖　3—上轴瓦　4—下轴瓦　5—螺栓

由于轴的偏斜易使轴瓦端部严重磨损（见图 3-12），这时可采用如图 3-13 所示的调心式轴承。这种轴承利用轴瓦和轴承座间的球面支架来适应轴的偏斜。

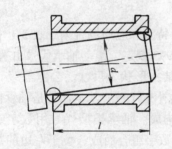

图 3-12　轴颈与轴瓦接触不良

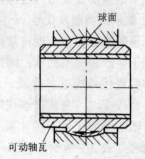

图 3-13　调心式向心滑动轴承

二、滚动轴承

1.滚动轴承的构造

如图 3-14 所示，滚动轴承由外圈 1、内圈 2、滚动体 3 和保持架 4 等组成。内、外圈上的凹槽形成滚动体作圆周运动的滚道；保持架的作用是把滚动体均匀隔开，以避免它们相互摩擦和聚集到一块；滚动体是滚动轴承的主体，它的大小、数量和形状与轴承的承载能力密切相关。滚动体的形状如图 3-15 所示。

使用时，内圈在轴颈上，外圈装入机架孔内（或轴承座孔内）。通常内圈随轴一起旋转，而外圈固定不动；也有外圈随工作零件旋转而内圈固定不动的。

2.滚动轴承的优缺点

与滑动轴承相比较，滚动轴承的主要优点是：

1）摩擦阻力小，因而灵敏、效率高和发热量小，并且润滑简单，耗油量少，维护保养方便。

2）轴承径向间隙小，并且可用预紧的方法调整间隙，以提高旋转精度。

3）轴向尺寸小，某些滚动轴承可同时承受径向载荷与轴向载荷，故可使机器结构简化、紧凑。

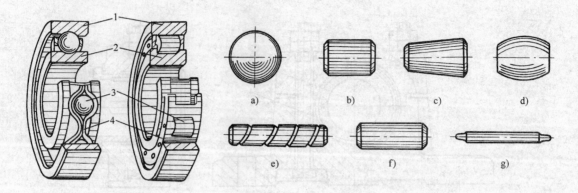

图 3-14　滚动轴承的构造　　　　　　图 3-15　滚动体的形状
　　1—外圈　2—内圈　　　　　　a) 滚球　b) 圆柱滚子　c) 圆锥滚子　d) 鼓形滚子
　　3—滚动体　4—保持架　　　　　　e) 螺旋滚子　f) 长圆柱滚子　g) 滚针

4) 滚动轴承是标准件，可由专门工厂大批生产供应，使用、更换方便。

滚动轴承的主要缺点是：抗冲击性能差；高速时噪声大；工作寿命较低。

3. 滚动轴承的类型及代号

滚动轴承的类型很多，现将常用的滚动轴承类型、特点和应用场合列于表 3-1 中。

为了便于生产和选用轴承，国家标准 GB/T272—1993 规定，滚动轴承代号由基本代号、前置代号和后置代号构成。前置、后置代号是轴承在结构形状、尺寸、公差等级（精度）、技术要求等有改变时，在其基本代号的左、右边添加的补充代号。基本代号是轴承代号的基本部分，由轴承类型代号、尺寸系列代号和内径代号构成。轴承类型代号用数字或字母标明，具体内容如表 3-1 所示。轴承尺寸系列代号由两个数字组合而成，位于左边的数字为轴承宽（高）度系列代号，位于右边的数字为轴承直径系列代号。宽（高）度系列代号表示内、外径相同，而宽（高）度不同的同一类轴承；直径系列代号则表示内径相同而外径不同的同一类轴承。轴承尺寸系列代号如表 3-2 所示。轴承内径代号表示轴承公称内径，其表示方法如表 3-3 所示。

表 3-1　常用滚动轴承类型、特点和应用

类型及其代号	结构简图	性能特点	适用条件及举例
双列角接触球轴承 0		可同时承受径向和轴向负荷。也可承受纯轴向负荷（双向），负荷能力大	适用于刚性大、跨距大的轴（固定支承），常用于蜗杆减速器、离心机等
调心球轴承 1		不能承受纯轴向负荷，能自动调心	适用于多支点传动轴、刚性小的轴以及难以对中的轴

类型及其代号	结构简图	性能特点	适用条件及举例
调心滚子轴承 2		负荷能力最大，但不能承受纯轴向负荷，能自动调心	常用于其他种类轴承不能胜任的重负情况，如轧钢机，大功率减速器、破碎机、吊车走轮等
推力调心滚子轴承 2		比推力球轴承有更大的承受轴向负荷能力，且能承受少量径向负荷，极限转速高于 5 类轴承，能自动调心，价格高	适用于重负荷和要求调心性能好的场合，如大型立式水轮机等
圆锥滚子轴承 3 31300 ($\alpha = 28°48'39''$) 其他 ($\alpha = 10° \sim 18°$)		内、外圈可分离，游隙可调，摩擦系数大，常成对使用。31300 型不宜承受纯径向负荷，其他型号不宜承受纯轴向负荷	适用于刚性较大的轴。应用很广，如减速器、车轮轴、轧钢机、起重机、机床主轴等
双列深沟球轴承 4		摩擦系数小，径向负荷承受能力较大，高转速时可用来承受不大的纯轴向负荷	适用于刚性较大的轴，常用于中等功率电动机、减速器、运输机的托辊、滑轮等
推力球轴承 5		只能承受轴向负荷，轴线必须与轴承底座底面垂直，不适用于高转速	常用于起重机吊钩、蜗杆轴、锥齿轮轴、机床主轴等
深沟球轴承 6		摩擦系数很小，主要承受径向负荷，高转速时可承受不大的纯轴向负荷	适用于刚性较大的轴，常用于小功率电动机、减速器、运输机的托辊、滑轮等
角接触球轴承 7000C（$\alpha = 15°$） 7000AC（$\alpha = 25°$） 7000C（$\alpha = 40°$）		可同时承受径向和轴向负荷，也可承受纯轴向负荷	适用于刚性大、跨距不大的轴及需在工作中调整游隙的情况，常用于蜗杆减速器、离心机、电钻、穿孔机等
外圈无挡边圆柱滚子轴承 N		内外圈可以分离，滚子用内圈凸缘定向，内外圈允许少量的轴向移动	适用于刚性很大，对中良好的轴，常用于大功率电动机、机床主轴、人字齿轮减速器等
滚针轴承 NA		径向尺寸最小，径向负荷能力很大，摩擦系数较大，旋转精度低	适用于径向负荷很大而径向尺寸受限制的地方，如万向联轴器、活塞销、连杆销等

表 3-2　轴承尺寸系列代号　　　　　　　　　　　　　　　　　　（mm）

直径系列代号	向心轴承								推力轴承			
	宽度系列代号								高度系列代号			
	8	0	1	2	3	4	5	6	7	9	1	2
	尺寸系列代号											
7	—	—	17	—	37	—	—	—	—	—	—	—
8	—	08	18	28	38	48	58	68	—	—	—	—
9	—	09	19	29	39	49	59	69	—	—	—	—
0	—	00	10	20	30	40	50	60	70	90	10	—
1	—	01	11	21	31	41	51	61	71	91	11	—
2	82	02	12	22	32	42	52	62	72	92	12	22
3	83	03	13	23	33	43	53	63	73	93	13	23
4	—	04	—	24	—	—	—	—	74	94	14	24
5	—	—	—	—	—	—	—	—	—	95	—	—

表 3-3　轴承内径代号

轴承公称内径/mm		内　径　代　号	示　　例
0.6~10（非整数）		用公称内径直接表示，在其与尺寸系列代号之间用"/"分开	深沟球轴承 618/2.5 $d=2.5\text{mm}$
1~9（整数）		用公称内径直接表示，在其与尺寸系列代号之间用"/"分开	深沟球轴承 618/5 $d=5\text{mm}$
10~17	10 12 15 17	00 01 02 03	深沟球轴承 61800 $d=10\text{mm}$
20~480 （22，28，32 除外）		公称内径除以 5 的商数	深沟球轴承 61808 $d=40\text{mm}$
≥500 以及 22，28，32		用公称内径直接表示，在其与尺寸系列代号之间用"/"分开	深沟球轴承 618/22 $d=22\text{mm}$

　　轴承基本代号由类型代号、尺寸系列代号和内径代号顺序组合的示例见表 3-3 右栏。

　　4. 滚动轴承的选用

　　滚动轴承是标准件，使用时可按具体工作条件选择合适的轴承。表 3-1 已列出了各类轴承的特点及应用场合，可作为选择轴承类型的参考。一般来说。选用滚动轴承应考虑以下几个方面的情况：

　　1）轴承所受载荷的大小、方向和性质。载荷较小而平稳时，宜用球轴承；载荷大、有冲击时宜用滚子轴承。当轴上承受纯径向载荷时，可采用圆柱滚子轴承或深沟球轴承；当同时承受径向载荷和轴向载荷时，可采用圆锥滚子轴承或角接触球轴承；当承受纯轴向载荷时，可采用推力轴承。

　　2）轴承的转速。每一型号的滚动轴承都各有一定的极限转速，通常球轴承比滚子轴承有较高的极限转速，所以在高速时宜优先采用球轴承。

　　3）调心性能的要求。如果轴有较大的弯曲变形，或轴承座孔的同心度较低，则要求轴承的内、外圈在运转中能有一定的相对偏角，此时应采用调心轴承。

　　4）供应情况、经济性或其他特殊要求。

三、轴承的润滑与密封

　　润滑的作用是减小摩擦与磨损、冷却散热、防锈蚀及减振等。显然这对保证机械的正常运转、提高工作效率、延长机械的使用寿命有着很大的意义。密封主要是为了防止灰尘、水分等污物进入机械的运动部位和防止润滑油漏失。所以在设计和使用机械时，都要对润滑和密封问题予以合理解决。

下面扼要介绍一些轴承的润滑与密封知识。

(一) 润滑剂及润滑方法

常用的润滑剂有润滑油和润滑脂两种。润滑油和润滑脂的使用要看具体情况而定，一般来说，轴承载荷越大，工作环境温度越高，采用的润滑油粘度应越大；速度高则应采用粘度较小的润滑油。通常在低速、重载、工作环境温度较高、有冲击载荷以及不便于加油的轴承中使用不易流失的润滑脂。各种润滑剂的牌号及性能可查阅有关手册。

常用的润滑方法如下：

1. 油润滑

(1) 手浇润滑　即用油壶通过机壳上的油孔人工间歇加油。为了防止杂物落入油孔，常在油孔口安置压注油杯（见图 3-16），压下封口的钢球即可加油。这种方法简单，但要经常照料，只适用于低速、轻载或不重要的轴承。

(2) 滴油润滑　如采用图 3-17 所示的针阀油杯。滴油量由针阀控制，而扳动手柄则可控制针阀的开闭。图中手柄直立位置（双点划线位置）表示针阀上提，打开针阀孔即可滴油。滴出的油可从玻璃管看出。图中手柄处于横卧位置时，表示针阀关闭。拧动螺母可以调节针阀的开启量，以调节滴油量。

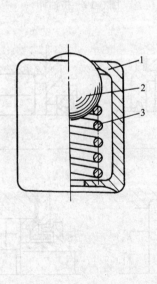

图 3-16　压注油杯
1—杯体　2—钢球　3—弹簧

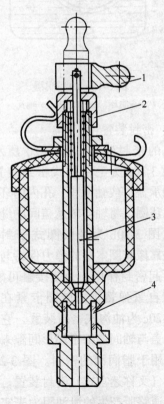

图 3-17　针阀油杯
1—手柄　2—螺母　3—针阀　4—玻璃管

（3）油环润滑　如图3-18所示，在轴颈上悬挂一油环，其下部垂浸在油中。当轴旋转时，油环被带动旋转，将油带到轴颈上实现润滑。这种方法只适用于转速范围在50～3000r/min的水平轴。转速过高油会被甩掉，过低则带不上油。

（4）飞溅润滑　使转动零件（例如齿轮、甩油盘等）浸入油面以下适当深度，转动时把油溅到轴承中。齿轮箱中的轴承润滑常使用这种方法。

（5）压力循环润滑　利用油泵把油通过油管打入轴承中或喷向润滑点。这种方法供油充足，比较可靠，但设备费用较高，适用于重要的轴承等零件的润滑与冷却。

2. 脂润滑

采用脂润滑时，加一次油脂可使用较长时间，照管起来比油润滑简单。对于滚动轴承，如果容易接近和打开轴承端盖，采用脂润滑可不另加润滑装置。

常用的脂润滑装置是挤油杯（见图3-19），利用旋盖将油杯内的润滑脂定期挤入轴承内。图3-16所示的压注油杯亦可压注油脂，使用这种油杯时，必须用油枪将油脂向油孔中压注。

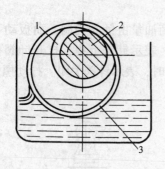

图3-18　油环润滑
1—油环　2—轴颈　3—轴瓦

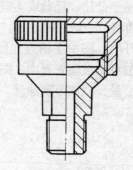

图3-19　挤油杯

（二）密封装置

常见的密封装置如图3-20所示。其中，图3-20a为毛毡圈式密封装置，它是在轴承盖（或轴承座）孔内的环槽里装入毛毡圈，将轴与轴承盖间的缝隙密封住。图3-20b为橡胶圈式密封装置，它是靠橡胶圈本身的弹力保持与轴颈接触而起密封作用。为使接触可靠，常用环状自紧弹簧将橡胶圈卡紧在轴上。图3-20c为油沟式密封装置，它是利用轴承盖与轴间的细小环形间隙来密封的，多用于脂润滑的密封。图3-20d为曲路式（又称迷宫式）密封装置，它利用曲折通路所产生的泄油阻力来实现密封，其密封效果比油沟式好得多。

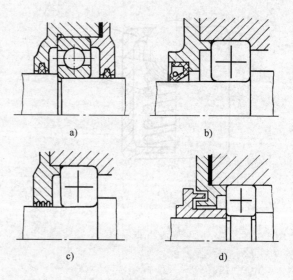

图3-20　常见的轴承密封装置
a）毛毡圈式　b）橡胶圈式　c）油沟式　d）曲路式

第三节　联轴器、离合器、制动器

联轴器和离合器的作用是连接不同机器（或部件）的两根轴，使它们一起回转并传递转矩；制动器的作用则是使机器中的轴停止转动或降低转速，达到制动的目的。

用联轴器连接的两根轴只有在机器停车时用拆卸的方法才能使它们分离。用离合器连接的两根轴在机器运转中可以方便地使他们分离或接合。

一、联轴器

按照结构特点，联轴器可分为刚性联轴器和弹性联轴器两大类。

1. 刚性联轴器

刚性联轴器是通过若干刚性零件将两轴连接在一起的，它有多种多样的结构形式。

图 3-21 所示是一种最常用的刚性联轴器，称凸缘联轴器。凸缘联轴器主要由两个分别装在两轴端部的凸缘盘和连接它们的螺栓所组成。为使被连接两轴的中心线对准，可在联轴器的一个凸缘盘上制出凸肩，而在另一个凸缘盘上制成相配合的凹槽。

图 3-22 所示的套筒联轴器也是一种常用的刚性联轴器。

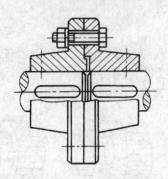

图 3-21　凸缘联轴器

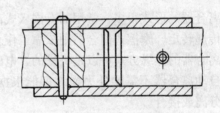

图 3-22　套筒联轴器

图 3-23 是万向联轴器的构造示意图。万向联轴器主要由两个叉形接头 1 和 3 及一个十字体 2 通过刚性铰接而构成，故又称铰链联轴器。它广泛用于两轴中心线相交成较大角度（角 α 可达 45°）的连接。

2. 弹性联轴器

弹性联轴器包含有各种弹性零件的组成部分，因而在工作中具有较好的缓冲与吸振能力。

弹性圈柱销联轴器是机器中常用的一种弹性联轴器，如图 3-24 所示。它的主要零件是弹性橡胶圈、柱销和两个法兰盘。每个柱销上装有好几个橡胶圈，插到法兰盘的销孔中，从而传递转矩。弹性圈柱销

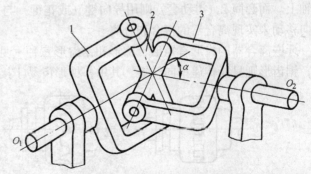

图 3-23　万向联轴器构造示意

1、3—叉形接头　2—十字体

联轴器适用于正反转变化多、起动频繁的高速轴连接，如电动机、水泵等轴的连接，可获得较好的缓冲和吸振效果。

尼龙柱销联轴器和上述弹性圈柱销联轴器相似（见图3-25），只是用尼龙柱销代替了橡胶圈和钢制柱销，其性能及用途与弹性圈柱销联轴器相同。由于结构简单，制作容易，维护方便，所以常用它来代替弹性圈柱销联轴器。

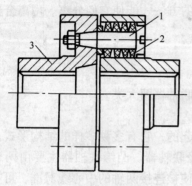

图 3-24　弹性圈柱销联轴器

1—柱销　2—弹性橡胶圈　3—法兰盘

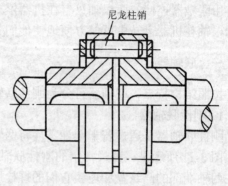

图 3-25　尼龙柱销联轴器

二、离合器

离合器的形式很多，常用的有嵌入式离合器和摩擦式离合器。嵌入式离合器依靠齿的嵌合来传递转矩，摩擦式离合器则依靠工作表面间的摩擦力来传递转矩。

离合器的操纵方式可以是机械的、电磁的、液压的等等，此外还可以制成自动离合的结构。自动离合器不需要外力操纵即能根据一定的条件自动分离或接合。

（一）嵌入式离合器

常用的嵌入式离合器有牙嵌离合器和齿轮离合器。

1. 牙嵌离合器

如图3-26所示，牙嵌离合器主要由两个端面带有牙齿的套筒所组成。其中，套筒1（固定套）固定在主动轴上。而套筒2（滑动套）则用导向键（或花键）与从动轴相连接，利用操纵机构使其沿轴向移动来实现离合器的接合和分离。

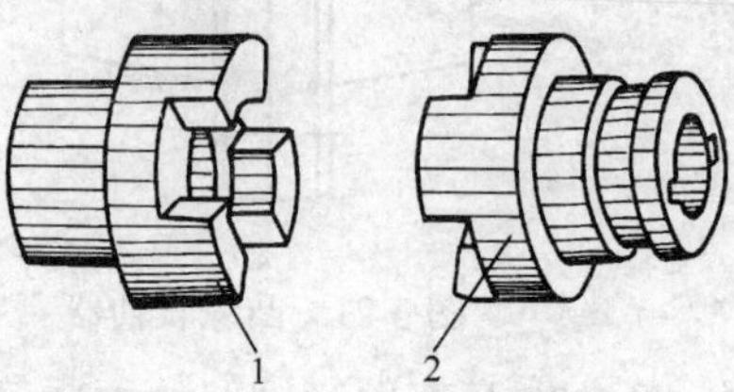

图 3-26　牙嵌离合器

牙嵌离合器的齿形有矩形、梯形和锯齿形三种（见图3-27），前两种齿形能传递双向转矩，锯齿形则只能传递单向转矩。其中，梯形齿易于接合，强度较高，应用较广。

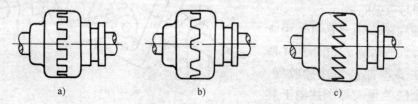

图 3-27　牙嵌离合器的齿形

a）矩形齿　b）梯形齿　c）锯齿形齿

牙嵌离合器结构简单，两轴连接后无相对运动，但在接合时有冲击，只能在低速或停车状态下接合，否则容易将齿打坏。

2．齿轮离合器

齿轮离合器（见图3-28）由一个内齿套和一个外齿套所组成。齿轮离合器除具有牙嵌离合器的特点外，其传递转矩的能力更大。

（二）摩擦式离合器

根据结构形状的不同，摩擦式离合器分为圆盘式、圆锥式和多片式等类型。圆盘式和圆锥式摩擦离合器结构简单，但传递转矩的能力较小，应用受到一定的限制。在机器中，特别是在金属切削机床中，广泛使用多片式摩擦离合器。

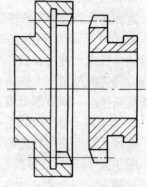

图 3-28　齿轮离合器

图3-29所示为一种常用的拨叉操纵多片式摩擦离合器的典型结构。外套1和内套7分别用键联接于两个轴端，而内摩擦片3和外摩擦片2则以多槽分别与内套和外套相联。当操纵拨叉使滑环6向左移动时，角形杠杆5摆动，使内、外摩擦片相互压紧，两轴就接合在一起，借各摩擦片之间的摩擦力传递转矩。当滑环6向右移动复位后，两组摩擦片松开，两轴即可分离。

摩擦离合器当其操纵力为电磁力时，即成为电磁摩擦离合器。图3-30所示为一种多片式电磁摩擦离合器的结构原理，当电流由接头5进入线圈6时，可产生磁通，吸引衔铁2将摩擦片3、4压紧，使外套1和内套8之间得以传递转矩。

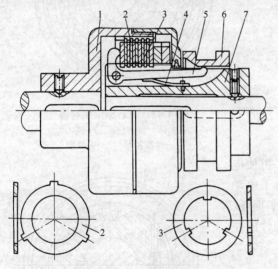

图 3-29　多片式摩擦离合器
1—外套　2—外摩擦片　3—内摩擦片　4—弹簧片
5—角形杠杆　6—滑环　7—内套

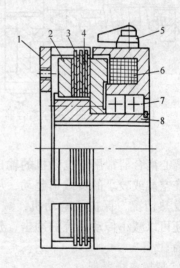

图 3-30　电磁摩擦离合器
1—外套　2—衔铁　3—外摩擦片
4—内摩擦片　5—电气接头　6—线圈
7—轴承　8—内套

与嵌入式离合器相比较，摩擦式离合器的优点是：在运转过程中能平稳地离合；当从动轴发生过载时，离合器摩擦表面之间发生打滑，因而能保护其他零件免于损坏。摩擦离合器的主要缺点是：摩擦表面之间存在相对滑动，以致发热较高，磨损较大。

（三）自动离合器

自动离合器常有三种，即安全离合器、离心离合器和超越离合器。现分别举例作一介绍。

1. 安全离合器

这种离合器当传递的转矩达到某一定值时就能自动分离，具有防止过载的安全保护作用。

图 3-31 所示为牙嵌式安全离合器的一种典型结构。与一般的牙嵌离合器相比较，它的齿形倾角较大，并由弹簧压紧使牙嵌合。当传递的转矩超过某一定值（过载）时，牙间的轴向分力将克服弹簧压力使离合器分开，产生跳跃式的滑动。当转矩恢复正常时，离合器又自动地重新接合。调节螺母可获得不同的弹簧压紧力，从而使离合器可在不同的转矩下滑跳。

2. 离心离合器

这种离合器是依靠离心力工作的。当转速达到某一定值时，离合器便自动地接合起来。

图 3-32 所示为一种离心摩擦离合器的工作原理。芯体 1 固定在主动轴上，外壳 2 固定在从动轴上。三个离心块 3 通过弹簧圈 5 拉紧在心体上，离心块外弧面镶有橡胶摩擦衬垫 4。当主动轴的转速较低时，衬垫外缘与外壳内表面之间不接触，外壳不动。当主动轴的转速达到或超过一定数值时，离心块就压紧外壳而将两轴自动地接合起来一齐转动。

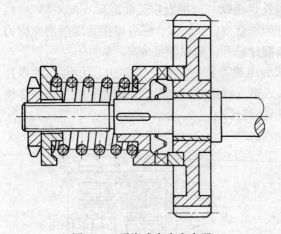

图 3-31 牙嵌式安全离合器

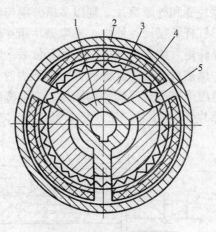

图 3-32 离心摩擦离合器
1—芯体 2—外壳 3—离心块
4—摩擦衬垫 5—弹簧圈

离心离合器常用于电动机的输出轴上，可使电动机在空载或较小的负载下起动，从而改善了电动机的发热情况，保护了电动机，减少了功率损耗，并且还可以减小传动系统的冲击，延长传动件的使用寿命。

3. 超越离合器

图 3-33 所示为一单向超越离合器，它主要由星轮 1、外环 2、滚柱 3、顶杆 4 及弹簧 5 等组成。星轮 1 通过键与轴 6 连接，外环 2 通常做成一个齿轮，空套在星轮上。在星轮的三个缺口内，各装有一个滚柱 3，每个滚柱又被弹簧 5、顶杆 4 推向外环和星轮的缺口所形成的楔缝中。

当外环（齿轮）2 以慢速逆时针回转时，滚柱

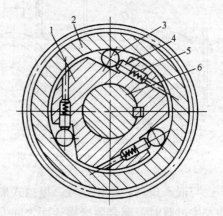

图 3-33 单向超越离合器
1—星轮 2—外环 3—滚柱
4—顶杆 5—弹簧 6—轴

3在摩擦力的作用下被楔紧在外环与星轮之间，因此外环便带动星轮使轴6也以慢速逆时针回转。

在外环以慢速作逆时针回转的同时，若轴6由另外一个快速电动机带动亦作逆时针方向回转，星轮1将由轴6带动沿逆时针方向高速回转。由于星轮的转速高于外环的转速，滚柱从楔缝中松开，外环与星轮便自动失去联系，各按各自的速度回转，互不干扰。在这种情况下，是星轮的转速超越外环的转速而自由运转，所以这种离合器称为超越离合器。

当快速电动机不带动轴6回转时，滚柱又在摩擦力的作用下，被楔紧在外环与星轮之间，外环与星轮又自动联系在一起，使轴6随同外环作慢速回转。

由于超越离合器有上述作用，所以它大量地应用于机床、汽车和飞机等传动装置中。

三、制动器

为了对转动的轴进行制动，可使用制动器。常用的制动器有片式制动器、带式制动器和块式制动器等，它们都是利用零件接触表面所产生的摩擦力来实现制动的。

从原理上说，如果把摩擦离合器的从动部分固定起来，就构成了制动器。例如，对于图3-30所示的片式电磁摩擦离合器，若将外套1固定，实际上就成为片式电磁制动器。当线圈6通电时，由于电磁力的作用，衔铁2将摩擦片压紧，内套8与其所联的转动轴即被制动。这种制动器结构紧凑，操纵方便，在机床传动系统中广泛应用。

图3-34所示为带式制动器。在与轴连接的制动轮1的外缘绕一根制动带2（一般为钢带），当制动力 F 施加于杠杆3的一端时，制动带便将制动轮抱紧，从而使轴制动。为了增大制动所需的摩擦力，制动带常衬有石棉、橡胶、帆布等。带式制动器结构简单，制动效果好，常用于起重设备中。

图3-35所示为块式制动器。当压力油进入液压缸4后，两个弧形闸块2在左右二活塞推力作用下，绕各自的销轴1向外摆动，从内部涨紧制动轮6，便实现轴的制动。油路卸压时，制动器即松闸。这种块式内涨制动器的制动力矩大，结构尺寸小，广泛用于车辆制动。

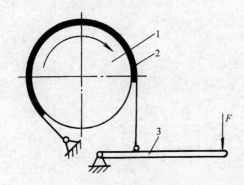

图3-34 带式制动器
1—制动轮 2—制动带 3—杠杆

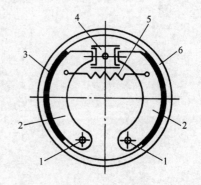

图3-35 块式制动器
1—销轴 2—闸块 3—摩擦衬料
4—液压缸 5—弹簧 6—制动轮

复 习 题

3-1 怎样区别转轴和心轴？试各举一例。

3-2 轴的合理结构应该满足哪些基本要求？

3-3 滑动轴承有哪两种不同的润滑状态？这两种润滑状态通常是怎样形成的？

3-4 与滑动轴承相比较，滚动轴承的主要优缺点是什么？

3-5 解释下列各轴承基本代号的意义：61208、32210、51312、719/32。

3-6 选用滚动轴承时应考虑哪些因素？

3-7 轴承的润滑与密封有什么意义？

3-8 联轴器与离合器有什么区别？

3-9 比较嵌入式离合器和摩擦式离合器的优缺点。

3-10 为什么安全离合器能起安全保护作用？

3-11 简述离心离合器的工作原理及其应用。

3-12 单向超越离合器为什么能自动换接快速和慢速运动？

3-13 试述制动器的作用及基本工作原理。

第 二 篇

液压与气压传动

　　液压传动和气压传动同属于流体传动，其工作原理与前述机械传动有本质的区别。当今世界各国都在生产中应用液压与气压传动技术，特别是在高效率的自动化和半自动化机械中应用十分广泛。

　　液压传动的工作介质是液体，气压传动的工作介质是气体。由于工作介质的不同，使得二者各具不同的工作特点，但从传动的基本原理和工作方式来看，液压传动和气压传动又有很大的相似性。本篇将以液压传动为重点，对它们分别予以介绍。

第四章

液压传动概述

本章学习目的

通过本章学习，掌握液压传动的工作原理和基本组成部分，深刻理解压力、流量这两个基本参数的物理意义及单位，熟悉液压传动的优缺点及液压油的一般选用知识。

本章要点

1. 液压传动的原理
2. 液压传动系统的基本组成部分
3. 压力、流量的基本概念

第一节　液压传动的原理和组成

为了认识什么是液压传动，先从观察和分析一些最简单的实例开始。

图 4-1 是常见的液压千斤顶的工作原理图。大、小两个液压缸 6 和 3 的内部分别装有活塞 7 和 2，活塞与缸体之间保持一种良好的配合关系，不仅活塞能在缸内滑动，而且配合面之间又能实现可靠的密封。当向上提起杠杆 1 时，小活塞 2 就被带动上升，于是小液压缸 3 下腔的密封工作容积便增大。这时，由于钢球 4 和 5 分别关闭了它们各自所在的油路，所以在小液压缸的下腔形成了部分真空，油池 10 中的油液就在大气压力作用下推开钢球 4 沿吸油孔道进入小液压缸

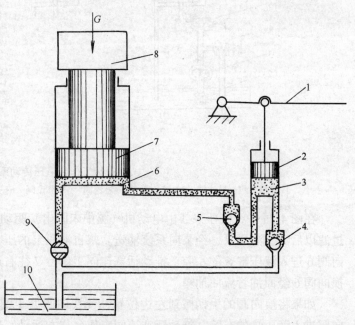

图 4-1　液压千斤顶的工作原理
1—杠杆　2—小活塞　3—小液压缸　4、5—钢球　6—大液压缸
7—大活塞　8—重物　9—放油阀　10—油池

的下腔，完成一次吸油动作。接着，压下杠杆 1，小活塞下移，小液压缸下腔的工作容积减少，把其中的油液挤出，推开钢球 5（此时钢球 4 自动关闭了通往油池的油路），油液便经两缸之间的连通孔道进入大液压缸 6 的下腔。由于大液压缸下腔也是一个密封的工作容积，所进入的油液因受挤压而产生的作用力就推动大活塞 7 上升，并将重物 8 向上顶起一段距离。这样反复地提、压杠杆 1，就可以使重物不断上升，达到起重的目的。

若将放油阀 9 旋转 90，则在重物自重 G 的作用下，大液压缸 6 中的油液流回油池 10，活塞就下降到原位。

从上述例子可以看出：液压千斤顶是一个简单的液压传动装置。分析液压千斤顶的工作过程，可知液压传动是以液体作为工作介质来传动的一种传动方式，它依靠密封容积的变化传递运动，依靠液体内部的压力（由外界负载所引起）传递动力。液压传动装置本质上是一种能量转换装置，它先将机械能转换为便于输送的液压能，随后又将液压能转换为机械能做功。

图 4-2 表示一台简化了的机床工作台液压传动系统。可以通过它进一步了解一般的机床液压系统所应具备的基本性能及其组成情况。

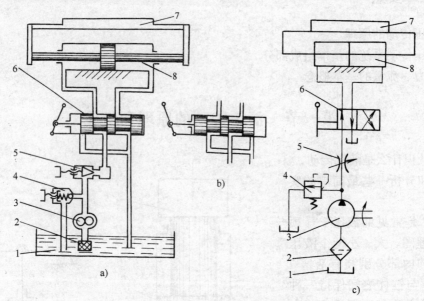

图 4-2 机床工作台液压传动系统

1—油箱 2—过滤器 3—液压泵 4—溢流阀 5—节流阀 6—换向阀 7—工作台 8—液压缸

在图 4-2a 中，液压泵 3 由电动机（图中未画出）驱动从油箱 1 中吸油。油液经过滤器 2 过滤以后流往液压泵，经泵向系统输送。来自液压泵的压力油流经节流阀 5 的开口，并经换向阀 6 进入液压缸 8 的左腔，推动活塞连同工作台 7 往右运动。这时，液压缸右腔的油通过换向阀 6 经回油管流回油箱。

如果将换向阀的手柄搬到左边位置，使换向阀处于图 4-2b 所示的状态，则压力油经换向阀进入液压缸的右腔，推动活塞连同工作台往左运动。这时，液压缸左腔的油经换向阀和回油管排回油箱。

工作台的移动速度是通过节流阀来调节的。当节流阀开口较大时，进入液压缸的流量较大，工作台的移动速度也较快；反之，当节流阀开口较小时，工作台移动速度则较慢。

工作台移动时必须克服阻力，例如克服切削力和相对运动表面的摩擦力等。为适应克服不同大小阻力的需要，泵输出油液的压力应当能够调整；另外，当工作台低速移动时，节流阀开口较小，泵出口多余的压力油亦需排回油箱。这些功能是由溢流阀 4 来实现的，调节溢流阀弹簧的预压力就能调整泵出口的油液压力，并让多余的油在相应压力下打开溢流阀阀口经回油管流回油箱。

从上述例子可以看出，液压传动系统由以下四个部分组成：

（1）动力元件　动力元件即液压泵。它是将电动机输入的机械能转换为液压能的装置，其作用是为液压系统提供压力油，是系统的动力源。

（2）执行元件　执行元件是指液压缸或液压马达。它是将液压能转换为机械能的装置，其作用是在压力油的推动下输出力和速度（或力矩和转速），以驱动工作部件。

（3）控制调节元件　它们包括各种阀类元件，如上例中的溢流阀、节流阀、换向阀等。这类元件的作用是控制液压系统中油液的压力、流量及流动方向，以保证执行元件完成预期的工作运动。

（4）辅助元件　辅助元件如油箱、油管、过滤器等，它们的作用是设置必要的条件以保证液压系统正常地工作。

在图 4-2a 中，组成液压系统的各个元件是用半结构式图形画出来的，这种图形直观性强，较易理解，但难于绘制，系统中元件数量多时更是如此。在工程实际中，除某些特殊情况外，一般都用简单的图形符号来绘制液压系统原理图。对于图 4-2a 所示的液压系统，若用国家标准 GB/ T786.1—1993 液压图形符号绘制时，其系统原理图如图 4-2c 所示。图中的符号只表示元件的功能，不表示元件的结构和参数。使用这些图形符号，可使液压系统图简单明了，便于绘制。GB/ T786.1—1993 液压图形符号见本书附录 B。

第二节　液压传动的优缺点

液压传动和机械传动、电气传动相比较，它的主要优点是：

1）易于获得很大的力或力矩。

2）易于在较大范围内实现无级变速。

3）传动平稳，便于实现频繁换向和自动防止过载。

4）便于采用电液联合控制以实现自动化。

5）机件在油中工作，润滑好，寿命长。

6）液压元件易于实现系统化、标准化、通用化。

由于液压传动有上述优点，所以在各个工业部门得到了广泛的应用。但液压传动还存在下述主要缺点：

1）由丁泄漏不可避免，并且油有一定的可压缩性，因而传动速比不是恒定的，不适于作定比传动。

2）漏油会引起能量损失（称容积损失），这是液压传动的主要损失；此外，还有管道阻力及机械摩擦所造成的能量损失（称机械损失），所以液压传动的效率较低。

3）液压系统产生故障时，不易找到原因。

总的说来，液压传动的优点是十分突出的，它的缺点将会随着科学技术的发展而逐渐得到克服。

第三节　液压传动的两个基本参数——压力、流量

一、压力

液压千斤顶在顶起重物进行工作时，缸内的液体是存在压力的，正是由于这种压力作用在大活塞的底面，才推动重物升起（见图 4-1）。根据物理学中静压传递原理（帕斯卡原理）可知，密封容器内的液体，当任意一处受到外力作用时，这个力就会通过液体传到容器内的任何部位，而且压力到处相等。这里所说的压力是作用在液体单位面积上的力，一般用 p 表示，而作用在活塞有效面积上的力用 F 表示。当活塞的有效作用面积为 A 时，则有下列关系式

$$F = pA \qquad (4-1)$$

或

$$p = \frac{F}{A}$$

要特别指出的是：在液压传动中所讲到的"压力"是指 p，而力 F 则常被称为"液压推力"或"总液压力"。

在式（4-1）中，力 F 的单位是 N，面积 A 的单位是 m^2，则压力 p 的单位是 Pa。

在液压千斤顶（见图 4-1）中，根据静压传递原理，要使活塞顶起上面的重物（负载），则作用在活塞下端面积 A 上的液压推力 F 至少应该等于物体的重力 G（实际上还包括活塞本身的自重），即

$$F = G$$

因为

$$F = pA$$

所以，缸中的油液压力 p 为

$$p = \frac{G}{A} \qquad (4-2)$$

由此可知，液压缸中的工作压力 p 随外界负载的变化而变化，负载大压力就大，负载小压力就小。如果活塞上没有负载，缸中的压力也就可以认为等于零了。因此，液压缸的工作压力决定于外界负载。

例　在图 4-1 所示的液压千斤顶中，若已知大活塞 7 的直径 $D = 34$mm，小活塞 2 的直径 $d = 13$mm，手在杠杆 1 右端的着力点到左端铰链的距离为 750mm，杠杆中间铰链到左端铰链的距离为 25mm，当被顶起重物 8 的质量为 5000kg 时，问油液的工作压力及手在杠杆上所加的力各有多大？

解　1）求缸中油液的工作压力 p

物体所受的重力为

$$G = mg = 5000 \times 9.8\text{N} = 49000\text{N}$$

据式（4-2）得

$$p = \frac{G}{A} = \frac{G}{\pi D^2/4} = \frac{49000}{\pi(34 \times 10^{-3})^2/4}\text{Pa} = 54 \times 10^6\text{Pa} = 54\text{MPa}$$

2）求手在杠杆上所加的力 F

据式（4-1），可先算出通过连杆作用在小活塞上的力为

$$F_1 = pA_1 = p\left(\frac{\pi}{4}d^2\right) = 54 \times 10^6 \times \frac{\pi}{4}(13 \times 10^{-3})^2\text{N} = 7164\text{N}$$

显然，连杆作用于杠杆中间铰链处的力也等于 F_1，其方向垂直向上。根据杠杆平衡条件，列出下式

$$F \times 750\text{mm} = F_1 \times 25\text{mm}$$

故得出手在杠杆上所加的力为

$$F = \frac{25}{750}F_1 = \frac{25 \times 7164}{750}\text{N} = 238.8\text{N}$$

由以上计算可见，液压千斤顶对力实现了两级放大：第一级是通过杠杆实现机械放大，第二级是通过液压缸实现液压放大。

在液压传动中，通常把工作压力分为几个等级，列于表 4-1 中。

表 4-1　压力分级

压力分级	低 压	中 压	中高压	高 压	超高压
压力范围 p/MPa	0~2.5	>2.5~8	>8~16	>16~32	>32

二、流量

单位时间内流过通道某一截面的液体体积称为流量。若在时间 t 内流过的液体体积为 V，则流量为

$$q = \frac{V}{t} \tag{4-3}$$

流量的单位是 m^3/s、cm^3/s 或 L/min，它们的换算关系是

$$1\text{m}^3/\text{s} = 10^6\text{cm}^3/\text{s} = 6 \times 10^4\text{L/min}$$

图 4-3 所示为液体在一直管内流动，设管道的通流截面积为 A，流过截面 Ⅰ-Ⅰ 的液体经时间 t 后到达截面 Ⅱ-Ⅱ 处，所流过的距离为 l，则流过的液体体积为 $V = Al$，因此流量为

$$q = \frac{V}{t} = \frac{Al}{t} = Av \tag{4-4}$$

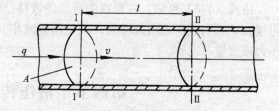

图 4-3　流量与平均流速

上式中，v 是液体在通流截面上的平均流速，而不是实际流速。由于液体存在粘性，致使同一通流截面上各液体质点的实际流速分布不均匀，越靠近管道中心，流速越大。因此，在进行液压计算时，实际流速不便使用，需使用平均流速。平均流速是一种假想的均布流速，以此流速流过的流量和以实际流速流过的流量应该相等。

在液压缸中，液体的平均流速与活塞的运动速度相同（见图 4-4），因此亦存在如下关系

$$v = \frac{q}{A} \qquad (4-5)$$

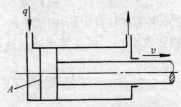

式中　v——活塞运动的速度；

　　　q——输入液压缸的流量；

　　　A——活塞的有效作用面积。

由式（4-5）可知，当液压缸的活塞有效作用面积一定时，活塞运动速度的大小由输入液压缸的流量来决定。

图 4-4　活塞运动速度与流量的关系

三、压力损失及其与流量的关系

在液压管路（见图 4-5）中，压力与流量这两个基本参数之间有什么关系呢？由静压传递原理可知，密封的静止液体具有均匀传递压力的性质，即当一处受到压力作用时，其各处的压力皆相等。但是，流动的液体情况并不是这样，当液体流过一段较长的管道或各种阀孔、弯管及管接头时，由于流动液体各质点之间以及液体与管壁之间的相互摩擦和碰撞作用，引起了能量损

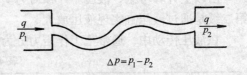

图 4-5　液体的压力损失

失，这主要表现为液体在流动过程中的压力损失。若以 Δp 表示这种压力损失（如图 4-5 所示，$\Delta p = p_1 - p_2$），它与管道中通过的流量 q 之间有如下关系

$$\Delta p = Rq^n \qquad (4-6)$$

式中　q——通过管道的流量；

　　　R——管路中的液阻，与管道的截面形状、截面积大小、管路长度及油液性质等因素有关；

　　　Δp——油液通过液阻的压力损失，或称液阻前后的压力差；

　　　n——指数，由管道的结构形式所决定，通常 $1 \leqslant n \leqslant 2$。

由式（4-6）可知，在管路中流动的液体，其压力损失、流量与液阻之间的关系是：液阻增大，将引起压力损失增大，或使流量减小。液压传动中常常利用改变液阻的办法来控制压力或流量。

第四节　液压传动用油的选择

液压传动用油分为可燃性液压油和难燃性液压油两大类：可燃性液压油是指石油型液压油，它主要包括通用液压油、抗磨液压油、低温液压油等，其中，通用液压油是机床液压传动普遍使用的工作介质。难燃性液压油主要有合成型（如磷酸酯液、水-乙二醇液等）和乳化型（油包水液、水包油液）两种，与石油型液压油相比较，其润滑、防锈性能较差，价格较贵，且含有不同程度的毒性，但却具有抗燃这一突出优点，在一些高温、易燃、易爆的工作场合，为了安全起见，还必须使用难燃性液压油。

经过加工提炼的石油型液压油都分成不同的牌号，在进行液压油的选择时，主要是选择适当的牌号。油液的牌号是根据它的粘度数值来划定的，因此选择液压油的牌号，实际上是选择液压油的粘度。所谓粘度，指的是液体粘性的大小。从物理本质来看，粘度表示流动液体分子之间的内摩擦力大小。显然，粘度较大的油液流动性较差。具体来说，在 40℃ 的实验条件下，32 号液压油的平均运动粘度是 32mm²/s，46 号液压油的平均运动粘度是 46mm²/s，后者的粘度较大，流动性就差些。在机床液压传动系统中，常用的是 22 号、32 号、46 号液压油。

一般油液，在温度升高时，粘度都要变小，油的粘度变化会影响液压系统的性能和泄漏。温度升高，油还容易被氧化，其析出物会堵塞阀类小孔及管道。所以必须限制油的温升，使系统能正常工作。若使用温度过低，则油的粘度增大，会使液压系统的摩擦损失增大。液压油的正常工作温度是 30～55℃。在不同的环境温度和工作压力条件下，应该选用不同粘度的油。为了减少漏损，在使用温度、压力较高或速度较低时，应采用粘度较大的油；为了减少管路内的摩擦损失，在使用温度、压力较低或速度较高时，应采用粘度较小的油。不同规格的油具有不同的粘度和其他成分含量，选用时可参看有关手册资料。

复 习 题

4-1 说明液压传动的工作原理，并指出液压传动系统通常是由哪几部分组成的？

4-2 液压传动中所用到的压力、流量各表示什么意思？

4-3 在图 4-6 所示的密封容器内充满油液。已知小柱塞 1 的直径为 10mm，大柱塞 2 的直径为 50mm，作用在小柱塞上的力 $F=500$N。求大柱塞上顶起物体 3 的重量是多少（柱塞的重量忽略不计）。

4-4 在如图 4-7 所示的磨床工作台液压缸中，缸体内径 $D=65$mm，活塞杆直径 $d=30$mm，当进入液压缸的压力油流量 $q=2\times10^{-4}$m³/s 时，工作台的运动速度 v 有多大？

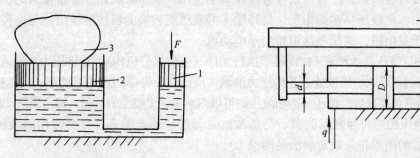

图 4-6 题 4-3 图　　　　　　　　　　　图 4-7 题 4-4 图

4-5 在管路中流动的压力油为什么会产生压力损失？这种损失与通过该管路的流量之间有什么关系？

4-6 在有的机床使用说明书中规定，冬季使用一种牌号液压油，夏季使用另外一种牌号液压油，这是为什么？

第五章

液压泵、液压马达和液压缸

 本章学习目的

通过本章学习，掌握液压泵、液压马达和液压缸的基本工作原理、图形符号表示及液压马达排量的基本概念，熟悉液压泵、液压马达和液压缸的主要结构类型及其工作特点，熟悉泵用电动机功率、液压缸推力与速度的计算，了解液压缸的常用密封结构。

 本章要点

1. 液压泵、液压马达和液压缸的基本结构、工作原理与特点
2. 液压泵、液压马达和液压缸图形符号的表示方法
3. 液压泵配套电动机功率的计算，液压缸速度与推力的计算

如前所述，在液压系统中，液压泵、液压马达和液压缸都是能量转换装置。液压泵和液压马达在结构上没有很大区别，有些泵可直接作马达使用。液压泵的任务是将输入的机械能转换为液压能输出，而液压马达则相反，是将输入的液压能转换为机械能输出。与电传动相比，液压泵相当于发电机，液压马达则相当于电动机。

在液压系统中，液压马达和液压缸同属于执行元件（或称执行机构）。若将压力油输入液压马达，可得到旋转运动形式的机械能；若将压力油输入液压缸，可得到直线运动形式的机械能。因此，从能量转换的角度来看，液压马达和液压缸可以归纳为一个类型的机械，即所谓液动机。

图 5-1 为用液压图形符号表示的泵、马达和缸三者的作用与关系（各种常用的液压泵、液压马达及液压缸的图形符号规定画法见附录 B）。

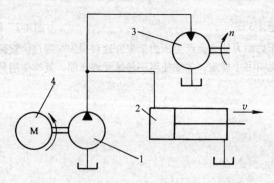

图 5-1　液压泵、液压马达和液压缸的作用
1—液压泵　2—液压缸　3—液压马达　4—电动机

第一节 液 压 泵

一、液压泵的基本原理

图 5-2 是一个简单的单柱塞液压泵的结构示意图，我们可以通过它说明液压泵的基本原理。柱塞 2 安装在泵体 3 内，柱塞在弹簧 4 的作用下和偏心轮 1 接触。当偏心轮转动时，柱塞作左右往复运动。柱塞往右运动时，其左端和泵体所形成的密封容积增大，形成局部真空，油箱中的油液就在大气压作用下通过单向阀 5 进入泵体内，单向阀 6 封住出油口，防止系统中的油液回流，这时液压泵吸油。当柱塞向左运动时，密封容积减小，单向阀 5 封住吸油口，防止油液流回油箱，于是泵体内的油液受到挤压，便经单向阀 6 排往系统，这时就是压油。若偏心轮不停地转动，泵就不断地吸油和压油。

由此可见，液压泵是通过密封容积的变化来实现吸油和压油的。利用这种原理做成的泵统称为容积式泵。

液压传动系统中的液压泵属于容积式泵。按照结构的不同，常用的液压泵有齿轮式、叶片式和柱塞式三种。

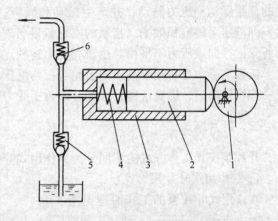

图 5-2 液压泵的基本原理
1—偏心轮 2—柱塞 3—泵体
4—弹簧 5、6—单向阀

二、齿轮泵

齿轮泵的工作原理如图 5-3 所示，一对相互啮合的齿轮装在泵体内，齿轮两端面靠端盖密封，齿顶靠泵体的圆弧形内表面密封，在齿轮的各个齿间，形成了密封的工作容积。泵体有两个油口，一个是入口（吸油口），一个是出口（压油口）。

当电动机驱动主动齿轮旋转时，两齿轮转动方向如图所示。这时吸油腔的轮齿逐渐分离，由齿间所形成的密封容积逐渐增大，出现了部分真空，因此油箱中的油液就在大气压力的作用

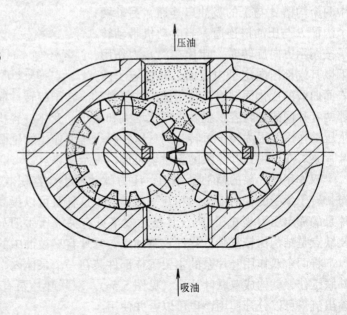

图 5-3 齿轮泵的工作原理

下，经吸油管和液压泵入口进入吸油腔。吸入到齿间的油液随齿轮旋转带到压油腔，随着压油腔轮齿的逐渐啮合，密封容积逐渐减小，油液就被挤出，从压油腔经出口输送到压力管路中。

齿轮泵由于密封容积变化范围不能改变，故流量不可调，是定量泵。

齿轮泵的结构简单，易于制造，价格便宜，工作可靠，维护方便。但齿轮泵是靠一对一对齿的交替啮合来吸油和压油的，每一对齿啮合过程中的容积变化是不均匀的，这就形成较大的流量脉动和压力脉动，并产生振动和噪声；齿轮泵泄漏较多，由此造成的能量损失较大，即液压泵的容积效率（指泵的实际流量与理论流量的比值）较低；此外，齿轮、轴及轴承所受的径向液压力不平衡。由于存在上述缺点，齿轮泵一般只能用于低压轻载系统。

工程实际中也有用于高压的齿轮泵。与低压齿轮泵相比较，高压齿轮泵由于在结构上采取一些特殊措施，提高了密封性能，改善了受力状况，因而工作压力可以达到 10MPa 以上。

三、叶片泵

叶片泵按其工作方式的不同分为单作用式叶片泵和双作用式叶片泵两种。

1. 双作用式叶片泵

双作用式叶片泵的工作原理见图5-4。它主要由定子1、转子2、叶片3和前后两侧装有端盖的泵体4等组成。叶片安放在转子的径向槽内，并可沿槽滑动。转子和定子中心重合，定子内表面近似椭圆形，由两段长半径 R 圆弧、两段短半径 r 圆弧和四段过渡曲线所组成。在端盖上，对应于四段过渡曲线的位置开有四个沟槽，其中两个沟槽 a 与泵的吸油口连通，另外两个沟槽 b 与压油口连通。当电动机带动转子按图示方向旋转时，叶片在离心力作用下以其端部压向定子内表面，并随定子内

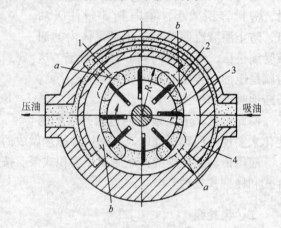

图 5-4 双作用式叶片泵的工作原理
1—定子 2—转子 3—叶片 4—泵体

表面曲线的变化而被迫在转子槽内往复滑动。转子旋转一周，每一叶片往复滑动两次，每相邻两叶片间的密封容积就发生两次增大和减小的变化。容积增大产生吸油作用，容积减小产生压油作用。因为转子每转一周，这种吸、压油作用发生两次，故这种叶片泵称为双作用式叶片泵。双作用式叶片泵的流量不可调，是定量泵。

双作用叶片泵的输油量均匀，压力脉动较小，容积效率较高。由于吸、压油口对称分布，转子承受的径向液压力相互平衡，所以这种泵可以提高输油压力。常用的中压双作用叶片泵的额定压力是 6.3MPa（其技术规格见有关液压手册）。与齿轮泵相比较，叶片泵的主要缺点是结构比较复杂，零件较难加工，叶片容易被油中的脏物卡死。

将两个双作用叶片泵的主要工作部件装在一个泵体内，同轴驱动，并在油路上实现二泵并联工作，就构成双联叶片泵（见图5-5a）。双联叶片泵有两个各自独立的出油口，二泵的输出流量可以分开使用，也可以合并使用。

若将两个双作用叶片泵的主要工作部件装在一个泵体内，同轴驱动，并在油路上实现二

泵串联工作，就构成双级叶片泵（见图5-5b）。双级叶片泵的压力可达到单级泵的两倍。

随着生产的发展，出现了高压叶片泵。高压叶片泵是在普通双作用叶片泵结构的基础上采取一些特殊措施构成的，这些措施的主要作用是使泵在高压下工作仍具有较好的受力状况和密封性能。高压叶片泵的工作压力可达16MPa以上。

2．单作用式叶片泵

图5-6为单作用式叶片泵的工作原理图，与双作用式叶片泵显著不同之处是：单作用叶片泵的定子内表面是一个圆形，转子与定子间有一偏心量 e，端盖上只开有一条吸油槽和一条压油槽。当转子旋转一周时，每一叶片在转子槽内往复滑动一次，每相邻两叶片间的密封容积发生一次增大和减小的变化，即转子每转一周，实现一次吸油和压油，所以这种泵称为单作用式叶片泵。

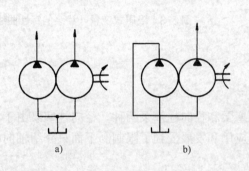

图 5-5 双联叶片泵和双级叶片泵的符号示意
a) 双联叶片泵 b) 双级叶片泵

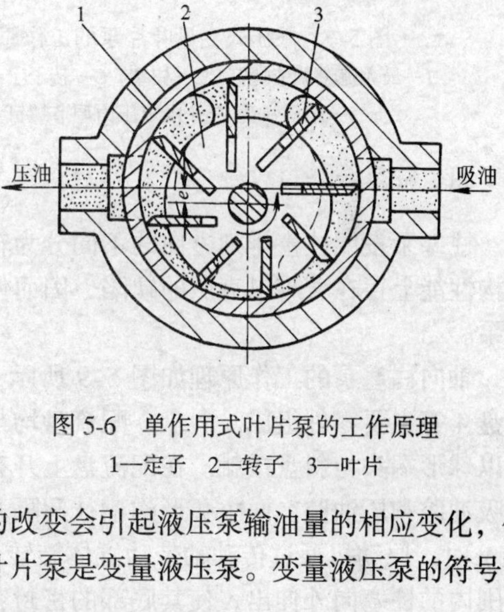

图 5-6 单作用式叶片泵的工作原理
1—定子 2—转子 3—叶片

这种泵的偏心量 e 通常做成可调的。偏心量的改变会引起液压泵输油量的相应变化，偏心量增大，输油量也随之增大。所以，单作用式叶片泵是变量液压泵。变量液压泵的符号画法见附录B。

在组合机床液压系统中，常用到一种具有特殊性能的单作用叶片泵，称为限压式变量叶片泵。这种泵当其工作压力增大到预先调定的数值以后，泵的流量便自动随压力增大而显著地减小。

图5-7为限压式变量叶片泵的工作原理图。转子3按图示方向旋转，柱塞2左端油腔与泵的压油口连通。若柱塞左端的液压推力小于限压弹簧5的作用力，则定子4保持不动；当泵的工作压力增大到某一数值以后，柱塞左端的液压推力大于弹簧作用力，定子便向右移动，偏心量 e 减小，泵的输油量就随之减小。图中螺钉6用来调节泵的限定工作压力，而螺钉1则用来调节泵的最大流量。

图5-8为限压式变量叶片泵的特性曲线。当泵的供油压力没有超过预调的限定压力 p_B 时，流量按曲线 AB 段变化，流量 q 的减小（与理论流量 q_t 之间有不太大的差值），主要由泵内泄漏造成。当泵的供油压力超过 p_B 时，限压弹簧受到压缩，定子偏心量减小，流量随压力增大而迅速减小，流量按曲线 BC 段变化。

限压式变量叶片泵的流量随压力变化的特性在生产中往往是需要的。当工作部件承受较小的负载而要求快速运动时，泵就相应地输出低压大流量的压力油（利用特性曲线的 AB

段）；当工作部件转换为承受较大的负载而要求慢速运动时，泵又能输出高压小流量的压力油（利用特性曲线的 *BC* 段）。在机床液压系统中采用限压式变量叶片泵，可以简化油路，降低功率损耗，减少油液发热。但限压式变量叶片泵的结构复杂，价格较贵。

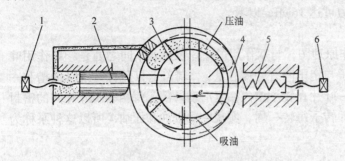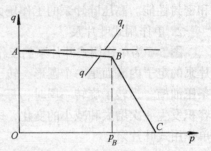

图 5-7　限压式变量叶片泵的工作原理　　　图 5-8　限压式变量叶片泵的特性曲线

1—最大流量调节螺钉　2—柱塞　3—转子　4—定子

5—限压弹簧　6—限定压力调节螺钉

四、柱塞泵

柱塞泵按照柱塞排列方向的不同分为轴向柱塞泵和径向柱塞泵两种。径向柱塞泵由于在结构性能上存在着难以克服的缺陷，因而使它的应用和发展受到了限制。下面只介绍轴向柱塞泵。

轴向柱塞泵的工作原理如图 5-9 所示，这种泵由配流盘 1、缸体（转子）2、柱塞 3 和斜盘 4 等主要零件组成。斜盘、配流盘均与泵体（图中未示出）相固定，柱塞在弹簧的作用下以球形端头与斜盘接触。在配流盘上开有两个弧形沟槽，分别与泵的吸、压油口连通，形成吸油腔和压油腔。两个弧形沟槽彼此隔开，保持一定的密封性。在斜盘相对于缸体的夹角为 γ 时，原动机通过传动轴带动缸体旋转，柱塞就在柱塞孔内作轴向往复滑动。处于 $\pi \sim 2\pi$ 范围内的柱塞向外伸出，使其底部的密封容积增大，将油吸入；处于 $0 \sim \pi$ 范围内的柱塞向缸体内压入，使其底部的密封容积减小，把油压往系统中。

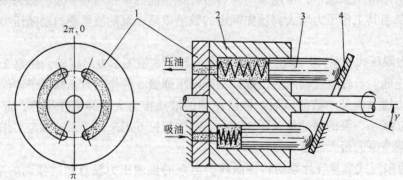

图 5-9　轴向柱塞泵的工作原理

1—配流盘　2—缸体　3—柱塞　4—斜盘

显然，泵的输油量决定于柱塞往复运动的行程长度，也就是决定于斜盘的倾角 γ。如果角 γ 可以调整，就成为变量泵。角 γ 越大，输油量也就越大。

上述这种结构的轴向柱塞泵在用于高压时，为减轻柱塞球形头与斜盘接触点受力严重磨损，往往采用图 5-10 所示的滑履结构。在这种结构中，柱塞的球形头与滑履的内球面接触，而滑履的底平面与斜盘接触，这样，便把点接触改变成面接触，大大降低了柱塞球形头的磨损。

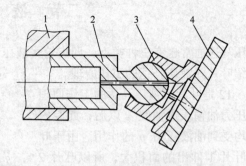

轴向柱塞泵的优点是结构紧凑，径向尺寸小，能在高压和高转速下工作，并具有较高的容积效率，因此在高压系统中应用较多。但是这种泵的结构复杂，价格昂贵。

图 5-10　滑履结构
1—缸体　2—柱塞　3—滑履　4—斜盘

五、泵用电动机功率的计算

为了确定液压泵配套用的电动机功率 P，需先计算泵的输出功率 P_o。

在图 5-11 中，设泵的输出流量 q 全部进入液压缸左腔，其工作压力为 p，右腔回油压力等于零。作用在活塞有效工作面积 A 上的液压力为 pA，此力推动活塞克服负载阻力 F 向右运动，其速度为 v。

假设系统的能量损失很小可以忽略不计，则根据能量守恒定律，可得液压泵的输出功率为

$$P_o = Fv = pAv$$

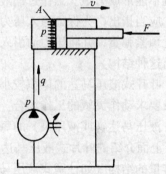

因　　　　　　　$$Av = q$$

故　　　　　　　$$P_o = pq \tag{5-1}$$

上式中，p 的单位为 Pa，q 的单位为 m^3/s，P_o 的单位为 W，但常用的功率单位为 kW，所以将式（5-1）写成便于计算的形式

$$P_o = \frac{pq}{1000} \tag{5-2}$$

图 5-11　液压泵输出功率的计算

计算泵的配套电动机功率 P 时，应考虑泵的总效率 η，即

$$P = \frac{P_o}{\eta} = \frac{pq}{1000\eta} \tag{5-3}$$

式中　P——配套电动机的功率（kW）；

　　　p——液压泵的工作压力（Pa）；

　　　q——液压泵的流量（m^3/s）；

　　　η——液压泵的总效率。$\eta = \eta_容 \eta_机$，这里的 $\eta_容$ 为泵的容积效率，$\eta_机$ 为泵的机械效率。通常，各种泵的 η 和 $\eta_容$ 皆可由实验给出：齿轮泵 $\eta = 0.6 \sim 0.8$，$\eta_容 = 0.7 \sim 0.9$；叶片泵 $\eta = 0.75 \sim 0.85$，$\eta_容 = 0.8 \sim 0.95$；柱塞泵 $\eta = 0.75 \sim 0.9$，$\eta_容 = 0.85 \sim 0.98$。

第二节 液 压 马 达

液压马达通常也有三种类型，即齿轮式液压马达、叶片式液压马达和柱塞式液压马达。这里介绍叶片式液压马达的工作原理。

图 5-12 是叶片式液压马达的工作原理图。当压力油输入进油腔 a 以后，此腔内的叶片均受到油液压力 p 的作用。由于叶片 2 比叶片 1 伸出的面积大，所以叶片 2 获得的推力比叶片 1 大，二者推力之差相对转子中心形成一个力矩。同样，叶片 1 和 5、4 和 3、3 和 6 之间，由于液压力的作用而产生的推力差也都形成力矩。这些力矩方向相同，它们的总和就是推动转子沿顺时针方向转动的总力矩。

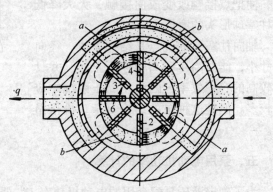

图 5-12 叶片式液压马达的工作原理

从图 5-12 可以看出，位于回油腔 b 的各叶片不受液压推力作用（设出口压力为零），也就不能形成力矩。工作过的液体随着转子的转动，经回油腔和出口流入油箱。

应当指出，为保证通入压力油之后，液压马达的转子能立即旋转起来，必须在叶片底部设置预紧弹簧，并将压力油引入叶片底部，使叶片能压紧在定子内表面上（图 5-12 中未表示出这种结构）。

叶片式液压马达的体积较小，动作灵敏；但泄漏较大，效率较低。适用于高速、低转矩以及要求动作灵敏的工作场合。

液压马达（或液压泵）的每转排油量称为排量，以 V 表示，单位为 m^3/r 或 $cm^3/r(mL/r)$。上面介绍的叶片式液压马达因其排量不可调，故属定量马达。若将液压马达做成可以改变排量的结构（如柱塞式液压马达），则为变量马达。

为便于分析液压马达的主要工作特性，假设它的功率损失可以忽略不计，则液压马达的转速与转矩的计算公式为

$$n = \frac{q}{V} \tag{5-4}$$

$$T = \frac{pV}{2\pi} \tag{5-5}$$

式中　n——液压马达的输出转速（r/s）；

　　　q——液压马达的输入流量（m^3/s）；

　　　V——液压马达的排量（m^3/r）；

　　　T——液压马达的输出转矩（N·m）；

　　　p——液压马达的工作压力（Pa）。

对于定量液压马达，V 为定值，在 q 和 p 不变的情况下，其输出转速 n 和转矩 T 皆不可改变；对于变量液压马达，V 的大小可以调节，因而它的输出转速 n 和转矩 T 是可以改变的。在 q 和 p 不变的情况下，若使 V 增大，则 n 减小，T 增大。

实际应用中还有另一种叶片式液压马达，其输出不是连续的转动，而是往复摆动（摆角小于 360°），这种液压马达称摆动液压马达。摆动液压马达的结构原理如图 5-13 所示。

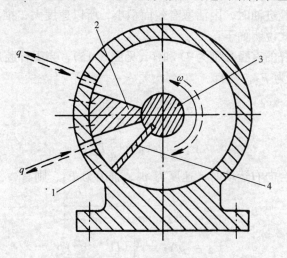

图 5-13　摆动液压马达
1—缸体　2—隔板　3—轴　4—叶片

第三节　液　压　缸

液压缸是执行元件，它能将液压能转换成直线运动形式的机械能，输出速度和推力。液压缸有两种基本形式，即活塞式液压缸（有单杆和双杆两种结构）和柱塞式液压缸。此外，实际应用中还出现多种结构形式的组合式液压缸。

一、双杆活塞式液压缸

在图 4-2 中，已经表示双杆活塞式液压缸在液压系统中的应用。这种液压缸主要由缸体、活塞和两根直径相同的活塞杆所组成。缸体是固定的，当液压缸的右腔进油、左腔回油时，活塞向左移动；反之，活塞向右移动。

双杆液压缸也可以做成活塞杆固定不动、缸体移动的结构，如图 5-14 所示。这时，活塞杆通常做成空心的，以便进油和回油。在外圆磨床中，带动工作台往复运动的液压缸通常就是这种形式。

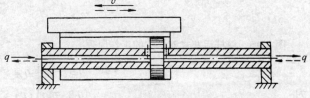

图 5-14　缸体移动式双杆活塞液压缸

在双杆液压缸中，由于活塞两边的有效作用面积相等，当左、右两腔相继进入压力油时，若流量及压力皆相等，则活塞（或缸体）往返运动的速度或推力也是相等的。

二、单杆活塞式液压缸

单杆液压缸的工作原理如图5-15所示。其特点是活塞的一端有杆，而另一端无杆，所以活塞两端的有效作用面积不等。当左、右两腔相继进入压力油时，即使流量及压力皆相等，活塞往返运动的速度及推力也不相等。当无杆腔进油时，因活塞有效面积大，所以速度小，推力大；当有杆腔进油时，因活塞有效面积小，所以速度大，推力小。

上述特点可以列式说明如下：

假设活塞与活塞杆的直径分别为 D 和 d（见图 5-15），当无杆腔进油、工作台向左运动时，速度为 v_1，推力为 F_1，则有

$$v_1 = \frac{q}{A_1} = \frac{q}{\pi D^2/4} \tag{5-6}$$

$$F_1 = pA_1 = \frac{\pi}{4}D^2 p \tag{5-7}$$

当有杆腔进油、工作台向右运动时，速度为 v_2，推力为 F_2，则有

$$v_2 = \frac{q}{A_2} = \frac{q}{\pi(D^2 - d^2)/4} \tag{5-8}$$

$$F_2 = pA_2 = \frac{\pi}{4}(D^2 - d^2)p \tag{5-9}$$

比较上述公式，因为 $A_1 > A_2$，所以 $v_1 < v_2$，$F_1 > F_2$。这个特点常用于实现机床的工作进给（用 v_1、F_1）和快速退回（用 v_2、F_2）。

单杆液压缸还有一个重要特点，就是当液压缸两腔同时接通压力油（见图 5-16）时，由于活塞两端有效面积不等，作用于活塞两端的液压力不等（$F_1 > F_2$），产生的推力等于活塞两侧液压推力的差值，即 $F_3 = F_1 - F_2$，在此推力 F_3 的作用下，活塞产生差动运动，得速度 v_3。这时，液压缸左腔排出的油液进入右腔，右腔得到的总流量增加，有

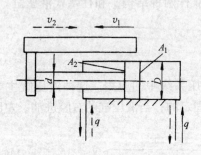

图 5-15 单杆活塞式液压缸的工作原理

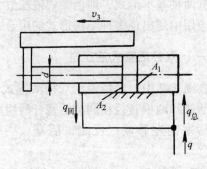

图 5-16 单杆液压缸的差动连接

$$q_总 = q + q_回$$

因为

$$q_总 = A_1 v_3$$

$$q_回 = A_2 v_3$$

所以

$$A_1 v_3 = q + A_2 v_3$$

整理后得

$$v_3 = \frac{q}{A_1 - A_2} = \frac{q}{A_3} \tag{5-10}$$

而推力为

$$F_3 = F_1 - F_2 = p(A_1 - A_2) = pA_3 \tag{5-11}$$

式中，A_3 为活塞两端有效作用面积之差，即活塞杆的截面积 $A_3 = A_1 - A_2 = \frac{\pi}{4}d^2$。

与式（5-6）及式（5-7）相比较，由于 $A_3 < A_1$，所以 $v_3 > v_1$，得到快速运动；但 $F_3 < F_1$，推力减小。

如上所述，当单杆液压缸两腔互通并接入压力油时，活塞可作差动快速运动，液压缸的这种油路连接称为差动连接。液压缸的差动连接是在不增加液压泵流量的情况下实现快速运动的有效方法。在机床液压系统中，常通过控制阀来改变单杆缸的油路连接，从而获得快进（差动连接）—工进（无杆腔进油）—快退（有杆腔进油）的进给工作循环。

单杆活塞式液压缸在实际应用中，可以做成缸体固定、活塞移动的结构，也可做成活塞杆固定、缸体移动的结构。

三、柱塞式液压缸

柱塞式液压缸的工作原理如图 5-17 所示。这种液压缸只能在压力油的作用下产生单向运动，另一个方向的运动往往靠它本身的自重（垂直放置时）或弹簧力等其他外力来实现。为了得到大行程的双向运动，柱塞液压缸常成对使用，如图 5-18 所示。

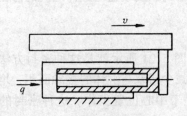

图 5-17 柱塞式液压缸

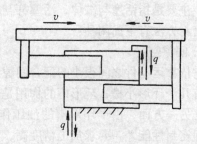

图 5-18 柱塞液压缸成对使用

一般机床中常用活塞式液压缸，但行程较长时，宜采用柱塞式液压缸。因对于缸体较长的活塞缸，它的内壁精加工比较困难，而柱塞缸的缸体内壁与柱塞不接触，不需要精加工，这时只需将缸的端盖与柱塞配合的内孔精加工就可以了，这样，结构简单，制造容易。

柱塞液压缸的柱塞通常做成空心的（见图 5-17），这样可以减轻重量，防止柱塞下垂（水平放置时），降低密封装置的单面磨损。

四、组合式液压缸

1. 伸缩缸

伸缩缸又称多级缸，它由两级或多级活塞缸套装而成，图 5-19 所示为其示意图。前一级活塞缸的活塞就是后一级活塞缸的缸筒。伸缩缸逐个伸出时，有效工作面积逐次减小，因此，当输入流量相同时，外伸速度逐次增大；当负载恒定时，液压缸的工作压力逐次增高。空载缩回的顺序一般是从小活塞到大活塞，收缩后液压缸总长度较短，结构紧凑，适用于安装空间受到限制而行程要求很长的场合。例如，起重机伸缩臂液压缸、自卸汽车升举液压缸等。

2. 齿条活塞缸

齿条活塞缸由带有齿条杆的双活塞缸和齿轮齿条机构所组成，如图 5-20 所示。活塞的往复移动经齿轮齿条机构变成齿轮轴的往复转动。它多用于自动线、组合机床等的转位或分度机构中。

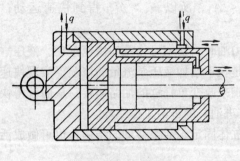

图 5-19　伸缩缸

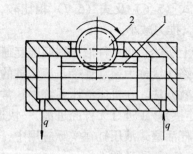

图 5-20　齿条活塞缸
1—齿条杆　2—小齿轮

五、液压缸的密封

液压缸以及其他液压元件，凡是容易造成泄漏的地方，都应该采取密封措施。液压缸的密封，主要是指活塞与缸体、活塞杆与端盖之间的动密封以及端盖与缸体之间的静密封。常用的密封方法有下面两种：

1. 间隙密封

它依靠运动件之间很小的配合间隙来保证密封，图 5-21 所示就是这种密封方法。活塞上开有几个环形小槽，环形槽的作用是：一方面可以减少活塞与缸体的接触面积，增强密封作用；另一方面，由于环形槽的油压作用，使活塞处于中心位置工作。这种密封的摩擦力小，但密封性能差，要求加工精度高，只适用于低压的场合。

2. 密封圈密封

密封圈密封是液压系统中应用最广泛的一种密封方法。密封圈通常是用耐油橡胶压制成的，它通过本身的受压弹性变形来实现密封。橡胶密封圈的断面通常做成 O 形、Y 形和 V 形，如图 5-22 所示。其中，O 形密封圈密封性能良好，摩擦阻力较小，结构简单，制造容易，体积小，装卸方便，适用压力范围较广，因此应用极为普遍。它既可以作为运动件之间的动密封，又可作为固定件之间的静密封。图 5-23 表示 O 形密封圈在液压缸中的应用。橡胶密封圈是标准件，其技术规格及使用条件可参阅有关手册。

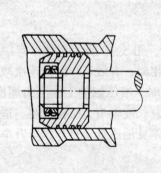

图 5-21　间隙密封

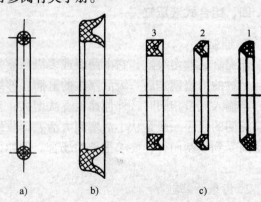

a)　　　b)　　　c)

图 5-22　常用的橡胶密封圈
a) O 形圈　b) Y 形圈　c) V 形圈
1—支承环　2—密封环　3—压环

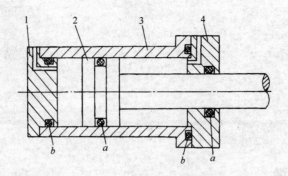

图 5-23　O 形密封圈在液压缸中的应用

a—动密封　*b*—静密封

1—后盖　2—活塞　3—缸体　4—前盖

复 习 题

5-1　从能量转换的角度说明液压泵、液压马达和液压缸的作用。

5-2　液压泵的基本原理是怎样的？常用的液压泵有哪几种？具体说明一种液压泵的工作过程。

5-3　齿轮泵、叶片泵、柱塞泵各适用于什么样的工作压力？

5-4　哪些液压泵可以做成变量泵？其变量原理是怎样的？

5-5　限压式变量叶片泵具有什么样的工作特性？说明限压式变量叶片泵的实用意义。

5-6　用一叶片泵供给系统以压力油，输油流量为 25L/min，最大供油压力为 6MPa，试计算配套电动机的功率。

5-7　柱塞泵适用于高压系统，这是为什么？

5-8　试根据液压泵的能量转换关系分析公式 $\eta = \eta_{容} \eta_{机}$ 的物理意义。

5-9　简要说明叶片式液压马达的工作原理。叶片式马达的转速是否可以调节？

5-10　双杆活塞式液压缸在结构性能方面有什么特点？

5-11　什么叫液压缸的差动连接？单杆液压缸的差动连接在工程实际应用中有什么意义？

5-12　在图 5-24 所示的单杆液压缸中，已知缸体内径 $D = 125mm$，活塞杆直径 $d = 70mm$，活塞向右运动的速度 $v = 0.1m/s$。求进入液压缸的流量 q_1 和从液压缸流出的流量 q_2 各有多大。

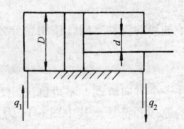

图 5-24　题 5-12 图

5-13　柱塞式液压缸有什么特点？

5-14　说明伸缩缸的工作原理。

5-15　液压缸的哪些部位需要密封？常见的密封方法有哪些？

第六章

液压控制阀

 本章学习目的

通过本章学习，掌握液压控制阀的主要类型及其结构原理，掌握常用阀类的图形符号画法，熟悉各主要阀类的工作性能及其应用场合，了解比例阀、插装阀、数字阀、伺服阀的工作原理。

 本章要点

1. 单向阀、换向阀的结构原理及图形符号表示
2. 溢流阀、减压阀、顺序阀、压力继电器的结构原理、应用场合及图形符号表示
3. 节流阀、调速阀的结构原理、工作性能及图形符号表示
4. 比例阀、插装阀、数字阀、电液伺服阀的应用

在液压系统中，为了控制与调节油液的流动方向、压力或流量，以满足工作机械的各种要求，就要用到控制阀（简称阀）。按照功用，控制阀分为方向阀、压力阀和流量阀三大类。按照安装连接方式的不同，控制阀有管式（螺纹式）、板式、法兰式、插装式和叠加式等多种结构。控制阀是标准元件，它们的类型代号和技术规格详见有关手册。

第一节　方　向　阀

方向阀用于控制液压系统中油液的流动方向，按用途分为单向阀和换向阀两种类型。

一、单向阀

单向阀的作用是只许油液往一个方向流动，不可倒流。

图 6-1 所示为单向阀的结构原理和符号，其中图 6-1a 为直通式结构，图 6-1b 为直角式结构，图 6-1c 为单向阀的符号。压力油从进油口 A 流入，从出油口 B 流出。反向时，因油口 B 一侧的压力油将阀心紧压在阀体上，阀心的锥面使阀口关闭，油流即被切断。

直通式单向阀，通常将它的进出油口制成连接螺纹，直接与油管接头连接，成为管式单向阀；直角式单向阀，通常将它的进出油口开在同一平面内，成为板式单向阀。安装板式元件时，可将阀对着底板用螺钉固定，底板与阀的油口之间用 O 形密封圈密封，底板与油管接头采用螺纹连接。

根据系统的需要，有时要使被单向阀所闭锁的油路重新接通，因此可把单向阀做成闭锁

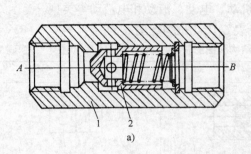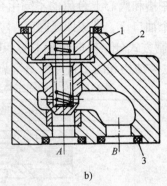

图 6-1 单向阀的结构原理和符号

a) 直通式结构 b) 直角式结构 c) 符号

1—阀体 2—阀心 3—O 形密闭圈

油路能够控制的结构,这就是液控单向阀。图 6-2 所示为液控单向阀的结构原理和符号。在图 6-2a 中,当控制油口 X 未通控制压力油时,主通道中的油液只能从进油口 A 流入,顶开阀心从出油口 B 流出,相反方向则闭锁不通。当控制油口 X 接通控制压力油时,控制活塞往右移动,借助于右端悬伸的顶杆将阀心顶开,使进油口和出油口接通,油液可以沿两个方向自由流动。图 6-2b 是液控单向阀的符号。

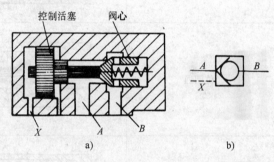

图 6-2 液控单向阀的结构原理和符号

a) 结构原理 b) 符号

二、换向阀

(一) 换向阀的工作原理

换向阀的作用是利用阀心和阀体间相对位置的改变,来变换油流的方向、接通或关闭油路,从而控制执行元件的换向、启动或停止。当阀心和阀体处于图 6-3 所示的相对位置时,液压缸两腔不通压力油,处于停机状态。若对阀心施加一个从右往左的力使其左移,阀体上的油口 P 和 A 连通,B 和 T 连通,压力油经 P、A 进入液压缸左腔,活塞右移;右腔油液经 B、T 回油箱。反之,若对阀心施加一个从左往右的力使其右移,则 P 和 B 连通,A 和 T 连通,活塞便左移。

(二) 换向阀的分类

按阀心在阀体内的工作位置数和换向阀所控制的油口通路数分,换向阀有二位二通、二位三通、二位四通、二位五通、三位四通、三位五通等类型 (见表 6-1)。不同的位数和通数

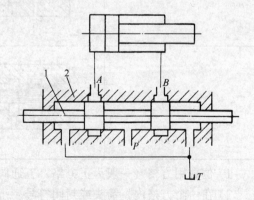

图 6-3 换向阀的工作原理

1—阀心 2—阀体

主要是由阀体上的沉割槽和阀心上台肩的不同组合形成的。将五通阀的两个回油口 T_1 和 T_2 在阀体内部沟通成一个油口 T，即成四通阀。

按阀心换位的控制方式分，换向阀有手动、机动、电动、液动和电液动等类型。

（三）换向阀的主体结构和图形符号表示（见表 6-1、图 6-4、图 6-5）

表 6-1　换向阀的主体结构和图形符号

名　　称	结构原理图	符　　号
二位二通		
二位三通		
二位四通		
三位四通		
二位五通		
三位五通		

1）位数用方格（一般为正方格，五通阀用长方格）数表示，二格即二位，三格即三位。

2）在一个方格内，箭头或封闭符号"⊥"与方格的交点数为油口通路数，即"通"数。箭头表示两油口连通，但不表示流向；"⊥"表示该油口不通流。

3）控制机构和复位弹簧的符号画在主体符号两端的任意位置上（通常位于一边或中间）。

4）P 表示进油口，T 表示通油箱的回油口，A 和 B 表示连接其他两个工作油路的油口。

5）三位阀的中格、二位阀画有弹簧的一格为阀的常态位。常态位应画出外部连接油口。

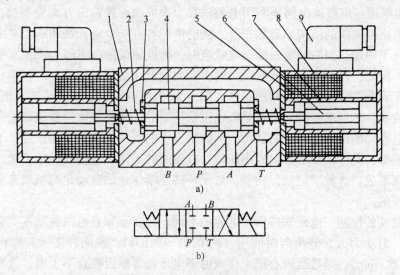

图 6-4　三位四通电磁换向阀

a）结构原理　b）符号

1—阀体　2—弹簧　3—弹簧座　4—阀心　5—线圈　6—衔铁　7—隔套　8—壳体　9—插头组件

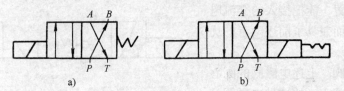

图 6-5　二位四通电磁阀的符号

a）单电磁铁弹簧复位式　b）双电磁铁机械定位式

（四）三位换向阀的中位机能

三位阀常态位各油口的连通方式称为中位机能。中位机能不同，阀在中位时对系统的控制性能也不相同。三位四通换向阀常见的中位机能型号、符号及其特点如表6-2所示。

表 6-2　三位四通换向阀的中位机能

机能型号	符　号	中位油口状况、特点及应用	机能型号	符　号	中位油口状况、特点及应用
O		P、A、B、T 四油口全封闭，液压缸闭锁，液压泵不卸荷	P		P、A、B 三油口相通，T 油口封闭，泵与缸两腔相通，可组成差动油路
H		P、A、B、T 四油口全串通，液压缸活塞处于浮动状态，泵卸荷			
Y		P 油口封闭，A、B、T 三油口相通，活塞浮动，泵不卸荷	M		P、T 相通，A、B 封闭，缸闭锁，泵卸荷

（五）几种常用的换向阀

1. 电磁换向阀

（1）结构原理　电磁换向阀是利用电磁铁吸力操纵阀心换位的方向控制阀。图 6-4 所示为三位四通电磁换向阀的结构原理和符号。阀的两端各有一个电磁铁和一个对中弹簧，阀在常态时阀心处于中位。当右端电磁铁通电吸合时，衔铁通过推杆将阀心推至左端，换向阀就在右位工作；反之，左端电磁铁通电吸合时，换向阀就在左位工作。

图 6-5 所示为二位四通电磁阀的符号，图 6-5a 为单电磁铁弹簧复位式，图 6-5b 为双电磁铁机械定位式。二位电磁阀一般都是单电磁铁控制的，但无复位弹簧的双电磁铁二位阀由于电磁铁断电后仍能保留通电时的状态，从而减少了电磁铁的通电时间，延长了电磁铁的寿命，节约了能源；此外，当电源因故中断时，电磁阀的工作状态仍能保留下来，可以避免系统失灵或出现事故，这种"记忆"功能，对于一些连续作业的自动化机械和自动线来说，往往是十分需要的。

（2）电磁铁的性能　电磁铁按所接电源的不同，分交流和直流两种基本类型。交流电磁铁使用方便，启动力大，但换向时间短（约 0.01～0.07s），换向冲击大，噪声大，换向频率低（约 30 次/min），而且当阀心被卡住或由于电压低等原因吸合不上时，线圈易烧坏。直流电磁铁需直流电源或整流装置，但换向时间长（约 0.1～0.15s），换向冲击小，换向频率允许较高（最高可达 240 次/min），而且有恒电流特性，当电磁铁吸合不上时，线圈不会烧坏，故工作可靠性高。还有一种本整型（本机整流型）电磁铁，其上附有二极管整流线路和冲击电压吸收装置，能把接入的交流电整流后自用，因而兼具了前述两者的优点。

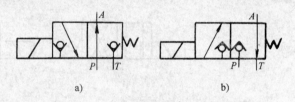

图 6-6　二位二通电磁球阀的符号
a）常开型　b）常闭型

（3）电磁球阀　上述电磁阀的阀心皆为滑动式圆柱阀心，故这种电磁阀又称电磁滑阀。近年来出现了一种电磁球阀，它以电磁力为动力，推动钢球来实现油路的通断切换。电磁球阀目前只能做成二位阀，但可以用两个二位阀组成一个三位阀，图 6-6、图 6-7 分别给出了二位三通电磁球阀的符号和用两个二位三通电磁球阀组成一个三位四通电磁球阀的原理示意。

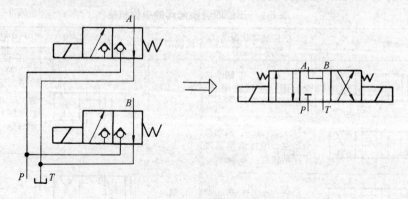

图 6-7　三位四通电磁球阀的组成原理

与电磁滑阀相比较，电磁球阀具有密封性好、反应速度快、使用压力高和适应能力强等优点，是一种颇具特色的换向阀。电磁球阀的主要缺点是不像滑阀那样具备多种位通组合形式和多种中位机能，故目前应用还不够广泛。

2．液动换向阀和电液换向阀

（1）液动换向阀　液动换向阀依靠油压作用来改变滑阀阀心的位置，以实现油路的切换。图6-8a、b所示皆为三位四通液动换向阀的符号。

液动换向阀的工作流量通常都比较大，为了控制阀心移动的速度，减少换向冲击和噪声，对于有较高要求的液动换向阀，它的两端带有单向节流装置（称阻尼调节器，见图6-8b)，调节节流开口，即可调节阀的换向时间。

（2）电液换向阀　电液换向阀由电磁阀和液动阀组合而成。这里，电磁阀起先导作用（称先导阀），用以改变控制压力油的流动方向，实现液动阀（主阀）换向。所以，可以用较小规格的电磁阀来控制较大流量的主压力油流动方向切换。

电液换向阀的符号如图6-9所示，其中，图6-9a是详细符号，图6-9b是简化符号。下面根据图6-9a来说明电液换向阀的工作原理：当三位电磁阀左侧的电磁铁通电时，它的左位接入控制油路，控制压力油推开左边的单向阀进入液动阀的左端油腔，液动阀右端油腔的油液经右边的节流阀及电磁阀流回油箱，这时液动阀的阀心右移，它的左位接入主油路系统。当三位电磁阀右侧的电磁铁通电（左侧电磁铁断电）时，情况则相反，液动阀右位便接入主油路系统。当电磁阀两侧电磁铁皆不通电时，液动阀两端油腔皆通过电磁阀中位与油箱连通，在平衡弹簧的作用下，液动阀的中位亦接入系统（图示情况）。

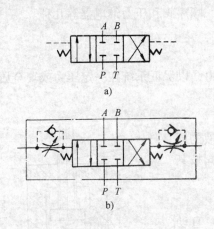

图 6-8　液动换向阀的符号

a) 换向时间不可调型　b) 换向时间可调型

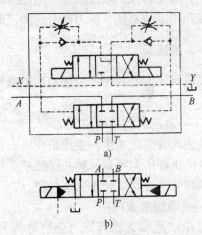

图 6-9　电液换向阀的符号

a) 详细符号　b) 简化符号

3．机动换向阀和手动换向阀

（1）机动换向阀　机动换向阀也叫行程阀，它通常用装在工作台一侧的行程挡块来推压阀心，实现油路的切换。机动阀通常为二位阀，它有二通、三通、四通、五通等几种。二位二通阀有常闭和常开两种形式。机动阀的控制机构又分为顶杆式和滚轮式两种。图6-10给出了顶杆控制式二位二通（常闭和常开）机动阀和滚轮控制式二位三通机动阀的符号。

（2）手动换向阀　手动换向阀是用手动杠杆操纵的换向阀。手动阀分为自动复位式和机械定位式两种，图 6-11 给出了三位四通手动阀的符号。

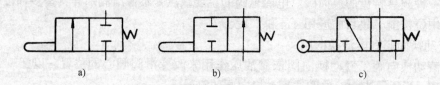

图 6-10　机动换向阀的符号

a）顶杆控制、二通、常闭　b）顶杆控制、二通、常开　c）滚轮控制、三通

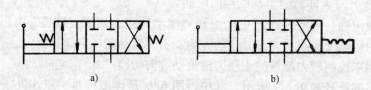

图 6-11　手动换向阀的符号

a）自动复位式　b）机械定位式

第二节　压　力　阀

压力阀用来控制液压系统中的压力，或利用系统中的压力变化来控制某些液压元件的动作。按照用途的不同，压力阀分为溢流阀、减压阀、顺序阀和压力继电器等几种。

一、溢流阀

溢流阀的主要功用是控制和调整液压系统的压力，以保证系统在一定压力或安全压力下工作。

（一）溢流阀的结构原理

溢流阀有多种用途，主要是在溢去系统多余油液的同时使泵的供油压力得到调整并保持基本恒定。溢流阀按其结构原理分为直动型和先导型两种。

1.直动型溢流阀

图 6-12 所示为锥阀式（还有球阀式和滑阀式）直动型溢流阀。当进油口 P 从系统接入的油液压力不高时，锥阀心被弹簧紧压在阀座上，阀口关闭。当进口油压升高到能克服弹簧阻力时，便推开锥阀心使阀口打开，油液就由进油口 P 流入，再从回油口 T 流回油箱（溢流），进油压力也就不会继续升高。当通过溢流阀的流量变化时，阀口开度即弹簧压缩量也随之改变。但在弹簧压缩量变化甚小的情况下，可以认为阀心在液压力和弹簧力作用下保持平衡，溢流阀进口处的压力基本保持为定值。拧动调压螺钉改变弹簧预压缩量，便可调整溢流阀的溢流压力。

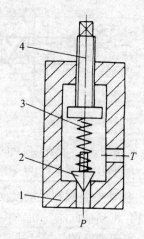

图 6-12　直动型溢流阀

1—阀体　2—锥阀心
3—弹簧　4—调压螺钉

这种溢流阀因进口压力油直接作用于阀心，故称直动型溢流阀。直动型溢流阀一般只能用于低压或小流量处。因控制较高压力或较大流量时，需要装刚度较大的硬弹簧，不但手动调节困难，而且阀口开度（弹簧压缩量）略有变化便引起较大的压力波动，不能稳定。系统压力较高时就需要采用先导型溢流阀。

2. 先导型溢流阀

图 6-13 所示为一种板式连接的先导型溢流阀。由图可见，先导型溢流阀由先导阀和主阀两部分组成。先导阀就是一个小规格的直动型溢流阀，而主阀阀心是一个具有锥形端部、中间开有阻尼小孔 R 的圆柱筒体。

如图 6-13 所示，油液从进油口 P 进入，经阻尼孔到达主阀弹簧腔，并作用在先导阀阀心上（一般情况下，外控口 X 是堵塞的）。当进油压力不高时，液压力不能克服先导阀的弹簧阻力，先导阀口关闭，阀内无油液流动。这时，主阀心因前后腔油压相同，故被主阀弹簧压在阀座上，主阀口亦关闭。当进油压力升高到超过先导阀弹簧的预调压力时，先导阀口打开，主阀弹簧腔的油液流过先导阀口并经阀体上的通道和回油口 T 流回油箱。这时，油液流过阻尼小孔 R，产生压力损失，使主阀心两端形成了压力差。主阀心在此压差作用下克服弹簧阻力向上移动，使进、回油口连通，达到溢流稳压的目的。拧动先导阀的调压螺钉便能调整溢流压力。更换不同刚度的调压弹簧，便能得到不同的调压范围。

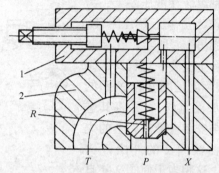

图 6-13 先导型溢流阀

1—先导阀 2—主阀

P—进油口 T—回油口 X—外控口 R—阻尼孔

在先导型溢流阀中，先导阀的作用是控制和调节溢流压力，主阀的功能则在于溢流。先导阀因为只通过泄油，其阀口直径较小，即使在较高压力的情况下，作用在锥阀心上的液压推力也不很大，因此调压弹簧的刚度不必很大，压力调整也就比较轻便。主阀心因两端均受油压作用，主阀弹簧只需很小的刚度，当溢流量变化引起弹簧压缩量变化时，进油口的压力变化不大，故先导型溢流阀的稳压性能优于直动型溢流阀。但先导型溢流阀是二级阀，其灵敏度低于直动型阀。

图 6-14 所示为溢流阀的符号。其中，图 6-14a 为一般符号或直动型溢流阀的符号；图 6-14b 为先导型溢流阀的符号。

（二）溢流阀的应用

图 6-15 所示为溢流阀的三种应用实例。

（1）用于溢流稳压 图 6-15a 所示为一定量泵供油系统，与执行机构油路并联一个溢流阀，起着溢流稳压的作用。在系统工作的情况下，溢流阀的阀口通常是打开的，进入液压缸的流量由节流阀调节，系统的工作压力由溢流阀调节并保持恒定。

（2）用于防止过载 图 6-15b 所示为一变量泵供油系统，与执行机构油路并联一个溢流

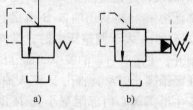

a) b)

图 6-14 溢流阀的符号

a) 一般符号或直动型符号 b) 先导型符号

阀，起着防止系统过载的安全保护作用，故又称安全阀。此阀的阀口在系统正常工作情况下是闭合的。在此系统中，液压缸需要的流量由变量泵本身调节，系统中没有多余的油液，系统的工作压力决定于负载的大小。只有当系统的压力超过预先调定的最大工作压力时，溢流阀的阀口才打开，使油溢回油箱，保证了系统的安全。

（3）实现远程调压 机械设备液压系统中的泵、阀通常都组装在液压站上，为使操作人员就近调压方便，可按图 6-15c 所示，在控制工作台上安装一远程调压阀 1（实际就是图 6-12 所示的直动型溢流阀），并将其进油口与安装在液压站上的先导型溢流阀 2 的外控口 X 相连。这相当于使阀 2 除自身先导阀外又加接了一个先导阀。调节阀 1 便可对阀 2 实现远程调压。显然，远程调压阀 1 所能调节的最高压力不得超过溢流阀 2 自身先导阀的调定压力。

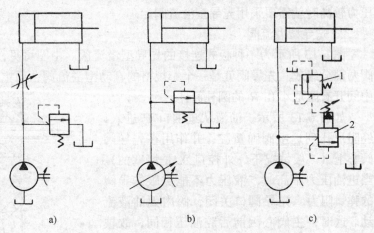

图 6-15　溢流阀的应用
a）用于溢流稳压　b）用于防止过载　c）用于远程调压

二、减压阀

减压阀可以用来减压、稳压，将较高的进口油压降为较低而稳定的出口油压。

减压阀的工作原理是依靠压力油通过缝隙（液阻）降压，使出口压力低于进口压力，并保持出口压力为一定值。缝隙越小，压力损失越大，减压作用就越强。

图 6-16a 为先导型减压阀的结构原理图。压力为 p_1 的压力油从阀的进油口 A 流入，经过缝隙 δ 减压以后，压力降低为 p_2，再从出油口 B 流出。当出口压力 p_2 大于调整压力时，锥阀就被顶开，主滑阀右端油腔中的部分压力油便经锥阀开口及泄油孔 Y 流入油箱。由于主滑阀阀心内部阻尼小孔 R 的作用，滑阀右端油腔中的油压降低，阀心失去平衡而向右移动，因而缝隙 δ 减小，减压作用增强，使出口压力 p_2 降低至调整的数值。当出口压力 p_2 小于调整压力时，其作用过程与上述相反。减压阀出口压力的稳定数值，可以通过上部调压螺钉来调节。

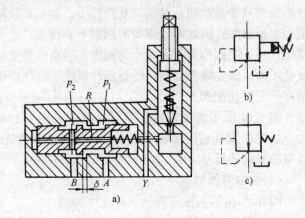

图 6-16　减压阀
a）结构原理　b）先导型符号　c）一般符号

图 6-16b 为先导型减压阀的符号，图 6-16c 为减压阀的一般符号或直动型减压阀符号。

减压阀与溢流阀相比较，最主要的区别是：

1）减压阀利用出口油压与弹簧力平衡，而溢流阀则利用进口油压与弹簧力平衡。

2）减压阀的进、出油口均有压力，所以弹簧腔的泄油需从外部单独接回油箱（称外部回油）。而溢流阀的泄油可沿内部通道经回油口流回油箱（称内部回油）；

3）非工作状态时，减压阀的阀口是常开的（为最大开口），而溢流阀则是常闭的。

这三点区别从它们二者的符号中也可以看出。

图 6-17 所示为减压阀的应用举例。在使用定量泵的机床油路系统中，液压缸的工作压力 p_1 较高，用溢流阀调节。控制油路的工作压力 p_2 较低，润滑油路的工作压力 p_3 则更低，皆可用减压阀来调节。

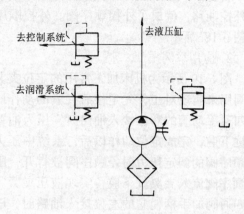

图 6-17　减压阀的应用举例

三、顺序阀

顺序阀的功用是利用液压系统中的压力变化来控制油路的通断，从而实现某些液压元件按一定的顺序动作。顺序阀亦有直动型和先导型两种结构。此外，根据所用控制油路连接方式的不同，顺序阀又可以分为内控式和外控式两种。

1. 结构原理

图 6-18a 所示为一种直动型顺序阀的结构原理。压力油由进油口 A 经阀体 4 和下盖 7 的小孔流到控制活塞 6 的下方，使阀心 5 受到一个向上的推力作用。当进口油压较低时，阀心在弹簧 2 的作用下处于下部位置，这时进、出油口 A、B 不通。当进口油压增大到预调的数值以后，阀心底部受到的推力大于弹簧力，阀心上移，进、出油口连通，压力油就从顺序阀流过。顺序阀的开启压力可以用调压螺钉 1 来调节。在此阀中，控制活塞的直径很小，因而阀心受到的向上推力不大，所用的平衡弹簧就不需太硬，这样，可以使阀在较高的压力下工作（可达 7MPa）。

顺序阀的进、出油口均有压力，所以它的弹簧腔泄油需从上盖 3 的泄油口 Y（见图 6-18a）单独接入油箱，这是区别于溢流阀的一个重要标志。

在图 6-18a 中，控制活塞下方的控制压力油经内部通道直接来源于阀的进口，这种控制

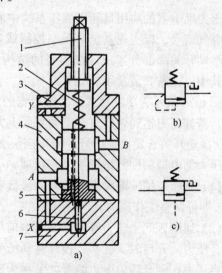

图 6-18　顺序阀

a) 结构原理　b) 内控顺序阀符号　c) 外控顺序阀符号

1—调压螺钉　2—弹簧　3—上盖　4—阀体

5—阀心　6—控制活塞　7—下盖

方式的顺序阀称为内控顺序阀。图 6-18b 为内控顺序阀的符号。

若将图 6-18a 所示的阀稍加改装，即将下盖转过 90°安装，并打开外控口 X 的堵头，接通外控油路，就成了外控顺序阀。外控顺序阀的符号如图 6-18c 所示。

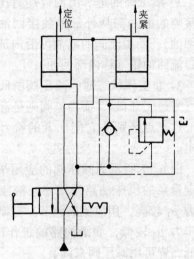

2. 应用举例

图 6-19 所示为机床加工常用的定位夹紧油路，顺序阀用来实现对工件先定位后夹紧的动作顺序。当二位四通手动阀的右位接入油路时，压力油首先进入定位缸下腔，完成定位动作以后，系统中压力升高，达到顺序阀的调定压力时，顺序阀被打开，压力油就经过顺序阀流入夹紧缸下腔，实现液压夹紧。当搬动二位四通阀的手柄使它的左位接入油路时，压力油则同时进入定位缸和夹紧缸的上腔，拔出定位销，松开工件，此时夹紧缸通过单向阀回油。

在图 6-19 中，顺序阀和单向阀并联工作。为了减少接入油路的元件数量，实用中往往将此二阀用一个组合式元件——单向顺序阀来代替。图中带点划线框的组合图形即为单向顺序阀的符号。

图 6-19　顺序阀应用举例

四、压力继电器

压力继电器的功用是利用液压系统中的压力变化来控制电路的通断，从而将液压信号转变为电气信号，以实现系统的程序控制或安全控制。任何压力继电器都由压力-位移转换装置和微动开关两部分组成。按前者的结构分，有柱塞式、弹簧管式、膜片式和波纹管式四类，其中以柱塞式最常用。

图 6-20 所示为单柱塞式压力继电器的结构原理。压力油从油口 P 通入作用在柱塞 1 的底部，若其压力达到调定值时，便克服上方弹簧阻力和柱塞摩擦力推动柱塞上升，通过顶杆 3 触动微动开关 5 发出电信号。限位挡块 2 可在压力超载时保护微动开关。

压力继电器的性能指标主要有两项：

(1) 调压范围　即发出电信号的最低和最高工作压力间的范围。打开面盖，拧动调节螺杆 4，即可调整工作压力。

(2) 通断区间　压力继电器发出电信号时的压力称为开启压力，切断电信号时的压力称为闭合压力。开启时，柱塞、顶杆移动所受的摩擦力方向与压力方向相反，闭合时则相同，故开启压力比闭合压力大。两者之差称为通断区间。

通断区间要有足够的数值，否则，系统压力脉动时，压力继电器发出的电信号会时断时续。为此，有的产品在结构上可人为地调整柱塞摩擦力的大小，使通断区间的数值可调。

图 6-21 是压力继电器的应用举例。当活塞带动工作部件碰上死挡块（又称死挡铁）以后，液压缸进油腔的压力升高，达到某一调定数值时，压力继电器就发出电信号，使电磁铁 1YA 断电，2YA 通电，活塞快速退回。

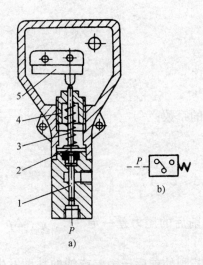

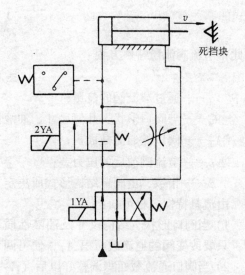

图 6-20　单柱塞式压力继电器

a）结构原理　b）符号

1—柱塞　2—限位挡块　3—顶杆

4—调解螺杆　5—微动开关

图 6-21　压力继电器应用举例

第三节　流　量　阀

流量阀用于控制液压系统中液体的流量。常用的流量阀有节流阀、调速阀等。

流量阀是液压系统中的调速元件，其调速原理是依靠改变阀口的通流截面积来控制液体的流量，以调节执行机构（液压缸或液压马达）的运动速度。

一、节流阀

1. 节流阀的结构原理

图 6-22a 所示为节流阀的结构原理。油从油口 A 流入，经过阀心下部的轴向三角形节流槽，再从油口 B 流出。拧动阀上方的调节螺钉，可以使阀心作轴向移动，从而改变阀口的通流截面积，使通过的流量得到调节。图 6-22b 为节流阀的符号。

2. 节流阀的流量特性

根据式（4-6）

$$\Delta p = R q^n$$

有

$$q = \left(\frac{\Delta p}{R}\right)^{1/n}$$

令

$$\varphi = \frac{1}{n}$$

则

$$q = \left(\frac{\Delta p}{R}\right)^{\varphi} = \frac{(\Delta p)^{\varphi}}{R^{\varphi}}$$

根据流体力学分析，有

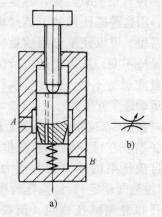

图 6-22　节流阀

a）结构原理　b）符号

$$\frac{1}{R^\varphi} = CA_T$$

因此得节流阀流量特性方程

$$q = CA_T(\Delta p)^\varphi$$

式中　q——通过节流阀的流量；

　　　C——与阀口形状、几何尺寸、油液性质有关的系数；

　　A_T——阀口的通流截面积；

　　Δp——节流阀前后的压力差；

　　　φ——指数，由阀口结构形式所决定，通常 $0.5 \leqslant \varphi \leqslant 1$。

由流量特性方程可知：

1）当阀口形状、结构尺寸及油液性质、节流阀前后的压力差一定（C、φ、Δp 一定）时，只要改变阀的通流截面积 A_T，便可调节流量。

2）当阀口通流截面积调整好以后（A_T 一定），若阀的前后压力差或油的粘度发生变化（Δp 或 C 值变化），通过节流阀的流量也要发生变化。

在实际使用中，一方面由于执行机构的工作负载经常变化，导致节流阀前后的压力差变化；另一方面由于油温变化，会导致油的粘度变化，所以通过节流阀的流量也经常发生变化，使工作部件运动不平稳。

二、调速阀

1. 工作原理

通过节流阀流量特性分析可知，节流阀可用来调节速度，但不能稳定速度。对于运动平稳性要求较高的液压系统，通常采用调速阀。

调速阀是由减压阀和节流阀串联而成的组合阀。这里所用的减压阀跟以前介绍的先导型减压阀不同，是一种直动型减压阀，称定差减压阀。用这种减压阀和节流阀串联在油路里，可以使节流阀前后的压力差保持不变，从而使通过节流阀的流量亦保持不变，因此，执行机构的运动速度就得到稳定。

在图6-23a 中，减压阀1 和节流阀2 串联在液压泵和液压缸之间。来自液压泵的压力油其压力为 p_P（由溢流阀调定），经减压阀槽 a 处的开口缝隙减压以后，流往槽 b，

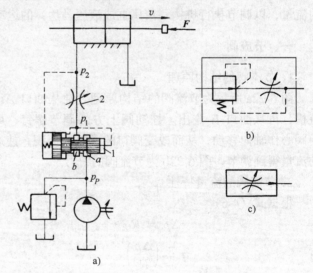

图 6-23　调速阀的工作原理和符号

a) 工作原理　b) 详细符号　c) 简化符号

压力降为 p_1。接着，再通过节流阀流入液压缸，压力降为 p_2，在此压力的作用下，活塞克服负载 F 向右运动。若负载不稳定，当 F 增大时，p_2 也随之增大，减压阀阀心左端液压推

力增大，阀心将失去平衡而向右移动，使槽口 a 处的开口缝隙增大，减压作用减弱，p_1 则亦增大，因而使压力差 $\Delta p = p_1 - p_2$ 保持不变，通过节流阀进入液压缸的流量也就保持不变。反之，当 F 减小时，p_2 也随之减小，减压阀阀心失去平衡而向左移动，使槽 a 处的开口缝隙减小，减压作用增强，p_1 则亦减小，因而仍使 $\Delta p = p_1 - p_2$ 保持不变，流量也就保持不变。

调速阀的符号如图 6-23b、c 所示，其中图 b 为详细符号，图 c 为简化符号。

2. 流量的温度补偿

在一般情况下，上述调速阀能获得较好的稳速性能。但是当通过的流量很小时，因为节流口的通流截面积也很小，油的粘度变化对流量的影响就比较大。所以当油温升高使油的粘度变小时，通过调速阀的流量仍会增大。为了减小温度对流量的影响，可以采取一种补偿措施，做成温度补偿调速阀。温度补偿调速阀的结构原理跟普通调速阀大体上是相同的，主要不同之处在于温度补偿调速阀中的节流阀心上方装了一个温度补偿杆，如图 6-24 所示。这种温度补偿杆是用温度膨胀系数较大的聚氯乙烯塑料做成的，它能自动实现流量的温度补偿作用。当油温升高时，由于油的粘度减小，流量本应增加，但由于塑料杆受热膨胀而伸长，推动节流阀心移

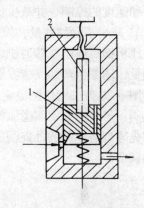

图 6-24　流量的温度补偿
1—阀心　2—温度补偿杆

动，关小了节流开口，这就在一定程度上控制了由于温度升高后油的粘度变小而引起的流量增加。

第四节　比例阀、插装阀和数字阀

比例阀、插装阀和数字阀都是近 20 多年来出现的新型液压控制元件，本节予以简要介绍。

一、比例阀

比例阀的全称为电液比例控制阀，它可以根据电信号的强弱，成比例地控制液压系统的压力、流量和方向。

比例阀由两部分组成：液压部分和电气部分。液压部分的结构原理和普通阀基本上是一样的，而电气操纵部分是一种比例电磁铁（又称电磁力马达），这种电磁铁的吸力或行程与通过电流的大小成正比（与普通电磁铁通电吸合、失电断开的情况不同）。当通入电磁铁的电流大小受到控制时，阀心所受的力或位移也就按比例地得到了控制，这样就能很方便地对系统中的压力、流量和方向实行自动连续的调节。

将普通压力阀的调压螺钉换成比例电磁铁，就做成比例压力阀；将普通流量阀的调节螺钉换成比例电磁铁就做成比例流量阀；用比例减压阀作液动换向阀的先导阀，就做成比例换向阀。

图 6-25 为直动型比例溢流阀的结构原理图。当输入电信号时，比例电磁铁产生相应的电磁力，通过推杆压缩弹簧，用以控制锥阀打开的压力。将这种直动型比例溢流阀分别和普

通溢流阀、减压阀、顺序阀的主滑阀部分组装起来，就成了具有先导型结构的比例溢流阀、比例减压阀和比例顺序阀。

在液压系统中应用比例阀，可以实现电液比例控制。与使用普通液压元件的控制系统相比较，电液比例控制的好处是：

1）电信号便于传送，能简单地实现远距离控制；

2）能连续地、按比例地控制液压系统的压力和流量，因而比较方便地实现对执行机构的力和速度的控制，并减少压力变换时的冲击。

3）减少了元件数量，简化了油路。

比例阀目前已在普通机床的进给系统中和油压机、注塑机、薄板轧机上得到了应用，可以想见，随着生产的飞速发展，比例阀的应用将日趋广泛。

图 6-26 为应用比例溢流阀的自动连续调压回路，这里用了两个溢流阀：一个是先导型溢流阀；另一个是比例溢流阀。当电信号 i 输入并经放大器放大以后，送到比例溢流阀，就能使先导型溢流阀的外控油压就得到按电信号变化的自动控制，因此系统的压力得到自动连续的调节。

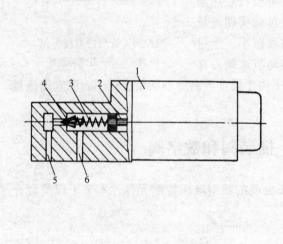

图 6-25　直动型比例溢流阀的结构原理
1—比例电磁铁　2—推杆　3—弹簧
4—锥阀　5—进油口　6—回油口

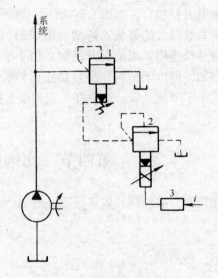

图 6-26　应用比例溢流阀的自动连续调压回路
1—先导型溢流阀　2—比例溢流阀
3—电信号放大器

二、插装阀

插装阀是插装式锥阀的简称，又称逻辑阀。如图 6-27a 所示为插装阀的结构原理，它由控制盖板、插装主阀（由阀套、弹簧、阀心及密封件组成）、插装块体和先导控制元件（置于控制盖板上，图中未画）组成。主阀采用插装式连接，阀心带有锥端。根据不同的需要，阀心的锥端可开阻尼孔或三角节流槽。图 6-27b 为插装阀的一般符号。

控制盖板将插装主阀封装在插装块体内，并沟通先导阀和主阀。通过主阀阀心的启闭，可对主油路的通断起控制作用。使用不同的先导阀可构成压力控制、方向控制或流量控制，并可组成复合控制。若干个不同控制功能的插装阀组装在一个或多个插装块体内便组成液压回路。

就工作原理而言，一个插装阀相当于一个液控单向阀。A 和 B 为主油路的二个仅有的工作油口（故又称为二通插装阀），X 为控制油口。通过控制油口的启闭和对压力大小的控制，即可控制主阀阀心的启闭和油口 A、B 的油液流向与压力。

图 6-28 示出几个插装方向控制阀的实例。图 6-28a 表示用作单向阀。设 A、B 两腔的压力分别为 p_A 和 p_B，当 $p_A > p_B$ 时，锥阀关闭，A 和 B 不通；当 $p_A < p_B$，且 p_B 达到一定数值（开启压力）时，便打开锥阀使油液从 B 流向 A（若将图 6-28a改为 B 和 X 腔沟通，便构成油液可从 A 流向 B 的单向阀）。图 6-28b 用作二位二通换向阀，在图示状态下，锥阀开启，A、B 连通；当二位三通电磁阀通电且 $p_A > p_B$ 时，锥阀关闭，A、B 通路被切断。图 6-28c 用作二位三通换向阀，在图示状态下，A 和 T 连通，A 和 P 断开；当二位四通电磁阀通电时，A 和 P 连通，A 和 T 断开。图 6-28d 用作二位四通换向阀，在图示状态下，A 和 T、P 和 B 连通，当二位四通电磁阀通电时，A 和 P、B 和 T 连通；用多个先导阀（如上述各电磁阀）和多个主阀相配，可构成复杂位通组合的插装换向阀，这是普通换向阀做不到的。

对 X 腔采用压力控制可构成插装压力控制阀，其示例见图 6-29。若在控制盖板上设置阀心行程调节机构以调节锥阀阀口的开度，则可做成流量控制阀。图 6-30 给出了带有手动调节推杆的插装节流阀的符号。

插装阀及其集成系统有如下特点：

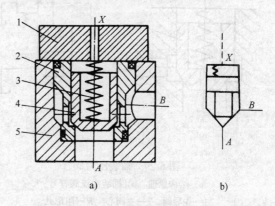

图 6-27　插装阀
a）结构原理　b）符号
1—控制盖板　2—阀套　3—弹簧　4—阀心　5—插装块体

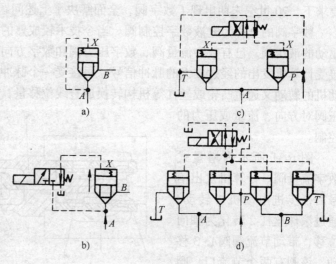

图 6-28　插装方向控制阀
a）单向阀　b）二位二通换向阀
c）二位三通换向阀　d）二位四通换向阀

1）插装主阀结构简单，通流能力大，故用通径很小的先导阀与之配合便可构成通径很大的各种插装阀，最大流量可达 10000L/min。

2）不同的阀有相同的插装主阀，一阀多能，便于实现标准化。

3）泄漏小，又便于实现无管连接，先导阀功率又很小，具有明显的节能效果。

插装阀目前广泛用于冶金、船舶、塑料机械、压力加工机械等大流量系统中。

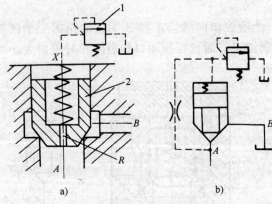

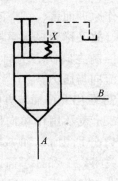

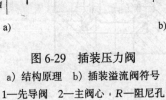

a)   b)

图 6-29 插装压力阀   图 6-30 插装节流阀的符号
a）结构原理 b）插装溢流阀符号
1—先导阀 2—主阀心 R—阻尼孔

三、数字阀

用计算机对电液系统进行控制是今后技术发展的必然趋向。但电液比例阀或伺服阀能接受的信号是连续变化的电压或电流，而计算机的指令是"开"或"关"的数字信息，要用计算机控制必须进行"数-模"转换，结果使设备复杂，成本提高，可靠性降低。在这种技术要求下，20 世纪末期出现了数字阀，全面解决了上述问题。

数字阀的全称为电液数字控制阀。当今技术较成熟的是增量式数字阀，即用步进电动机驱动的液压阀，已有数字流量阀、数字压力阀和数字方向流量阀等系列产品。步进电动机能接受计算机发出的经过放大的脉冲信号，每接受一个脉冲其转子便转动一定的角度。步进电动机的转动又通过凸轮或丝杠等机构转换成直线位移量，从而推动阀心或压缩弹簧，实现液压阀对方向、流量或压力的控制。

图 6-31 所示为增量式数字流量阀。计算机发出信号后，步进电动机 1 转动，通过滚珠丝杠 2 转化为轴向位移，带动节流阀阀心 3 移动。该阀有两个节流口，阀心移动时首先打开右边的非全周节流口，流量较小；继续移动则打开左边的全周节

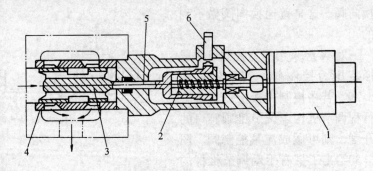

图 6-31 数字流量阀
1—步进电动机 2—滚珠丝杠 3—阀心
4—阀套 5—连杆 6—传感器

流口，流量较大，可达 3600L/min。该阀的流量由阀心 3、阀套 4 及连杆 5 的相对热膨胀取得温度补偿，维持流量恒定。

该阀无反馈功能，但装有零位移传感器 6，在每个控制周期终了时，阀心都可在它控制下回到零位。这样就保证每个工作周期都在相同的位置开始，使阀有较高的重复精度。

第五节　液压伺服阀和电液伺服阀

液压伺服阀和电液伺服阀是液压伺服系统中的控制元件。液压伺服系统亦称液压随动系统，它是一种自动控制系统。在这一系统中，执行元件的运动跟随着系统输入信号的变化而变化，因而便于实现自动控制。

一、液压伺服阀

根据结构形式的不同，液压伺服阀分为滑阀、转阀、射流管阀和喷嘴挡板阀四种类型。下面介绍较常应用的滑阀和喷嘴挡板阀。

1. 滑阀

根据滑阀内控制边数（起控制作用的阀口数）的不同，滑阀有单边、双边和四边控制三种形式。

图 6-32 所示为单边滑阀的工作原理。滑阀控制边的开口量 x_s，控制着液压缸右腔的压力和流量，从而控制液压缸运动的速度和方向。来自泵的压力油进入单杆液压缸的有杆腔，通过活塞

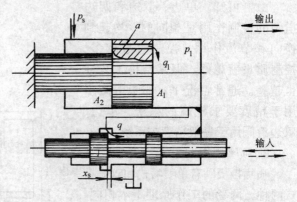

图 6-32　单边滑阀的工作原理

上小孔 a 进入无杆腔，压力由 p_s 降为 p_1，再通过滑阀唯一的节流边流回油箱。如果暂不考虑液压缸的外载作用，$p_1 A_1 = p_s A_2$，液压缸不动。当滑阀输入一个向左的位移信号以后，开口量 x_s 大，液压缸无杆腔压力 p_1 减小，于是 $p_1 A_1 < p_s A_2$，缸体失去平衡，亦向左移动。由于缸体和阀体是刚性连接在一起的，故缸体左移，又带动阀体左移，通过这一反馈作用，使滑阀偏移量消除，恢复原来的 x_s 数值，整个系统又进入新的平衡状态。若滑阀不断地接受输入位移信号，系统就不断地产生不平衡和恢复平衡的相互转化作用，缸体也就不停地产生与位移信号相应方向的输出运动。

图 6-33 所示为双边滑阀的工作原理。压力油一路直接进入液压缸有杆腔，另一路经滑阀左控制边的开口 x_{s1} 和液压缸无杆腔相通，并经滑阀右控制边的开口 x_{s2} 流回油箱。在两腔受力平衡情况下，液压缸不动。当滑阀接受输入信号向左移动时，x_{s1} 减小，x_{s2} 增大，液压缸无杆腔压力 p_1 减小，两腔受力不平衡，缸体向左移动。反之，缸体向右移动。双边滑阀比单边滑阀的调节灵敏度高，工作精度高。

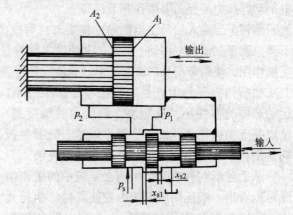

图 6-33　双边滑阀的工作原理

图 6-34 所示为四边滑阀的工作原理。滑阀有四个控制边，开口 x_{s1}、x_{s2} 分别控制进入液压缸两腔的压力油，开口 x_{s3}、x_{s4} 分别控制液压缸两腔的回油。当滑阀向左移动时，x_{s2} 和 x_{s3} 增大，x_{s1} 和 x_{s4} 减小，于是 p_1 减小，p_2 增大，活塞亦向左移动。与双边滑阀相比，四边滑阀同时控制液压缸两腔的压力和流量，故调节灵敏度较高，工作精度也较高。

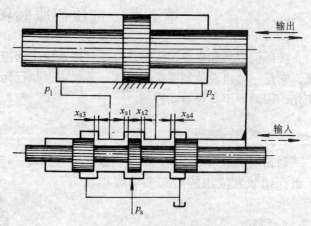

图 6-34　四边滑阀的工作原理

由上可知，单边、双边和四边滑阀的控制作用是相同的，均起到换向和节流作用。控制边数越多，控制质量就越好。但其结构工艺性也越差。通常情况下，四边滑阀多用于精度要求较高的系统，单边、双边滑阀用于一般精度的系统。

2. 喷嘴挡板阀

喷嘴挡板阀有单喷嘴式和双喷嘴式两种，两者的工作原理基本相同。图 6-35 所示为双喷嘴挡板阀的工作原理，它主要由挡板 1、喷嘴 2 和 3、固定节流小孔 4 和 5 等元件组成。挡板和两个喷嘴之间形成两个可变节流口 δ_1 和 δ_2。当挡板处于中间位置时，两节流口的阻力相等，两喷嘴腔内的油液压力也相等，即 $p_1 = p_2$，液压缸不动。压力油经两喷嘴孔和节流口

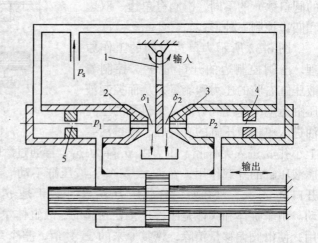

图 6-35　双喷嘴挡板阀的工作原理
1—挡板　2、3—喷嘴　4、5—固定节流小孔

流回油箱。当输入信号使挡板向左偏摆时，可变节流口 δ_1 减小，δ_2 增大，引起 p_1 上升，p_2 下降，液压缸体向左移动。因缸体和喷嘴之间有着刚性联系，故缸体带动喷嘴向左移动产生负反馈作用，使两节流开口恢复原值。当输入信号停止时，液压缸就停止运动。

喷嘴挡板阀的优点是结构简单，加工方便，运动部件的惯性小，反应快，精度和灵敏度高。缺点是无功损耗大，抗污染能力较差。喷嘴挡板阀常用作多级放大伺服控制元件中的前置级。

从上述滑阀和喷嘴挡板阀在系统中的工作情况可以看出，液压伺服系统由控制元件、执行元件、反馈装置和液压能源等几个基本环节所组成，如图 6-36 所示。其中的反馈装置能把输出量的一部分或全部以负值信号回送到系统的输入

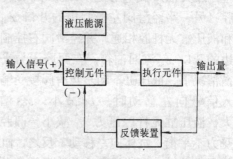

图 6-36　液压伺服系统组成原理方块图

端，不断抵消输入信号，这就是负反馈。没有负反馈，液压伺服系统是不能正常工作的。因为有反馈，图 6-36 所示的组成原理方块图自行封闭，可见液压伺服系统是一种闭环系统。

二、电液伺服阀

电液伺服阀（通常简称伺服阀）是电液联合控制的多级伺服元件，它能将微弱的电气输入信号放大成大功率的液压能量输出。电液伺服阀具有控制精度高和放大倍数大等优点，在液压控制系统中得到广泛的应用。

1. 电液伺服阀的结构原理

图 6-37 是一种典型的电液伺服阀结构原理图。它由电磁和液压两部分组成。电磁部分是一个力矩马达，液压部分是一个两级液压放大器。液压放大器的第一级是双喷嘴挡板阀，称前置放大级；第二级是四边滑阀，称功率放大级。电液伺服阀的结构原理如下。

（1）力矩马达 力矩马达主要由一对永久磁铁 4、导磁体 1 和 3、衔铁 2、线圈 5 和内部悬置挡板 7 的弹簧管 6 等组成（见图 6-37）。永久磁铁把上下两块导磁体磁化成 N 极和 S 极，形成一个固定磁场。衔铁和挡板

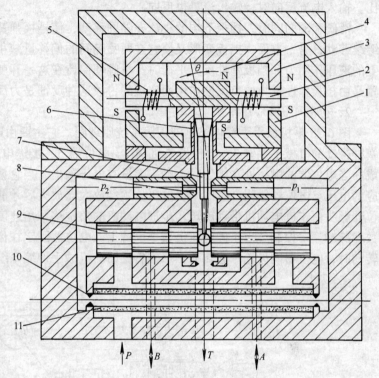

图 6-37 电液伺服阀的结构原理
1、3—导磁体 2—衔铁 4—永久磁铁 5—线圈 6—弹簧管
7—挡板 8—喷嘴 9—滑阀 10—固定节流孔 11—滤油器

连在一起，由固定在阀座上的弹簧管支撑，使之位于上下导磁体中间。挡板下端为一球头，嵌入在滑阀的中间凹槽内。

当线圈无电流通过时，力矩马达无力矩输出，挡板处于两喷嘴中间位置。当输入信号电流通过线圈时，衔铁 2 被磁化，如果通入的电流使衔铁左端为 N 极，右端为 S 极，则根据同性相斥、异性相吸的原理，衔铁向逆时针方向偏转。于是弹簧管弯曲变形，产生相应的反力矩，致使衔铁转过 θ 角便停止下来。电流越大，θ 角就越大，两者成正比关系。这样，力矩马达就把输入的电信号转换为力矩输出。

（2）液压放大器 力矩马达产生的力矩很小，无法操纵滑阀的启闭以产生足够的液压功率。所以需要在液压放大器中进行两级放大，即前置放大和功率放大。

前置放大级是一个双喷嘴挡板阀，它主要由挡板 7、喷嘴 8、固定节流孔 10 和滤油器 11 组成。压力油经滤油器和两个固定节流孔流到滑阀左、右两端油腔及两个喷嘴腔，由喷

嘴喷出，经滑阀 9 的中部油腔流回油箱。力矩马达无输出信号时，挡板不动，左右两腔压力相等，滑阀 9 也不动。若力矩马达有信号输出，即挡板偏转，使喷嘴与挡板之间的间隙不等，则造成滑阀两端的压力不等，便推动阀心移动。

功率放大级主要由滑阀 9 和挡板下部的反馈弹簧片组成。当前置放大级有压差信号输出时，滑阀阀心移动，传递动力的液压主油路即被接通（见图 6-37 下方油口的通油情况）。因为滑阀位移后的开度是正比于力矩马达输入电流的，所以阀的输出流量也和输入电流成正比。输入电流反向时，输出流量也反向。

滑阀移动的同时，挡板下端的小球亦随同移动，使挡板弹簧片产生弹性反力，阻止滑阀继续移动；另一方面，挡板变形又使它在两喷嘴间的偏移量减小，从而实现了反馈。当滑阀上的液压作用力和挡板弹性反力平衡时，滑阀便保持在这一开度上不再移动。因这一平衡位置是由挡板弹性反力的负反馈作用而实现的，故这种反馈是力反馈。

2．电液伺服阀应用举例

图 6-38 是机械手手臂伸缩电液伺服系统原理图。它主要由电液伺服阀 1、液压缸 2、活塞杆带动的机械手手臂 3、齿轮齿条机构 4、电位器 5、步进电动机 6 和放大器 7 等元件组成。当电位器的触头处在中位时，触头上没有电压输出。当它偏离这个位置时，就会输出相应的电压。电位器触头产生的微弱电压，须经放大器放大后才能对电液伺服阀进行控制。电位器触头由步进电动机带动旋转，步进电动机的角位移和角速度由数字控制装置发出的脉冲数和脉冲频率控制。齿条固定在机械手手臂上，电位器固定在齿轮上，所以当手臂带动齿轮转动时，电位器同齿轮一起转动，形成负反馈。机械手伸缩系统的工作原理如下：

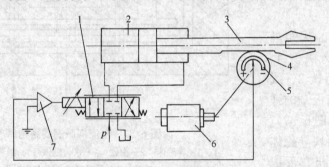

图 6-38　机械手手臂伸缩电液伺服系统原理图
1—电液伺服阀　2—液压缸　3—机械手手臂　4—齿轮齿条机构
5—电位器　6—步进电动机　7—放大器

由数字控制装置发出的一定数量的脉冲，使步进电动机带动电位器 5 的动触头转过一定的角度 θ_i（假定为顺时针转动），动触头偏离电位器中位，产生微弱电压 u_1，经放大器 7 放大成 u_2 后输入电液伺服阀 1 的控制线圈，使伺服阀产生一定的开口量。这时压力油以流量 q 流经阀的开口进入液压缸的左腔，推动活塞连同机械手手臂一起向右移动，行程为 x_v；液压缸右腔的回油经伺服阀流回油箱。由于电位器的齿轮和机械手手臂的齿条相啮合，手臂向右移动时，电位器跟着作顺时针方向转动，转角为 θ_f。当转到 $\theta_f = \theta_i$ 时，电位器的中位和触头重合，动触头输出电压为零，电液伺服阀失去信号，阀口关闭，手臂停止移动。手臂移动的行程决定于脉冲数量，速度决定于脉冲频率。当数字控制装置发出反向脉冲时，步进电动机逆时针方向转动，手臂缩回。

图 6-39 为机械手手臂伸缩运动伺服系统方块图。

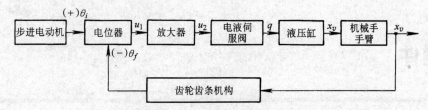

图 6-39　机械手伸缩运动伺服系统方块图

复 习 题

6-1　单向阀有什么用途？说明液控单向阀的工作原理，并画出它的符号。

6-2　试画出二位三通电磁换向阀的符号，并说明当电磁铁通电或断电时，该阀和油路的连接情况怎样？

6-3　直流电磁阀和交流电磁阀相比较，它有哪些优缺点？

6-4　什么叫做滑阀中位机能？试画出两种不同机能的三位五通换向阀符号，并说明该阀处于中位时的性能特点。

6-5　画出下列换向阀的符号：

① 二位二通电磁阀（常开）；② 二位三通机动阀（顶杆控制）；③ 三位五通手动阀（机械定位式）；④ 三位四通电液动阀（M 型中位机能）。

6-6　用两个常开型二位三通电磁球阀可以组合成一个三位四通电磁球阀，试用符号表示，并加以说明。

6-7　电液换向阀中的先导阀是否可以采用 O 型中位机能的三位四通电磁阀？为什么？

6-8　溢流阀有什么用途？它的工作原理怎样？

6-9　在图 6-15c 中，若将先导型溢流阀外控油路中的直动型溢流阀换成二位二通电磁阀，其出口接入油箱，试画出此图，并说明当电磁铁通电或断电情况下，泵出口压力如何确定？

6-10　减压阀具有什么功能？它的工作原理是怎样的？

6-11　画出溢流阀、减压阀和顺序阀的符号，并比较它们的不同之处。

6-12　画出压力继电器的符号，并根据图 6-20 说明如何调节其工作压力。

6-13　写出节流阀流量特性方程，并据此分析节流阀的工作性能。

6-14　调速阀为何既能调速又能稳速？若将一个普通减压阀（先导型减压阀）和一个节流阀串联安装在液压缸的进油路或回油路中，能否代替调速阀使用？

6-15　什么叫做比例阀？比例阀的作用原理是怎样的？电液比例控制有什么好处？

6-16　插装阀由哪几部分组成？它们各起什么作用？试根据图 6-29 说明插装溢流阀的工作原理。

6-17　说明增量式数字流量阀的工作原理。

6-18　液压伺服阀的控制边数越多，控制质量就越好，但其结构工艺性也越差。这是为什么？

6-19　为什么说：没有负反馈，液压伺服系统是不能正常工作的？

6-20　电液伺服阀为什么能将微弱的电气输入信号放大成大功率的液压能量输出？

第七章

液压辅件

本章学习目的

通过本章学习，了解常用液压辅件的功用、类型及主要优缺点，熟悉常用液压辅助元件的图形符号表示。

本章要点

过滤器、蓄能器的主要类型及图形符号画法

液压辅件也是液压系统的基本组成部分之一。下面简要介绍常用的一些辅助元件：过滤器、蓄能器、压力计、压力计开关、油管、油管接头、阀类连接块和油箱等。各种辅助元件在液压系统中需要表示的符号详见本书附录 B。

第一节 过 滤 器

在液压系统中保持油的清洁是十分重要的。油中的脏物会引起运动零件划伤、磨损、甚至卡死，还会堵塞阀和管道小孔，影响系统的工作性能并造成故障。因此需用过滤器对油液进行过滤。

油液过滤器常称滤油器，它可以安装在液压泵的吸油管路上或液压泵的输出管路上以及重要元件的前面。在通常情况下，泵的吸油口装粗滤油器，泵的输出管路与重要元件之前装精滤油器。

常用的滤油器有网式、线隙式、烧结式和纸心式等多种类型。

网式滤油器也称滤网，是用铜丝网包装在骨架上制成的。它结构简单，通油性能好，但过滤效果差，一般作粗滤之用。

图 7-1 所示为线隙式滤油器，它是用铝线（或铜线）1 绕在筒形心架 2 的外部制成的，心架上开有许多纵向槽 a 和径向孔 b，油液从铝线的缝隙中

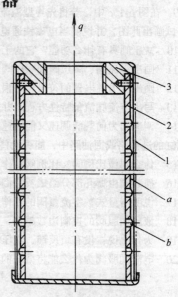

图 7-1　线隙式滤油器
1—铝线　2—心架　3—端盖
a—纵向槽　b—径向孔

进入槽 a，再经孔 b 进入滤油器内部，然后从端盖 3 的孔中流出。这种滤油器只能用于吸油管道。当上述滤油器带有特制的金属壳体时，可用于压力油路。线隙式滤油器结构简单，过滤效果好，通油能力也较大，但不易清洗。

烧结式滤油器如图 7-2 所示，它的滤心一般由金属粉末压制后烧结而成，靠其颗粒间的孔隙滤油。这种滤油器强度大，抗腐蚀性能好，制造简单，过滤精度高，适用于精滤。缺点是通油能力较差，压力损失较大，堵塞后清洗比较困难。

纸心式滤油器是用微孔滤纸做的纸心装在壳体内而成的。这种滤油器过滤精度高，但易堵塞，无法清洗，纸心需常更换。一般用于精滤，和其他滤油器配合使用。

在滤油器的具体应用中，为便于了解滤心被油液杂质堵塞的状态，做到及时清洗或更换滤心，有的滤油器在其顶部装有一个污染指示器。污染指示器与滤油器并联，其工作原理如图 7-3 所示。滤油器 1 上下游的压差 $p_1 - p_2$ 作用在活塞 2 上，与弹簧 3 的推力相平衡。当滤心逐渐堵塞时，压差加大，以至推动活塞接通电路，报警器 4 就发出堵塞报警信号，提醒操作人员清洗或更换滤心。

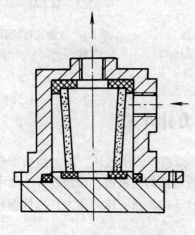

图 7-2　烧结式滤油器

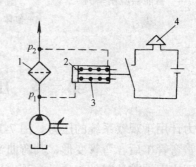

图 7-3　污染指示器的工作原理
1—滤油器　2—活塞　3—弹簧　4—报警器

第二节　蓄　能　器

蓄能器是储存压力油的一种容器。它在系统中的主要作用是：在短时间内供应大量压力油，以实现执行机构的快速运动；补偿泄漏以保持系统压力；消除压力脉动；缓和液压冲击。

图 7-4 所示为蓄能器的一种应用实例。在液压缸停止工作时，泵输出的压力油进入蓄能器 A，将压力能储存起来。液压缸动作时，蓄能器与泵同时供油，使液压缸得到快速运动。

蓄能器有重锤式、弹簧式和充气式等多种类型，其中常用的是充气式中的活塞式和气囊式两种。

图 7-5 所示为活塞式蓄能器。它利用活塞把压缩气体与油上下隔开，其优点是结构简单，寿命长；缺点是活塞运动时有惯性，密封处有摩擦阻力，因而反应不够灵敏。

图 7-6 所示为气囊式蓄能器。它利用气囊把油和空气隔开，能有效地防止气体进入油中。气囊用耐油橡胶制成，其优点是气囊惯性小，反应快，容易维护；缺点是气囊及壳体制

造困难，容量较小。

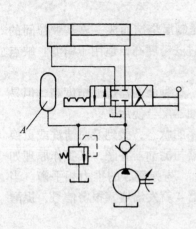

图 7-4　蓄能器应用举例

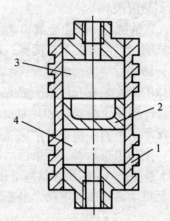

图 7-5　活塞式蓄能器
1—缸体　2—活塞　3—气　4—油

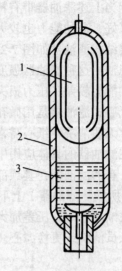

图 7-6　气囊式蓄能器
1—气囊　2—壳体　3—油

第三节　压力计和压力计开关

　　压力计用于观察系统的压力。图 7-7 所示为常用的弹簧管式压力计。压力油从下部油口进入弹簧弯管 1 后，弯管变形，其弯曲半径加大，弯管端部的位移通过齿扇杠杆 2 和中心小齿轮（图中因被其他零件遮住没有画出）放大成为指针 3 的转角。压力越大，指针偏转的角度也越大。压力数值可由刻度盘读出。

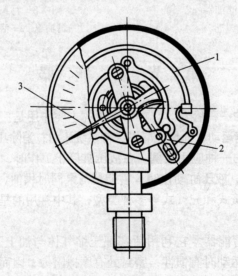

图 7-7　压力计
1—弹簧弯管　2—齿扇杠杆　3—指针

压力计开关用于切断或接通压力计和油路的通道。压力计开关的通道很小，有阻尼作用，测压时可减轻压力计的急剧跳动，防止压力计损坏。在无需测压时，用它切断油路，亦保护了压力计。压力计开关按其所能测量的测点数目分为一点、三点和六点的三种，多点压力计开关，可使一个压力计分别和几个被测油路相接通，以测量几部分油路的压力。

图7-8为板式连接的压力计开关结构原理图。图示位置是非测量位置，此时压力计与油箱接通。若将手柄推进去，使阀心的槽 L 将测量点与压力计接通，并将压力计连接油箱的通道隔断，便可测出一个点的压力。若将手柄转到另一位置，便可测出另一点的压力。

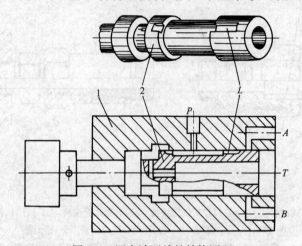

图7-8　压力计开关的结构原理

1—阀体　2—阀心

P—压力计接口　A、B—测点接口　T—油箱接口　L—凹槽

第四节　油管和管接头

一、油管

液压传动中常用的油管有钢管、铜管、橡胶软管（用耐油橡胶制成，有高压和低压之分），尼龙管和塑料管等。

固定元件间的油管常用钢管和铜管，有相对运动的零件之间一般采用软管连接。在回油路中可用尼龙管或塑料管。

二、管接头

管接头的类型很多。图7-9所示为几种常用的管接头结构。

图7-9a为扩口式薄管接头。适用于铜管或薄壁钢管的连接，也可用来连接尼龙管或塑料管。在工作压力不高的机床液压系统中，扩口薄管接头应用较为普遍。

图7-9b为焊接式钢管接头。用于连接管壁较厚的钢管，适用于中压系统。

图7-9c为卡套式管接头。这种管接头装拆方便，适用于高压系统的钢管连接，但制造工艺要求较高，对油管的要求也比较严格。

图7-9d为高压软管接头。多用于橡胶软管连接。

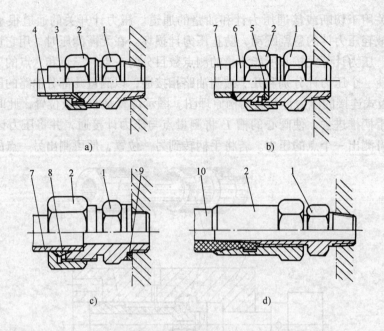

图 7-9　管接头

a) 扩口式薄管接头　b) 焊接式钢管接头　c) 卡套式管接头　d) 高压软管接头

1—接头体　2—螺母　3—管套　4—扩口薄管　5—密封垫
6—接管　7—钢管　8—卡套　9—组合密封垫　10—橡胶软管

第五节　阀类连接块

　　一台设备的液压系统往往由很多阀类元件所组成，这些元件的安装目前普遍采用集成式安装连接方式，如集成块式、叠加阀式、插装阀式等等。所谓阀类连接块主要是指板式阀集中安装在若干个块体上所构成的一种块式集成连接装置。下面介绍两种常用的阀类连接块：油路板和集成块。

一、油路板

　　目前应用较多的有两种结构的油路板：一种用两块平板，在其中一块上铣槽代替各元件间的连接油管，然后将两个结合面磨光，用环氧树脂粘结并用螺钉拧紧。这种结构的工艺性较好，但往往因粘接不可靠而使油路之间有害地串通起来，同时检修也非常困难。另一种结构如图 7-10 所示，是在一个较厚的平板上钻很多深孔，造成各元件间的必要通路。这种结构使用可靠，应用较为普遍，但工艺性较差。

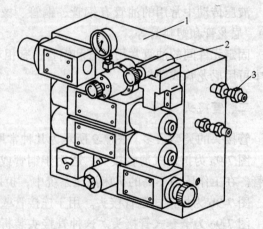

图 7-10　油路板连接

1—油路板　2—阀　3—管接头

二、集成块

集成块连接目前应用相当广泛。图 7-11 是用集成块连接的组装图形。这种连接方式的特点是采用通用化的集成回路块，在每一回路块上按某种基本回路加工出压力油孔、回油孔、控制油孔和泄漏油孔等，再将各种阀类元件固定在回路块的侧面。把各块叠积起来，就组成整个液压系统的集成油路。阀类元件采用集成块连接，其优点是结构紧凑，少用油管，回路块可标准化，便于设计和制造。

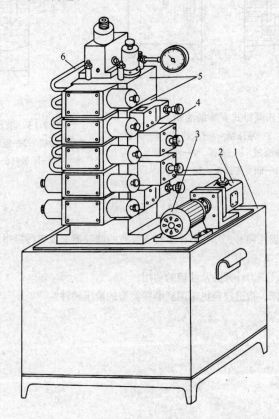

图 7-11　集成块连接
1—油箱　2—液压泵　3—电动机　4—阀　5—回路块　6—油管

第六节　油　箱

油箱除了用来储油以外，还起到散热以及分离油中杂质和空气的作用。在机床液压系统中，可以利用床身或底座内的空间作油箱。利用床身或底座作油箱时，结构比较紧凑，并容易回收机床漏油，但是，当油温变化时容易引起机床的热变形，并且液压泵装置的振动也要影响机床的工作性能。所以，精密机床多采用单独油箱。

单独油箱的液压泵和电动机有两种安装方式：卧式（如图 7-12 所示）和立式（如图 7-13所示）。卧式安装时，泵及油管接头露在外面，安装维修比较方便；立式安装时，泵及油管接头均在油箱内部，便于收集漏油，外形比较整齐，但维修不太方便。

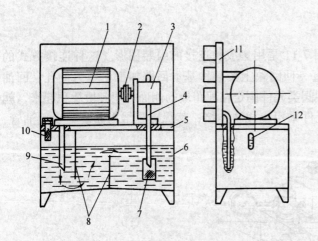

图 7-12　液压泵卧式安装的油箱

1—电动机　2—联轴器　3—液压泵　4—吸油管　5—盖板

6—油箱体　7—滤油器　8—隔板　9—回油管

10—加油口　11—阀类连接板　12—油标

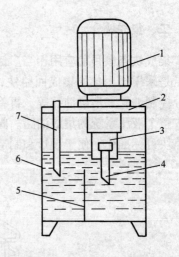

图 7-13　液压泵立式安装的油箱

1—电动机　2—盖板　3—液压泵　4—吸油管

5—隔板　6—油箱体　7—回油管

复 习 题

7-1　常用的滤油器有哪几种形式？各有什么特点？有的滤油器上装有污染指示器，它的工作原理是怎样的？

7-2　分别说明蓄能器、压力计开关及油箱的功用。

7-3　参观一台液压机床，指出这台机床用到哪些类型的液压辅件？

第八章

液压基本回路

 本章学习目的

通过本章学习，掌握常用液压基本回路的结构原理和性能，并能对回路进行工作分析。

 本章要点

1．调压回路、增压回路、保压回路、卸荷回路中的压力控制原理
2．节流调速回路、容积节流调速回路的工作性能分析
3．增速回路、速度换接回路、顺序动作回路、互不干扰回路的工作原理

一台设备的液压系统，不论它的复杂程度如何，总是由一些具备各种功能的基本回路所组成的。熟悉并掌握这些基本回路的结构原理和性能，对于分析液压系统是非常必要的。下面介绍一些常用的液压基本回路。需要注意：每一个基本回路主要完成一种基本功用，和这一功用关系不大的其他液压元件在本章图中大都省略未画。

液压基本回路按其功用可分为方向控制回路、压力控制回路、速度控制回路、多缸动作回路等。其中，方向控制回路主要是用各类换向阀对执行元件的动作进行换向控制，这类回路遍及本章各个部分，因此就不再单独介绍。

第一节　压力控制回路

为了控制系统的压力，以适应执行机构对力的要求，可采用压力控制回路。常用的压力控制回路有调压回路、增压回路、保压回路和卸荷回路等。

一、调压回路

用单个溢流阀（或减压阀）实现调压的基本回路在前面章节中已有叙述，这里介绍一种用三个溢流阀的多级调压回路。在图 8-1 中，主溢流阀 1 的外控口通过三位四通换向阀 4 分别接溢流阀 2 和 3，使系统有三种压力调定值：换向阀左位接入回路时，系统压力由阀 2 调定；换向阀右位接入回路时，系统压力由阀 3

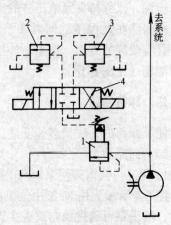

图 8-1　多级调压回路

调定；换向阀在中位时，系统压力由主溢流阀 1 调定。在此系统中，溢流阀 2 和 3 的调整压力必须低于主溢流阀的调整压力，否则将不起调压作用。

二、增压回路

在某些机器的液压系统中，有时需要压力较高但流量不大的压力油，可以采用增压回路。这时液压泵在较低的压力下工作，可减少功率损失。

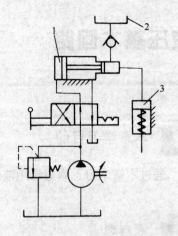

最简单的增压方法是采用增压器。如图 8-2 所示，增压器 1 由串接在一起的两腔面积不同的两个活塞缸所组成。当向大腔输入低压油时，就能从小腔中输出高压油。增压的倍数等于大、小两腔的有效面积之比。在图示位置，液压泵输出的低压油进入增压器的大腔，推动活塞右移，使增压器小腔输出高压油送往工作缸 3 进行工作。当二位四通阀换向后，液压泵来油进入增压器的活塞腔，使活塞向左退回，工作液压缸的活塞则在弹簧作用下退回。

图 8-2 采用增压器的增压回路
1—增压器　2—补油箱　3—工作缸

这时，补油箱 2 中的油液可以通过单向阀进入增压器的小腔，以补充这部分油路中的泄漏。

三、保压回路

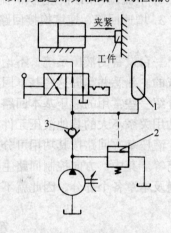

有些机床液压装置，在工作过程中要求油路系统保持一定的压力，这时应当采用保压回路。在定量泵系统中，由于设置了溢流阀，使油路保持一定的压力，这是常用的一种保压方法，但是这种回路的效率较低，一般用于液压泵流量不大的情况。图 8-3 所示为用蓄能器保持夹紧液压缸压力的回路，在液压缸实现夹紧的过程中，蓄能器 1 充油蓄能，当系统的压力升高到一定的数值时，外控顺序阀 2 被打开，液压泵卸荷，这时，单向阀 3 将压力油路和卸荷油路隔开，由蓄能器输出压力油补偿系统的泄漏，以保持夹紧液压缸的压力。

图 8-3 采用蓄能器的保压回路
1—蓄能器　2—外控顺序阀　3—单向阀

本回路在缸保压的同时使泵卸荷，因此能量使用合理，具有较高的效率。这里，外控顺序阀作卸荷阀用，阀的弹簧腔泄油可经内部通道流往出口回油箱（见图 6-18）。

四、卸荷回路

使泵卸荷的方法很多，上述保压回路就是使用外控顺序阀实现卸荷。这里再介绍两种简单的卸荷回路。

1. 用三位换向阀使泵卸荷的回路

图 8-4 所示为用 M 型中位机能的三位四通换向阀使泵卸荷的回路。当换向阀在中间位置时，液压泵可通过换向阀直接连通油箱，这种卸荷方法比较简单。

可以看出，中位机能为 H 型或 K 型的三位换向阀亦可用来使泵卸荷。

2. 用二位二通阀使泵卸荷的回路

图 8-5 所示为用二位二通电磁阀使泵卸荷的回路。当系统工作时，二位二通电磁阀通电，卸荷油路断开，泵输出的压力油进入系统。当工作部件停止运动后，使二位二通电磁阀断电，这时，泵输出的油液就通过它流回油箱，实现卸荷。

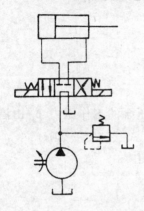
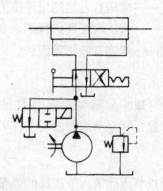

图 8-4　用三位换向阀使泵卸荷的回路　　　　图 8-5　用二位二通电磁阀使泵卸荷的回路

第二节　速度控制回路

速度控制回路在液压系统中应用十分普遍，它包括各种形式的调速回路、增速回路和速度换接回路等。

一、调速回路

由式 $v=q/A$ 和 $n=q/V$ 可知，液压缸的有效面积 A 改变较难，故合理的调速途径是改变流量 q（用流量阀或用变量泵）或改变排量 V（用变量马达）。因此调速回路有节流调速、容积调速和容积节流调速三种。对调速的要求是调速范围大、调好后的速度稳定性好和效率高。

（一）节流调速回路

节流调速回路由定量泵、流量阀、溢流阀和执行机构等组成（如图 8-6 所示），它利用改变流量阀阀口的通流截面积来控制流入或流出执行机构的流量，以调节其运动速度。这种回路的优点是结构简单，成本低，使用维护方便，所以在机床液压系统中得到广泛的应用。但是由于液流通过较大的液阻，产生较大的能量损失，效率低，发热大，所以一般多用于功率不大的场合，例如用于各类机床的进给传动装置中。

节流调速回路，按照流量阀安装位置的不同，有进油路节流调速、回油路节流调速和旁油路节流调速三种。下面对常用的前两种基本回路进行简要的分析，并提出改善回路工作性能的措施。

1. 进油路节流调速回路

图 8-6 所示是将节流阀安装在液压缸的进油路

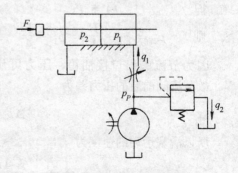

图 8-6　进油路节流调速回路

上，是进油路节流调速回路。

当活塞承受的负载阻力（切削力、摩擦力等）为 F 时，压力油作用在活塞上的推力必须克服这一负载阻力，才能使活塞运动。因此有

$$p_1 A = F + p_2 A \tag{8-1}$$

式中 p_1——液压缸右腔的工作压力；

p_2——液压缸左腔的背压，在此 $p_2 \approx 0$；

A——活塞有效作用面积。

整理上式得 $$p_1 = \frac{F}{A}$$

由此可知，p_1 随负载阻力 F 的变化而变化。因液压泵的工作压力 p_p 由溢流阀调定，它是一常数，所以节流阀前后存在的压力差为

$$\Delta p = p_p - p_1 = p_p - \frac{F}{A} \tag{8-2}$$

因通过节流阀进入液压缸的流量为

$$q_1 = CA_T (\Delta p)^\varphi$$

故活塞运动的速度为

$$v = \frac{q_1}{A} = \frac{CA_T}{A}(\Delta p)^\varphi = \frac{CA_T}{A}\left(p_p - \frac{F}{A}\right)^\varphi \tag{8-3}$$

根据上式及对回路工作情况的分析可知，进油路节流调速有如下性能：

1）活塞运动速度 v 与节流阀阀口的通流截面积 A_T 成正比。

2）当节流阀通流截面积 A_T 调定以后，若负载阻力 F 增加，则活塞运动速度随之减小；反之，则速度增大。这种执行机构速度随负载增加而变小的特性，通常称为软的速度-负载特性。

3）运动平稳性较差。因为液压缸回油直通油箱，无背压力，当负载突然减小或为负值负载时，就会出现前冲及爬行现象。

2. 回油路节流调速回路

图 8-7 所示是将节流阀装在液压缸的回油路上，是回油路节流调速回路。活塞受力仍为如下关系

$$p_1 A = F + p_2 A$$

但 $$p_1 = p_p$$

则 $$p_2 = p_1 - \frac{F}{A} = p_p - \frac{F}{A}$$

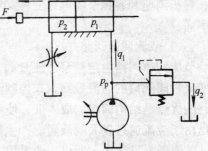

图 8-7 回油路节流调速回路

因为节流阀出口接油箱，压力可认为等于零，故节流阀前后的压力差为

$$\Delta p = p_2 = p_p - \frac{F}{A}$$

所以活塞运动的速度为

$$v = \frac{q_1}{A} = \frac{CA_T}{A}(\Delta P)^\varphi = \frac{CA_T}{A}\left(p_p - \frac{F}{A}\right)^\varphi$$

所得公式与进油路节流调速公式完全相同，可知回油路节流调速的一些基本性能也都和进油路节流调速相同，其不同之点有：

1）回油路节流调速回路因节流阀使缸的回油腔产生背压，故运动比较平稳。

2）进油路节流调速回路较易实现压力控制。因为当工作部件在行程终点碰到死挡块后，缸的进油腔油压会上升到等于泵压，利用这个压力变化，可使并接于此处的压力继电器发出信号，对系统的下一步动作实现控制（参阅图 6-21）。而在回油路节流调速时，进油腔压力没有变化，不易实现压力控制。虽然在工作部件碰死挡块后，缸的回油腔压力下降为零，可以利用这个变化值使压力继电器失压发出信号，但电路比较复杂，且可靠性也不高。

3）若回路使用单杆缸，无杆腔进油流量大于有杆腔回油流量。故在缸径、活塞运动速度相同的情况下，进油路节流调速回路的节流阀开口较大，低速时不易阻塞。因此，进油路节流调速回路能获得更低的稳定速度。

为提高回路的综合性能，实践中常采用进油路节流调速回路，并在回油路加背压阀（用溢流阀、顺序阀或装有硬弹簧的单向阀均可），因而兼具了两回路的优点。

3．节流调速回路工作性能的改善

由上述可知，采用节流阀的节流调速回路虽然可以调速，但速度-负载特性软，运动平稳性差，只适用于负载变化不大、对运动平稳性要求不高的工作场合。如果在调速回路中，用调速阀代替节流阀，则回路的工作性能将大为改善。这是因为调速阀有很好的稳速性能，当负载变化引起调速阀两端压差变化时，通过调速阀的流量并不随之变化。所以采用调速阀的节流调速回路，其速度-负载特性是硬的，速度稳定性很好。这种回路的缺点主要是能量损失大，油液发热情况比用节流阀更加严重。此回路多用于对运动平稳性要求较高的低速小功率系统，如机床进给液压系统等。

（二）容积调速回路

用变量泵或变量马达实现调速的回路称为容积调速回路。根据变量泵和变量马达组合形式的不同，容积调速回路分为变量泵调速回路、变量马达调速回路和变量泵-变量马达调速回路三种。

图 8-8a 所示为变量泵调速回路。变量泵输出的压力油全部进入液压缸中，推动活塞运动。调节泵的输出流量，即可调节活塞运动的速度。系统中溢流阀起安全保护作用，在系统过载时才打开溢流。

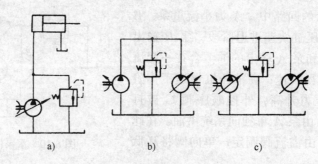

图 8-8　容积调速回路
a）变量泵调速回路　b）变量马达调速回路　c）变量泵-变量马达调速回路

在变量泵调速回路中，若执行机构为定量马达，则当调节泵的流量时，马达的转速也同样可以得到调节。

图 8-8b 所示为变量马达调速回路。定量泵输出的压力油全部进入液压马达，输入流量是不变的。若改变液压马达的排量，则可调节它的输出转速。

图 8-8c 所示为变量泵-变量马达调速回路，它是上述两种回路的组合，调速范围较大。

与节流调速相比较，容积调速的主要优点是压力和流量的损耗小，发热少；缺点是难于获得较高的运动平稳性，且变量泵和变量马达的结构复杂，价格较贵。

（三）容积节流调速回路

用变量泵和流量阀相配合来进行调速的方法，称为容积节流调速。这里介绍机床进给液压系统常用的一种容积节流调速回路——用限压式变量叶片泵和调速阀的调速回路。

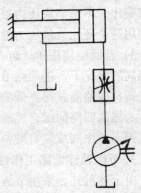

如图 8-9 所示，调节调速阀节流开口的大小，就能改变进入液压缸的流量，因而可以调节液压缸的运动速度。假设回路中的调速阀所调定的流量为 q_1，泵的流量为 q_p，且 $q_p > q_1$。由于在泵的出口油路中，多余的油没有去处，势必使泵和调速阀之间的油路压力升高，通过压力反馈，限压式变量叶片泵的流量自动减小，直到 $q_p = q_1$ 为止，回路便在这一稳定状态下工作。

图 8-9　用限压式变量叶片泵和调速阀的调速回路

可见，在容积节流调速回路中，泵的输油量与系统的需油量是相适应的，因此效率高，发热小；同时，由于进入液压缸的流量能保持恒定，活塞运动速度基本上不随负载变化，因而运动平稳。故容积节流调速回路兼具了节流调速和容积调速二者的优点。

二、增速回路

增速回路又称快速运动回路，其功用在于使执行元件获得必要的高速，以提高系统的工作效率或充分利用能源。按照增速方法的不同，有多种增速回路，如双泵供油增速回路、液压缸差动连接增速回路、变量泵供油增速回路、蓄能器供油增速回路等。下面仅介绍前两种回路。

1. 双泵供油增速回路

在图 8-10 所示的回路中，A 为小流量泵，B 为大流量泵。在液压缸快速进退阶段，泵 B 输出的油经单向阀后，和泵 A 输出的油汇合在一起流往液压缸，使缸获得快速；在液压缸慢速工作阶段，缸的进油路压力升高，外控顺序阀 C 被打开，泵 B 即卸荷，由泵 A 单独向系统供油。在此阶段，系统的压力由溢流阀调定，单向阀将高低压油路隔开。

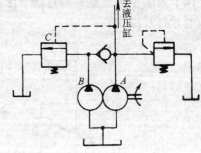

图 8-10　双泵供油增速回路

应当注意，此回路所用的外控顺序阀由于出口接油箱，可采用外控内泄式结构（参阅图 6-18a，将上盖旋转 180°安装，并堵塞外泄口 Y），因而符号不画外泄油路。这种外控顺序阀又称卸荷阀。

2. 液压缸差动连接增速回路

如图 8-11 所示回路，当阀 1 左电磁铁通电吸合时，其左位接入系统，单杆液压缸差动连接作快速运动。当阀 3 通电后，差动连接即被切除，液压缸回油经过调速阀 2，实现慢速工进运动。当阀 1 切换至右位工作时，缸即快速退回。

差动快进简单易行，是机床常用的一种增速方法。

三、速度换接回路

能使执行元件依次实现几种速度转换的液压回路，称为速度换接回路。

1. 快速与慢速的换接回路

快速运动和慢速工作进给运动的换接常用行程阀或电磁阀来实现。图 8-12 所示为采用电磁阀的速度换接回路，图中与调速阀并联了一个二位二通电磁阀。当二位二通电磁阀通电时，调速阀被短接，活塞得到快速运动（快进或快退）；当二位二通电磁阀断电时，液压缸回油经过调速阀流往油箱，流量受到限制，活塞得到慢速工进运动。二位二通电磁阀是否通电，由工作台侧面的挡块压下行程开关来控制。这种回路比较简单，液压元件的布置也比较方便。

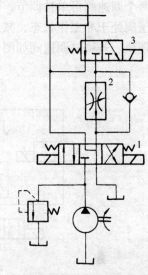

图 8-11　液压缸差动连接增速回路

2. 两种慢速的换接回路

这里介绍用两个调速阀实现速度换接的常用方法。

图 8-13 所示为二调速阀串联的两工进速度换接回路。当阀 1 在左位工作且阀 3 将油路断开时，控制阀 2 对所在油路的通、断切换，使油液经调速阀 A 或既经 A 又经 B 才能进入液压缸左腔，从而实现第一次工进或第二次工进。但阀 B 的开口需调得比 A 小，即二工进速度必须比一工进速度低；此外，二工进时油液经过两个调速阀，能量损失较大。

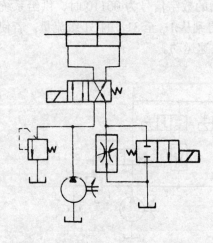

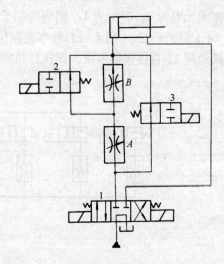

图 8-12　用电磁阀的快慢速换接回路　　　　图 8-13　二调速阀串联的两工进速度换接回路

图 8-14a 所示为二调速阀并联的两工进速度换接回路。主换向阀 1 在左位或右位工作时，缸作快进或快退运动。当主换向阀 1 在左位工作时，并使阀 2 通电，根据阀 3 不同的工作位置，进油需经调速阀 *A* 或 *B* 才能进入缸内，便可实现第一次工进和第二次工进速度的换接。两个调速阀可单独调节，两速度互无限制。但当一阀工作时，另一阀无油液通过，其内的减压阀处于非工作状态，减压阀口将完全打开，一旦换接，油液大量流过此阀，缸会出现前冲现象。若将二调速阀如图 8-14b 方式并联，则不会发生液压缸前冲的现象。

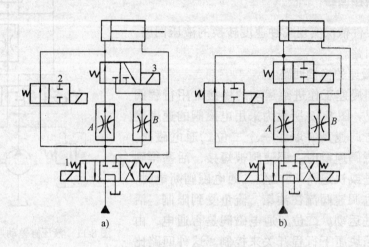

图 8-14　二调速阀并联的两工进速度换接回路

四、数字式多速回路

图 8-15 所示是一种数字式多级选速回路，多用于数字控制系统。回路由若干个二位二通电磁阀和调速阀的串联油路再并联后组成。各调速阀按等比数列调节好流量，公比为 2。若调速阀 6 调定的流量为 q，则调速阀 7、8、9、10 的流量分别为 $2q$、$4q$、$8q$、$16q$。在此回路中，控制 1~5 电磁阀的电路，即可调节供给系统的流量。当用数字控制调速时，若电磁阀无电为 0，有电为 1，则当控制 5 个电磁阀的数字信号为 00110 时，供给系统的流量为 $(4+8)q = 12q$。用不同的数字控制信号，可得到从 $1q$ 至 $31q$ 的 31 级流量。若使泵的流量阀经阀 11 直接供给系统，则执行机构可获得快速运动。

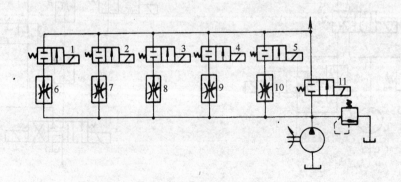

图 8-15　数字式多速回路

第三节 多缸动作回路

在多缸液压系统中，各液压缸之间往往要求按一定的顺序运动，或者要求有同步动作，或者要求各缸动作互不干扰，这时可相应采用顺序回路、同步回路、互不干扰回路。

一、顺序回路

实现多缸顺序动作的方法很多，例如，前面介绍过的图 6-19 所示的回路就是用顺序阀控制二缸的动作顺序的。下面再介绍两个常用的顺序回路实例。

1. 用行程开关和电磁阀联合控制的顺序回路

在图 8-16 所示的回路中，用四个电气行程开关和两个电磁阀实现 A、B 二缸的顺序动作控制。当按下电钮使电磁铁 1YA 通电以后，液压泵来油进入 A 缸的左腔，实现动作 1。当 A 缸活塞所连接的挡块（通常固定在工作台一侧）压下行程开关 1ST 时，电磁铁 2YA 通电，液压泵来油又进入 B 缸的左腔，实现动作 2。当 B 缸活塞的挡块压下行程开关 2ST 时，电磁铁 1YA 断电，液压泵来油进入 A 缸的右腔，活塞返回，实现动作 3。当 A 缸活塞的挡块压下行程开关 3ST 时，电磁铁 2YA 断电，液压泵来油又进入 B 缸的右腔，活塞亦返回，实现动作 4。当 B 缸活塞的挡块压下行程开关 4ST 时，可使电磁铁 1YA 重新通电，继而进行下一个顺序动作循环。

采用行程开关和电磁阀的顺序回路，各缸动作顺序由电气线路保证，改变电气线路，即可改变动作顺序，因此比较方便灵活，应用非常普遍。

2. 用压力继电器和电磁阀联合控制的顺序回路

在图 8-17 所示的回路中，当电磁铁 1YA 通电以后，压力油进入 A 缸的左腔，推动活塞右移，实现动作 1。碰上死挡块后，系统压力升高，安装在 A 缸进油腔附近的压力继电器发出信号，使电磁铁 2YA 通电，于是压力油又进入 B 缸的左腔，推动活塞右移，实现动作 2。回路中的节流阀以及和它并联的二通电磁阀是用来改变 B 缸运动速度的。为了防止压力继电器乱发信号，其压力调整数值一方面应比 A 缸动作时的最大压力高 $0.3\sim0.5$MPa，另一方面又要比溢流阀的调整压力低 $0.3\sim0.5$MPa。

用压力继电器和电磁阀的顺序回路结构简单，工作可靠，在金属切削机床液压系统中，

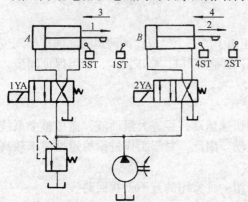

图 8-16 用行程开关和电磁阀的顺序回路

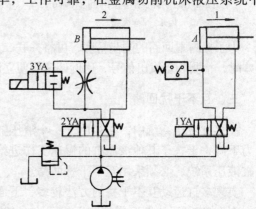

图 8-17 用压力继电器和电磁阀的顺序回路

常用来实现先定位夹紧、后进给加工的顺序动作。

二、同步回路

同步回路的种类很多,下面介绍两种。

1.用机械连接的同步回路

如图 8-18 所示,将两活塞杆用齿条 1、齿轮 2 和轴 3 等机械零件连接起来,并使两缸并联,即能实现两缸同步。假设其中的一个缸,比如是右缸,由于某种原因使其速度变慢时,则通过齿轮、齿条和轴的连接作用,将使负载偏加到左缸上,右缸的负载即自动减小,因而速度又会自动加快,直到保持同步为止。这种同步方法比较简单,但所连接的机械装置结构较为复杂,制造成本较高。

2.用调速阀并联的同步回路

如图 8-19 所示,用两个单向调速阀分别串接在两个液压缸的回油路(或进油路)上,再并联起来,用以调节两缸运动速度,即可实现同步。这是一种常用的比较简单的同步方法,但因为两个调速阀的性能不可能完全一致,同时还受到载荷变化和泄漏的影响,同步精度受到限制。

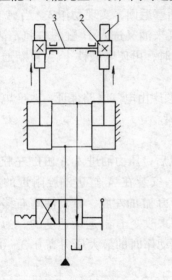

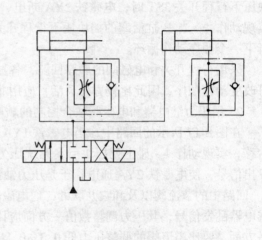

图 8-18　用机械连接的同步回路
1—齿条　2—齿轮　3—轴

图 8-19　用调速阀并联的同步回路

为了提高本回路的同步精度,可将并联二调速阀中的一个换成比例调速阀。两缸出现位置误差时,检测装置发出信号,比例调速阀便立即自动调整开口,修正误差,即可保证同步。

三、互不干扰回路

在多缸液压系统中,往往由于一个液压缸的快速运动,吞进大量油液,造成整个系统的压力下降,干扰了其他液压缸的慢速工作进给运动。因此,对于工作进给稳定性要求较高的多缸液压系统,必须采用互不干扰回路。

实现多缸运动互不干扰的方法较多,下面介绍一种常用的互不干扰回路。

图 8-20 所示为双泵供油防干扰回路,各缸快速进退皆由大泵 2 供油,任一缸进入工进,即改由小泵 1 供油,彼此无牵连,也就无干扰。图示状态是各缸在原位停止,当阀 7、阀 8

皆通电时，各缸都由大泵 2 供油作差动快进。小泵 1 供油在阀 5、阀 6 处被堵截。设缸 A 先完成快进，由行程开关使阀 5 通电，阀 7 断电，此时大泵 2 对缸 A 的进油路被切断，而小泵 1 的进油路打开，缸 A 由调速阀 3 调速作工进，缸 B 仍作快进，互不影响。当各缸都转为工进后，它们全由小泵供油。此后，若缸 A 又率先完成工进，行程开关应使阀 5 和 7 都通电，缸 A 即由大泵供油快退。当各电磁铁皆断电时，各缸皆停止运动，并被锁定于所在位置上。

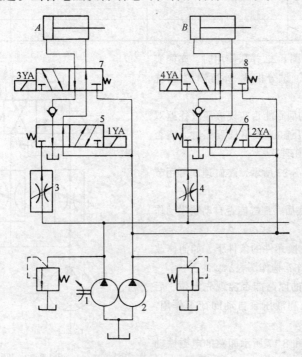

图 8-20　互不干扰回路

复 习 题

8-1　若将图 8-1 中的阀 1 的外控油路（包含阀 2、阀 3 和阀 4）改接到泵的出口，是否同样可以实现三级调压？各阀的工作情况是否有什么变化？

8-2　在图 8-2 所示的增压回路中，增压倍数等于增压器的大、小两腔有效面积之比，为什么？

8-3　在液压系统中，当工作部件停止运动以后，使泵卸荷有什么好处？常用的卸荷方法有哪些？

8-4　进油路节流调速和回油路节流调速在性能方面有什么相同点和不同点？

8-5　若将图 8-6 中的节流阀改接到液压缸的进油路和回油路之间，使其与缸并联，即成旁油路节流调速回路。试根据此回路说明下列问题：

1）溢流阀是否仍起溢流稳压作用？

2）当节流阀开口增大时，缸的运动速度将如何变化？

3）当液压缸的负载增大时，缸的运动速度将如何变化？

8-6　某机床进给回路如图 8-21 所示，它可以实现快进—工进—快退的工作循环。试说明此回路的工作原理，并

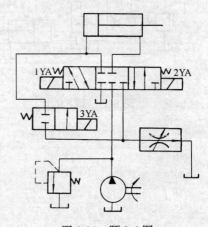

图 8-21　题 8-6 图

填写电磁铁动作表（见表 8-1，电磁铁通电时，在空格中记"＋"；反之，断电记"－"）。

表 8-1　电磁铁动作表

工作环节 ＼ 电磁铁	1YA	2YA	3YA
快进			
工进			
快退			

8-7　将二调速阀如图 8-22 并联使用时，亦能实现两种工作速度的换接。试分析这一回路的主要优缺点。

8-8　图 8-12 所示的回路能否实现液压缸往返双向调速？若将图中的液压缸改成单杆液压缸，能否实现双向调速？试说明道理。

8-9　双缸回路如图 8-23 所示，A 缸速度可用节流阀调节。试回答：

1）在 A 缸运动到底后，B 缸能否自动顺序动作而向右移？说明理由。

2）在不增加也不改换元件的条件下，如何修改回路以实现两缸顺序动作？请作图表示。

8-10　图 8-24 所示的回路能否实现先定位、后夹紧以及夹紧油路保压和液压泵自动卸荷等作用？说明理由。

8-11　列出图 8-16 和 8-17 所示回路的电磁铁动作表（电磁铁编号自定）。

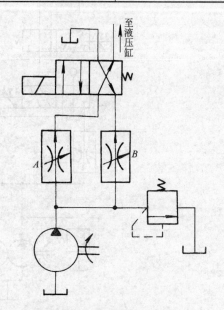

图 8-22　题 8-7 图

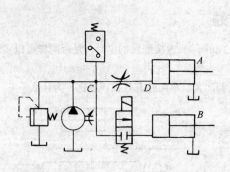

图 8-23　题 8-9 图

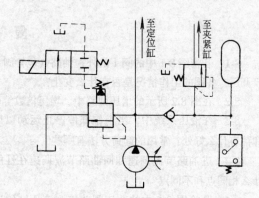

图 8-24　题 8-10 图

第九章

典型液压系统

 本章学习目的

通过本章学习，掌握阅读液压系统图的基本方法，熟悉 YT4543 型动力滑台液压系统、MJ-50 型数控车床液压系统的回路结构与工作过程，了解液压机液压系统的工作原理。

 本章要点

1．YT4543 型动力滑台液压系统的回路结构与工作过程
2．MJ-50 型数控车床液压系统的工作原理
3．采用插装阀的液压机液压系统的工作原理

为了表示一台设备的液压系统，要用到液压系统图。在液压系统图中，各个液压元件及它们之间的连接与控制方式，均按规定的图形符号（或半结构式符号）画出。正确而迅速地阅读液压系统图，对于分析或设计液压系统与电气系统以及使用、检修、调整液压设备都有重要的作用。

阅读液压系统图的方法和步骤是：①了解液压系统任务、工作循环、应具备的特性和所要满足的要求；②查阅系统图中所有的液压元件及其连接关系，分析它们的作用；③分析油路，了解系统的工作原理。

本章列举几台设备的典型液压系统，通过对它们的学习和了解，借以加深理解液压元件的功能和应用，熟悉阅读液压系统图的基本方法，锻炼提高分析液压系统的能力。

第一节　组合机床动力滑台液压系统

滑台是组合机床的重要通用部件之一，在滑台上可以配置各种用途的切削头或工件，用以实现进给运动。

图 9-1 所示为 YT4543 型动力滑台的液压系统。它可以实现的典型工作循环是：快进—第一次工作进给—第二次工作进给—死挡块停留—快退—原位停止。

一、主要元件及其作用

1）液压泵 1——限压式变量叶片泵，它和调速阀一起组成容积节流联合调速回路，使系统工作稳定，效率较高。

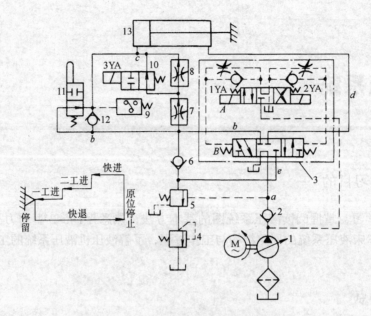

图 9-1　YT4543 型动力滑台的液压系统

2) 电液换向阀 3——由三位四通电磁阀（先导阀）*A* 和三位五通液动阀（主阀）*B* 所组成。适当地调节液动阀两端阻尼调节器中的节流开口，能有效地提高主油路换向的平稳性。

3) 外控顺序阀 5——它的阀口打开或关闭，完全受系统压力的控制。工作进给时，系统压力高，顺序阀的阀口打开，液压缸回油通过它流入油箱；而快进时，系统压力低，顺序阀的阀口关闭，液压缸回油不能通过它流入油箱，只能从有杆腔流往无杆腔，形成差动连接，提高快进速度。

4) 背压阀 4——用溢流阀调定回油路的背压，以提高系统工作的稳定性。

5) 调速阀 7 和 8——串接在液压缸的进油路上，为进油路节流调速。二阀分别调节第一次工进和第二次工进的速度。

6) 二位二通电磁阀 10——和调速阀 8 并联。当它的电磁铁 3YA 断电时，阀 8 被短接，实现第一次工进；当 3YA 通电时，阀 8 的并联通路被切断，实现第二次工进。

7) 二位二通行程阀 11——和调速阀 7、8 并联。当行程挡块未压到它时，压力油通过此阀，使液压缸快速前进；当行程挡块将它压下时，压力油通过调速阀进入液压缸，使液压缸慢速进给。

8) 液压缸 13——缸体移动式单杆活塞液压缸。进、回油管皆从空心活塞杆的尾端接入，图中没有详细表示这一具体结构。应当指出，目前工业生产中较多采用的 HY、1HY 系列液压滑台已将液压缸结构改成缸体固定、活塞移动的方式，这样可以简化活塞杆的结构工艺，便于安装检修，并使滑台座体的刚性得到了加强。

9) 压力继电器 9——装在液压缸进油腔（对工作进给而言）的附近，当液压缸工作进给结束碰到死挡块停留时，进油路压力升高，使压力继电器动作，发出快退信号。

10) 单向阀 2、6、12——作用是防止油液倒流。这里特别要指出单向阀 2 的作用：第一个作用是保护液压泵。在电动机刚停止转动时，系统中的压力油经液压泵倒流入油箱，就会加剧液压泵的磨损。在液压泵的出口处装一单向阀，隔断系统油液与液压泵之间的联系，起到保护液压泵的作用；第二个作用是为阀 3 正常工作创造了必要的条件。在泵卸荷期间，通往阀 3 的控制油路因设有阀 2 而保持一定的油压，使阀 B 离开中位的换向动作获得了动力。

二、系统的工作过程

1. 快进

按下启动按钮，电磁阀 A 的电磁铁 1YA 通电，阀的左位接入油路系统，控制压力油自液压泵 1 的出口经阀 A 进入液动换向阀 B 的左侧，推动阀心右移，使阀 B 的左位接入油路系统。这时的主油路是：

进油路：液压泵 1→阀 2→油路 a→阀 B→油路 b→阀 11→油路 c→液压缸 13 左腔；

回油路：液压缸 13 右腔→油路 d→阀 B→油路 e→阀 6→油路 b→阀 11→油路 c→液压缸 13 左腔。

这时形成差动连接回路，液压缸 13 的缸体带动滑台向左快速前进。因为这时滑台的负载较小，系统的压力较低，所以变量泵 1 输出大流量，以满足快进需要。

2. 第一次工作进给

在快进终了时，挡块压下行程阀 11，切断了快进油路。同时系统压力升高将外控顺序阀 5 打开。这时的主油路是：

进油路：液压泵 1→阀 2→油路 a→阀 B→油路 b→阀 7→阀 10→油路 c→液压缸 13 左腔。

回油路：液压缸 13 右腔→油路 d→阀 B→油路 e→阀 5→阀 4→油箱。

因为工作进给时，系统压力升高，所以变量泵 1 的流量自动减小，适应滑台第一次工作进给的需要，滑台进给量的大小可用调速阀 7 调节。

3. 第二次工作进给

在第一次工作进给终了时，挡块压下行程开关，使电磁铁 3YA 通电，阀 10 左位接入，切断调速阀 8 的并联通路，这时的主进油路需要经过阀 7 和阀 8 两个调速阀，所以滑台作速度更低的第二次工作进给。进给量的大小由调速阀 8 调节。

4. 死挡块停留

当滑台第二次工作进给终了碰到死挡块后，系统的压力进一步升高，压力继电器 9 发出信号给时间继电器，经过适当的延时停留以后，电磁铁 1YA 断电、2YA 通电，滑台快速退回，死挡块停留一定时间的作用是为了保证加工精度。

5. 快退

当电磁铁 1YA 断电、2YA 通电以后，阀 A 右位接入系统，控制油路使阀 B 右位接入系统。这时的主油路是：

进油路：液压泵 1→阀 2→油路 a→阀 B→油路 d→液压缸 13 右腔；

回油路：液压缸 13 左腔→油路 c→阀 12→油路 b→阀 B→油箱。

因为这时系统压力较低，变量泵输出大流量，滑台快速退回。

6. 原位停止

当滑台退回到原始位置时，挡块压下行程开关，使电磁铁 2YA 断电（1YA 已断电），

阀 A 和阀 B 都处于中间位置，滑台停止不动。这时变量泵输出的油液经换向阀 3 直接回油箱，泵卸荷。

表 9-1 是这个液压系统的电磁铁和行程阀动作顺序表。

表 9-1　电磁铁和行程阀动作表

工作环节　　　　　电磁铁和阀	1YA	2YA	3YA	行程阀
快　进	+	−	−	−
一工进	+	−	−	+
二工进	+	−	+	+
快　退	−	+	−	+、−
停　止	−	−	−	−

注："+"表示电磁铁通电或压下行程阀，"−"则相反。

第二节　数控车床液压系统

用数字程序控制的车床简称为数控车床。在数控车床上进行车削加工，其自动化程度很高，并能获得较高的加工质量。目前，多数数控车床都应用了液压传动技术。下面介绍 MJ-50 型数控车床的液压系统，图 9-2 为该系统的原理图。

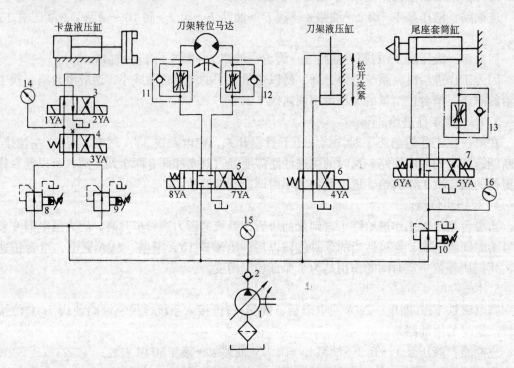

图 9-2　MJ-50 型数控车床的液压系统

机床卡盘的夹紧与松开、卡盘夹紧力的高低压转换、刀架的松开与夹紧、刀架的正转与反转、尾座套筒的伸出与缩回都是由液压系统驱动的。液压系统中各电磁阀的电磁铁动作是由数控系统的 PC 控制实现的。

一、主要元件及其作用

1）单向变量液压泵 1——向系统提供所需压力油。

2）单向阀 2——作用是防止油液经泵倒流入油箱。

3）换向阀 3——控制卡盘液压缸换向，以实现卡盘的夹紧或松开。

4）换向阀 4——控制卡盘高压和低压夹紧的转换。

5）换向阀 5——控制刀架转位马达的换向，以实现刀架的正、反转。

6）换向阀 6——控制刀架液压缸的换向，以实现刀架的夹紧或松开。

7）换向阀 7——控制尾座套筒液压缸的换向，以实现套筒的伸出或缩回。

8）减压阀 8、9——分别调节高压夹紧或低压夹紧的压力大小。

9）减压阀 10——调节尾座套筒伸出工作时的预紧力大小。

10）单向调速阀 11、12——分别调节刀架转位马达的正、反转速。

11）单向调速阀 13——调节尾座套筒的伸出速度。

12）压力计 14、15、16——分别显示系统相应处的压力大小。

二、系统的工作原理

机床的液压系统采用单向变量泵供油，系统的压力调至 4MPa，由压力计 15 显示。泵 1 输出的压力油经过单向阀 2 进入系统，其工作原理如下：

1. 卡盘的夹紧与松开

当卡盘处于正卡（或称外卡）且在高压夹紧状态下，夹紧力的大小由减压阀 8 来调整，由压力计 14 显示卡盘缸压力。当 1YA 瞬时通电以后，阀 3 左位工作，系统压力油经阀 8→阀 4→阀 3→液压缸右腔；液压缸左腔的油液经阀 3 直接回油箱。这时，活塞左移，卡盘夹紧。反之，当 2YA 瞬时通电后，阀 3 右位工作，系统压力油经阀 8→阀 4→阀 3→液压缸左腔；液压缸右腔的油液经阀 3 直接回油箱，活塞右移，卡盘松开。

当卡盘处于正卡但在低压夹紧状态下，夹紧力的大小由减压阀 9 来调整。这时，3YA 通电，阀 4 右位工作。阀 3 的工作情况与高压夹紧时相同。

卡盘反卡（或称内卡）时的油路亦易分析，不再赘述。

2. 回转刀架的动作

回转刀架换刀时，首先是刀架松开，之后刀架就转位到达指定的刀位，最后刀架复位夹紧。当 4YA 通电时，阀 6 右位工作，刀架松开；当 8YA 通电时，系统来油使马达带动刀架正转，转速由单向调速阀 11 控制。若 7YA 通电，则系统来油使马达带动刀架反转，转速由单向调速阀 12 控制；当 4YA 断电时，阀 6 左位工作，刀架夹紧。

3. 尾座套筒的伸缩运动

当 6YA 通电时，阀 7 左位工作，系统压力油经减压阀 10→阀 7→液压缸左腔；液压缸右腔油液经单向调速阀 13→阀 7 回油箱，缸筒带动尾座套筒慢速伸出，套筒伸出工作时的预紧力大小通过压力计 16 显示。反之，当 5YA 通电时，阀 7 右位工作，系统压力油经减压阀 10→阀 7→阀 13→液压缸右腔；液压缸左腔的油液经阀 7 直接回油箱，套筒快速缩回。

各电磁铁动作如表 9-2 所示。

表 9-2　电磁铁动作表

动作　　＼　　电磁铁			1YA	2YA	3YA	4YA	5YA	6YA	7YA	8YA
卡盘正卡	高压	夹　紧	+	−	−					
		松　开	−	+	−					
	低压	夹　紧	+	−	+					
		松　开	−	+	+					
卡盘反卡	高压	夹　紧	−	+						
		松　开	+	−						
	低压	夹　紧	−	+	+					
		松　开	+	−	+					
刀架	正　转								−	+
	反　转								+	−
	松　开					+				
	夹　紧									
尾座	套筒伸出						−	+		
	套筒退回						+	−		

注："+"表示电磁铁通电,"−"表示电磁铁断电。

第三节　液压机液压系统

用液压驱动的压力机通称液压机。液压机是工业部门广泛使用的压力加工设备,常用于可塑性材料的压制工艺,如冲压、弯曲、薄板拉伸等,也可用于零件校正、压装及塑料、粉末制品的压制成型工艺。

液压机液压系统一般应满足下列基本要求:

1) 为完成一般的压制工艺,主缸(上缸)和顶出缸(下缸)能分别实现如下的典型工作循环:

主缸:快速下行—慢速下行、加压压制—保压延时—卸压换向、快速返回—停止。

顶出缸:向上顶出—向下退回。

2) 为避免两缸动作不协调,系统应保证只有当上缸处于停止时才允许下缸作顶出动作。

3) 系统中的压力要能经常变换调节,并能产生较大的压制力,以满足工作要求。

4) 压力高,流量大,空行程和加压行程的速度差异大,因此要求功率利用合理,工作平稳性和安全可靠性要高。

图 9-3 所示为采用插装阀的液压机液压系统。

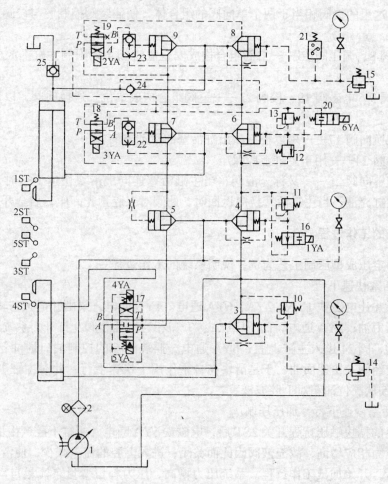

图 9-3 液压机的液压系统

一、主要元件及其作用

1）变量轴向柱塞泵 1——向系统提供所需压力油。泵的额定压力为 32MPa，额定流量为 100L/min。

2）过滤器 2——对进入系统的油液进行过滤。本过滤器带污染指示器，其工作压差为 0.35MPa。

3）插装阀 3、调压阀 10 和 14——阀 3 和阀 10 一起构成安全溢流阀，以限制顶出缸下腔的最大工作压力。阀 14 为远程调压阀，主要用以调整顶出缸液压垫的工作压力。

4）插装阀 4、调压阀 11 和电磁阀 16——三阀组合构成电磁溢流阀，控制泵的最大工作压力和卸荷。

5）插装阀 5——为单向阀，用以防止系统油液向泵倒流。

6）插装阀 6、顺序阀 12、调压阀 13、电磁阀 20——四阀组合构成一复合机能调压阀，用以调节主缸下腔的平衡压力或实现无背压回油（由阀 20、阀 12 控制），并控制主缸卸压换向的压力数值。

7）插装阀 7、电磁阀 18、梭阀 22——三阀组合构成二位二通换向阀，以切换主缸下腔的进油通路。这里的梭阀相当于两个单向阀的组合体，使插装阀控制腔与梭阀两端压力较高的油路相通。

8）插装阀 8、调压阀 15——二阀组合构成安全溢流阀，以限制主缸上腔的最大工作压力。

9）插装阀 9、电磁阀 19、梭阀 23——三阀组合构成二位二通换向阀，以切换主缸上腔的进油通路。

10）电液换向阀 17——用以控制顶出缸活塞的运动方向。

11）单向阀 24——用于主缸上腔保压。

12）液控单向阀 25——又称充液阀，当主缸活塞连同上滑块快速下行时，此阀在负压下打开，使主缸充液；当主缸活塞换向返回时，此阀对上腔预先卸压，后全开回油。

二、系统的工作过程

以一般的定压成型压制工艺为例，说明系统的工作过程：

1．主缸活塞快速下行

启动泵，并让电磁铁 1YA、2YA、6YA 通电。1YA 通电，泵由卸荷状态转为工作状态，向系统供给压力油；2YA 通电，阀 19 的 A、T 口相通，插装阀 9 打开，系统压力油经过阀5、阀 7、阀 9、阀 24 进入主缸上腔；6YA 通电，插装阀 6 的控制油口通油箱，阀 6 打开，主缸下腔油液经阀 6 快速回油，于是滑块在自重作用下快速下行，此时主缸上腔产生负压，通过充液阀 25 从高位油箱对上腔充液。

2．主缸活塞慢速下行，加压压制

当滑块上的挡块触压行程开关 2ST 后，电磁铁 6YA 断电，主缸下腔产生由阀 13 调定的背压，上腔压力相应增高，故充液阀因此而关闭，进入上腔的流量减少，使滑块减速。当滑块接触工件后，开始加压工作行程。系统压力增高，压力补偿变量泵流量自动减小。同时，主缸上腔压力油打开顺序阀 12，使下腔经阀 6 无背压回油，上腔全部压力作用于工件上。

3．主缸保压延时

加压行程完毕，挡块触压限位开关 5ST，或缸内压力升高，压力继电器 21 发出信号，转为保压。此时，所有电磁铁断电，泵卸荷，系统保压，保压时间由电控系统中的时间继电器调定。

4．主缸卸压，换向返回

保压到时后，时间继电器发出信号，电磁铁 1YA、3YA 通电。1YA 通电，泵转入工作状态；3YA 通电，阀 18 的 P、B 口相通，A、T 口相通，打开插装阀 7 和充液阀 25 的卸压阀心，主缸上腔开始卸压，在上腔压力未降到阀 12 的调定压力前，阀 6 保持开启，故下腔油路不能升压。只有当主缸上腔压力降低到阀 12 的调定压力以下时，阀 12 关闭，阀 6 也关闭，下腔油路才能升压，实现先卸压后换向返回。

5．顶出缸动作

主缸回程触压 1ST 后发出信号，电磁铁 3YA 断电、5YA 通电。3YA 断电，阀 7 关闭，使主缸活塞悬停在上方；5YA 通电，阀 17 的 P、A 口相通，B、T 口相通，系统向顶出缸下腔供油，实现顶出缸顶出动作。顶出动作完成后，碰到 3ST 后发出信号，5YA 断电，4YA 通电，阀 17 的 *P*、*B* 口相通，*A*、*T* 口相通，顶出缸活塞下降，直至碰到 4ST，全部电磁铁断电，顶出缸活塞停止在下方，液压机回到初始位置，完成一个工作循环。另外，顶出缸动作完成后，如需下腔液压垫支撑活塞停留在上部位置一段时间，则可通过时间继电器延缓 4YA 通电来达到。电磁铁动作顺序表如表 9-3 所示。

表 9-3　电磁铁动作顺序表

	电磁铁　　　动　作	1YA	2YA	3YA	4YA	5YA	6YA
主缸	快速下行	+	+	−	−	−	+
	慢速下行、加压	+	+	−	−	−	−
	保压延时	−	−	−	−	−	−
	卸压返回	−	−	+	−	−	−
顶出缸	顶　　出	+	−	−	−	+	−
	退　　回	+	−	−	+	−	−

复　习　题

9-1　简要说明 YT4543 型液压滑台液压系统的工作原理，并指出此系统应用了哪几种基本液压回路？

9-2　说明 MJ-50 数控车床液压系统的几个问题：

1）卡盘夹紧油路中用到了哪些控制元件？各起什么作用？

2）简述回转刀架换刀的工作过程。

9-3　据图 9-3 说明液压机液压系统的以下问题：

1）各元件在系统中所起的作用。

2）在加压过程中，为什么主缸下腔要无背压回油，它是如何实现的？

3）主缸返回时，为什么要先卸压再换向？它是如何实现的？

第十章

气压传动

 本章学习目的

通过本章学习，了解气动传动系统的主要优缺点，了解气压传动系统的组成部分及各类气动元件的工作原理，熟悉气压传动图形符号，能对常用气动回路及简单系统进行工作分析。

 本章要点

1. 气压传动系统的工作原理及优缺点
2. 气压传动系统的组成部分及各类常用元件的工作原理
3. 气动元件的图形符号
4. 常用气动回路及典型系统的工作原理

气压传动是以压缩空气作为工作介质进行能量传递的一种传动方式。气压传动及其技术（简称气动技术）目前在国内外工业生产中应用较多，发展较快。

由于气压传动也像液压传动一样，都利用流体作为工作介质而传动，在工作原理、系统组成、元件结构及图形符号等方面，二者之间存在着不少相似之处，所以在学习本章时，前面几章液压传动的一些基本知识，在此仍有很大的参考和借鉴作用。

第一节 气压传动的工作原理、组成及优缺点

一、气压传动的工作原理

为了对气压传动的工作原理有所了解，现以气动剪切机为例，观察其工作情况。图10-1为气动剪切机的气动系统工作原理示意图，图示位置为工料被剪前的情况。当工料 12 由上料装置（图中未画出）送入剪切机并到达规定位置时，机动阀 9 的顶杆受压而使阀内通路打开，气控换向阀 10 的控制腔便与大气相通，阀心受弹簧力作用而下移，由空气压缩机 1 产生并经过初次净化处理后储藏在气罐 4 中的压缩空气，经空气干燥器 5、空气过滤器 6、减压阀 7 和油雾器 8 及气控换向阀 10，进入气缸 11 的下腔；气缸上腔的压缩空气通过气控换向阀 10 排入大气。此时，气缸活塞向上运动，带动剪刀将工料 12 切断。工料剪下后，即与机动阀脱开，机动阀复位，所在的排气通道被封死，气控换向阀 10 的控制腔气压升高，迫使阀心上移，气路换向，气缸活塞带动剪刀复位，准备第二次下料。由此可以看出，剪切机

构克服阻力切断工料的机械能是由压缩空气的压力能转换后得到的；同时，由于换向阀的控制作用使压缩空气的通路不断改变，气缸活塞方可带动剪切机构频繁地实现剪切与复位的动作循环。

图 10-1a 所示为剪切机气动系统的结构原理，图 10-1b 为该系统的图形符号。可以看出，气动图形符号和液压图形符号的表示有很明显的一致性和相似性，但也存在不少重大区别之处，例如气动元件向大气排气，就不同于液压元件回油接入油箱的表示方法。常用气动元件的图形符号见本书附录 B。

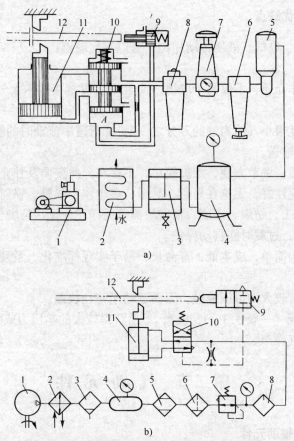

图 10-1　剪切机气动系统工作原理示意图
a) 结构原理　b) 图形符号
1—空气压缩机　2—冷却器　3—分水排水器　4—气罐　5—空气干燥器　6—空气过滤器
7—减压阀　8—油雾器　9—机动阀　10—气控换向阀　11—气缸　12—工料

二、气压传动系统的组成

由上例可见，气压传动系统由以下四个部分组成：

（1）气源装置　其主体部分是空气压缩机。它将原动机（如电动机）供给的机械能转变为气体的压力能，为各类气动设备提供动力。用气量较大的厂矿都专门建立压缩空气站，通过管道向各用气点输送压缩空气。

（2）执行元件　包括各种气缸和气马达。它的功用是将气体的压力能转变为机械能，输送给工作部件。

（3）控制元件　包括各种阀类，如各种压力阀、流量阀、方向阀、逻辑元件等，用以控制压缩空气的压力、流量和流动方向以及执行元件的工作程序，以便使执行元件完成预定规律的运动。

（4）辅助元件　是使压缩空气净化、润滑、消声以及用于元件间连接所需的装置，如各种过滤器、干燥器、油雾器、消声器及管件等。它们对保持气动系统可靠、稳定和持久地工作，起着十分重要的作用。

三、气压传动的优缺点

气压传动与机械、电气、液压传动相比，有以下优缺点：

1. 优点

1）以空气为工作介质，不仅易于取得，而且用后可直接排入大气，处理方便，也不污染环境。

2）因空气的粘度很小（约为油的万分之一），在管道中流动时的能量损失很小，因而便于集中供气和远距离输送。

3）气动动作迅速，调节方便，维护简单，不存在介质变质及补充等问题。

4）工作环境适应性好，无论在易燃、易爆、多尘埃、强磁、辐射、振动等恶劣环境中，还是在食品加工、轻工、纺织、印刷、精密检测等高净化、无污染场合，都具有良好的适应性，且工作安全可靠，过载时能自动保护。

5）气动元件结构简单，成本低，寿命长，易于实现标准化、系列化和通用化。

2. 缺点

1）由于空气具有较大的可压缩性，因而运动平稳性较差。

2）因工作压力低（一般 $0.3 \sim 1 \mathrm{MPa}$），不易获得较大的输出力或力矩。

3）有较大的排气噪声。

第二节　气　动　元　件

一、气源装置及辅助元件

气压传动系统的动力元件是空气压缩机（气源）。由空气压缩机产生的压缩空气，必须经过降温、净化、稳压等一系列处理方可供给系统使用，这就需要在空气压缩机出口管路上安装一些辅助元件，如冷却器、油水分离器、过滤器、干燥器、气罐等；此外，为了提高气压传动系统的工作性能，改善工作条件，还需要用到其他辅助元件，如油雾器、转换器、消声器等。

1. 空气压缩机

空气压缩机的种类很多，气压传动中最常用的是活塞式空气压缩机，其工作原理如图10-2所示。图中曲柄9作回转运动，通过连杆8、滑块6、活塞杆5带动活塞4作往复直线运动。当活塞4向右运动时，气缸3的密封腔内形成局部真空，吸气阀1打开，空气在大气压力作用下进入气缸，此过程称为吸气过程；当活塞向左运动时，吸气阀关闭，缸内空气被压缩，此过程称为压缩过程；当气缸内被压缩空气的压力高于排气管内的压力时，排气阀 2 即被打开,压缩空气进入排气管内，此过程称为排气过程。图中所示为单缸式空气压缩机，工程实际中常用的空气压缩机大都是多缸式的。

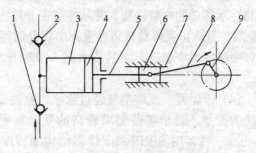

图 10-2　活塞式空气压缩机的工作原理

1—吸气阀　2—排气阀　3—气缸　4—活塞　5—活塞杆
6—滑块　7—滑道　8—连杆　9—曲柄

2. 气动辅助元件

这里只择要介绍部分辅助元件。

（1）冷却器　它装在空气压缩机的后面，也称后冷却器，其主要作用是冷却空气和除水除油。常用的冷却器有列管式、套管式、蛇管式和散热片式等几种。图 10-3a所示为列管式冷却器的结构原理。图 10-3b为冷却器的符号。

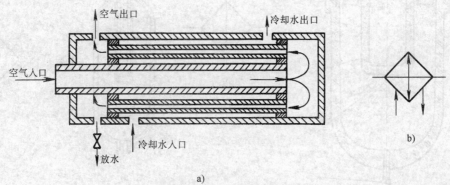

图 10-3　冷却器的结构原理和符号

a) 结构原理　b) 符号

（2）分水排水器　分水排水器的作用是分离并排除空气中凝聚的水分、油分和灰尘等杂质。如图 10-4a 所示，当压缩空气由入口进入分水排水器后，首先与隔板撞击，一部分水和油留在隔板上，然后气流上升产生环形回转，这样，凝聚在压缩空气中的水滴、油滴及灰尘杂质受惯性力作用而分离析出，沉降于壳体底部，由下面的放水阀定期排出。图 10-4b 为分水排水器的符号。

（3）过滤器　过滤器的作用是滤除压缩空气中的杂质微粒（如灰尘、水分等），达到系统要求的净化程度。常用的过滤器有一次过滤器（也称简易过滤器）和二次过滤器，图10-5a所示是作为二次过滤器用的分水滤气器的结构原理。图中，从入口进入的压缩空气被引入旋风叶子 1，旋风叶子上有许多呈一定角度的缺口，迫使空气

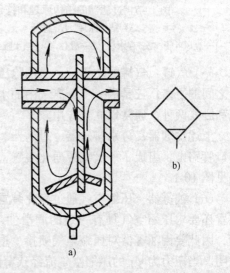

图 10-4　分水排水器的结构原理和符号

a) 结构原理　b) 符号

沿切线方向产生强烈旋转。这样，夹杂在空气中的较大水滴、油滴、灰尘等便依靠自身的惯性与存水杯 2 的内壁碰撞，并从空气中分离出来沉到杯底，而微粒灰尘和雾状水汽则由滤心 3 滤除。为防止气体旋转将存水杯中积存的污水卷起，在滤心下部设有挡水板 4。此外，存水杯中的污水应通过下面的排水阀 5 及时排放掉。图 10-5b 为人工排水式空气过滤器的符号。

（4）干燥器 压缩空气经过除水、除油、除尘的初步净化以后，已能满足一般气压传动系统的需要，对于某些要求较高的气动装置或气动仪表，其用气还需经过干燥处理。图 10-6a 是一种常用的吸附式干燥器结构原理图，当压缩空气通过具有吸湿性能的吸附剂后，水分即被吸附，从而达到干燥的目的。图 10-6b 为空气干燥器的符号。

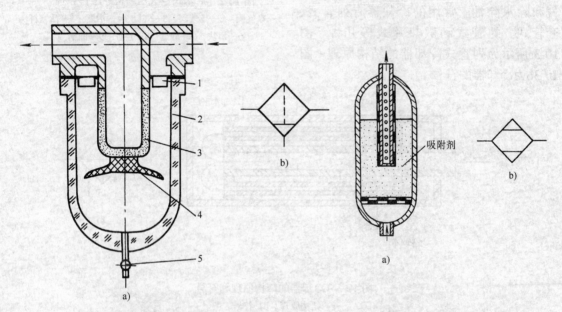

图 10-5　过滤器的结构原理和符号　　　　图 10-6　空气干燥器的结构原理和符号
a) 结构原理　b) 符号　　　　　　　　　　　a) 结构原理　b) 符号
1—旋风叶子　2—存水杯　3—滤心　4—挡水板　5—排水阀

（5）气罐 气罐的功用，一是消除压力波动；二是储存一定量的压缩空气，维持供需气量之间的平衡；三是进一步分离气中的水、油等杂质。气罐一般采用圆筒状焊接结构，有立式和卧式两种，通常以立式应用较多。

上述冷却器、分水排水器、过滤器、干燥器和气罐等辅助元件通常安装在空气压缩机的出口管路上，组成了一套气源净化装置，是压缩空气站的重要组成部分，它们的安装连接示例见图 10-1。

（6）油雾器 压缩空气通过净化装置以后，所含污油浊水得到了清除，但是一般的气动装置还要求压缩空气具有一定的润滑性，以减轻其相对运动零件的表面磨损，改善工作性能，因此要用油雾器对压缩空气喷掺少量的润滑油。油雾器的工作原理可以通过图 10-7a 来说明。当压力为 p_1 的压缩空气流经狭窄的颈部通道时，因流速增大，压力降低为 p_2，由于压差 $\Delta p = p_1 - p_2$ 的存在，油池中的润滑油就沿竖直细管（称文氏管）被吸往上方，并滴向颈部通道，随即被压缩气流喷射雾化带入系统。图 10-7b 为油雾器的符号。

（7）消声器　气压传动系统一般不设排气管道，用后的压缩空气便直接排入大气，伴随有强烈的排气噪声，一般可达 100～120dB。这种噪声使工作环境恶化，危害人体健康。一般说来，噪声高于 85dB 就要设法降低，为此通常在换向阀的排气口安装消声器来降低排气噪声。图 10-8a 所示是气动装置中常用的一种吸收型消声器的结构原理，它是依靠装在体内的吸声材料（玻璃纤维、毛毡、泡沫塑料、烧结材料等）来消声的。图 10-8b 为消声器的符号。

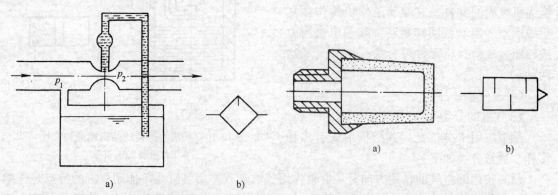

图 10-7　油雾器的工作原理和符号
a）工作原理　b）符号

图 10-8　消声器的结构原理和符号
a）结构原理　b）符号

（8）转换器　气动系统的工作介质是气体，而信号的传感和动作的执行不一定全用气体，可能用电或液体传输，这就要通过转换器来转换。常用的转换器有三种，即电气转换器，气电转换器和气液转换器。因为电磁换向阀可以作为电气转换器，将在气动控制元件一节中研究，故此处仅介绍气电转换器和气液转换器。

1）气电转换器，是将气信号转变为电信号的装置，常称压力继电器。压力继电器按信号压力的大小分为低压型（0～0.1MPa）、中压型（0.1～0.6MPa）和高压型（0.6～1.0MPa）三种。图 10-9 所示为高中压型压力继电器的结构原理和符号，压缩空气进

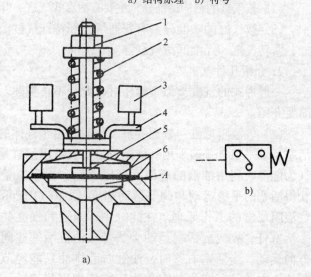

图 10-9　压力继电器的结构原理和符号
a）结构原理　b）符号
1—定压螺母　2—弹簧　3—微动开关
4—爪枢　5—圆盘　6—膜片

入下部气室 A 后，膜片 6 受到由下往上的气压力作用，当压力升高到某一数值后，膜片上方的圆盘 5 就带动爪枢 4 克服弹簧力向上移动，使两个微动开关 3 的触头受压发出电信号。旋转定压螺母 1，即可调节转换压力的数值。

2）气液转换器，是将气信号转换为液压信号的装置。气液转换器有两种结构形式，一种是直接作用式，即在一筒式容器内，压缩空气直接作用在液面上，或通过活塞、隔膜等作

用在液面上，推压液体以同样的压力输出。图 10-10 所示为直接作用式气液转换器的结构原理和符号。另一种气液转换器是换向阀式元件，它是一个气控液压换向阀。采用这种转换器需要另备液压源。

二、气动执行元件

气动执行元件是将压缩空气的压力能转换为机械能的元件，它驱动工作机构作往复直线运动、摆动或回转运动，其输出量为力或转矩。气动执行元件可分为气缸和气马达两种。

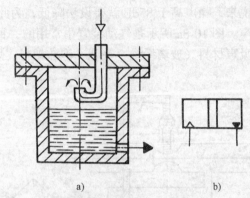

图 10-10　气液转换器的结构原理和符号
a) 工作原理　b) 符号

（一）气缸

1. 气缸的分类

气缸应用十分广泛，其结构形式有多种多样，通常分类如下：

（1）按压缩空气的作用方向分　有单作用气缸和双作用气缸。单作用气缸的特点是压缩空气只能使活塞（或柱塞）往一个方向运动，反方向的运动则需借助于外力或重力。双作用气缸的特点是压缩空气可使活塞向两个方向运动。

（2）按气缸的结构特征分　主要有活塞式气缸、叶片式气缸、薄膜式气缸、伸缩式气缸等。

（3）按气缸的功能分　有普通气缸和特殊气缸。常用的特殊气缸如气液阻尼缸、冲击气缸、回转气缸、无油润滑气缸等。

2. 介绍几种气缸

一般形式的气缸类似于液压缸，此处不再赘述。下面仅对几种有特殊结构功能的气缸作简要介绍。

（1）气液阻尼缸　普通气缸工作时，由于气体的可压缩性，使气缸工作不稳定。为了使活塞运动平稳，普遍采用气液阻尼缸。气液阻尼缸是由气缸和油缸组合而成的，它以压缩空气为能源，利用油液的近似不可压缩性和控制流量来获得活塞的平稳运动和调节运动速度。图 10-11 所示为气液阻尼缸的工作原理。在此缸中，油缸和气缸共一个活塞杆，故气缸活塞运动必然带动油缸活塞往同一方向运动。当活塞右移时，油缸右腔排油只能经节流阀流入左腔，所产生的阻尼作用使活塞平稳运动，调节节流阀，即可改变活塞的运动速度；反之，活塞左

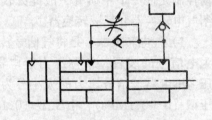

图 10-11　气液阻尼缸

移，油缸左腔排油经单向阀流入右腔，因无阻尼作用，故活塞以快速退回。图中，油缸上方的油箱只用来补充油缸因泄漏而减少的油量。由于补油量不大，通常只用油杯补油。

（2）冲击气缸　它可把压缩空气的能量转化为活塞高速运动的动能，利用此动能做功，可完成型材下料、打印、破碎、冲孔、锻造等多种作业。冲击气缸的结构原理如图 10-12 所示，当活塞 6 处于图示原始位置时，中盖 5 的喷嘴口 4 被活塞封闭，随着换向阀的换向，蓄能腔 3 充入 0.5～0.7MPa 的压缩空气，活塞杆腔 1 与大气连通，活塞在喷嘴口面积上的气压作用下移动，喷嘴口开启，积聚在蓄能腔中的压缩空气通过喷嘴口突然作用在活塞的全部

面积上，喷嘴口处产生高速气流喷入活塞腔 2，使活塞获得强大的动能高速下冲。

（3）回转气缸　回转气缸的工作原理如图 10-13 所示，它由导气头、缸体、活塞杆、活塞等组成。这种气缸的缸体 3 连同缸盖及导气头心 6 可被带动回转，活塞 4 及活塞杆 1 只能作往复直线运动，导气头体 9 外接管路，固定不动。回转气缸主要用于机床夹具和线材卷曲等装置上。

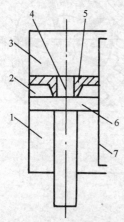

图 10-12　冲击气缸的结构原理
1—活塞杆腔　2—活塞腔　3—蓄能腔
4—喷嘴口　5—中盖　6—活塞　7—缸体

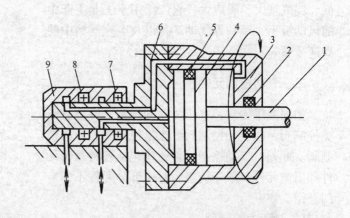

图 10-13　回转气缸的工作原理
1—活塞杆　2、5—密封装置　3—缸体　4—活塞
6—缸盖及导气头心　7、8—轴承　9—导气头体

（4）薄膜式气缸　图 10-14 所示为薄膜式气缸，它主要由膜片和中间硬心相连来代替普通气缸中的活塞，依靠膜片在气缸作用下的变形来使活塞杆运动。活塞的位移较小，一般小于 40mm。这类气缸的特点是结构紧凑，重量轻，密封性能好，制造成本低，维修方便，但只适用于一些小行程的机械设备中。

（5）无油润滑气缸　这种气缸的结构与普通气缸没有什么两样，只是气缸内的一些相对运动零件如活塞、密封圈、导向套等采用一种特殊的树脂材料制成，有自润滑作用，运动摩擦阻力小，因此这种气缸在运行中不需要在压缩空气中加入起润滑作用的油雾而能长时间工作。由于气缸排气中不含油分，故此种气缸特别适用于食品、医药工业。

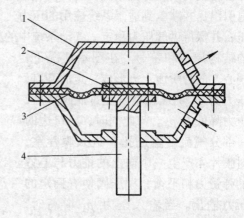

图 10-14　薄膜式气缸
1—缸体　2—硬心　3—膜片　4—活塞杆

（二）气马达

气马达能将压缩空气的压力能转换为机械能，实现旋转运动。其种类很多，这里只介绍叶片式气马达的工作原理。如图 10-15 所示，压缩空气由孔 A 输入后，分为两路：一路经定子两端密封盖的槽进入叶片底部（图中未表示）将叶片推出，使其贴紧定子内表面；压缩空气的另一路则进入相应的密封容腔，作用于叶片表面。由于转子与定子偏心放置，相邻两叶片伸出的长度不一样，就产生了转矩差，从而推动转子按逆时针方向旋转。做功后的气体

由孔 *C* 排出，剩余残气经孔 *B* 排出。若使压缩空气改由孔 *B* 输入，便可使转子按顺时针方向旋转。

气马达具有尺寸小、重量轻、可正反转且无级调速、起动转矩较大、操作简单、维修容易、工作安全等优点，但它的输出功率较小、效率低、耗气量大、噪声大。它广泛用于工业生产中的风动扳手、风钻等气动工具以及医疗器械中的高速牙钻等。

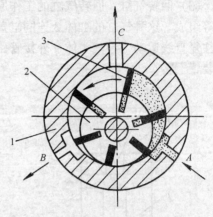

图 10-15　叶片式气马达的工作原理
1—定子　2—转子　3—叶片

三、气动控制元件

如同液压传动，气压传动的控制元件也有三类控制阀，即压力控制阀、流量控制阀、方向控制阀。此外，气动控制元件还应包括各种逻辑元件和射流元件，限于篇幅，对这部分元件不作专门介绍。

（一）压力控制阀

压力控制阀按其功能分为减压阀、安全阀和顺序阀三种。下面只对减压阀作一介绍。

气压传动系统与液压传动系统不同的一个特点是，液压传动系统的压力油是由安装在每台设备上的液压源直接提供的，而气压传动则是将压缩空气站中气罐储存的压缩空气通过管道引出，并减压到适于系统应用的压力。因此每台气动装置的供气压力都需要用减压阀来减压，并保持供气压力稳定。气动系统中的减压阀常称调压阀。图 10-16 所示为直动型调压阀的结构原理和符号。在图示情况下，阀心 5 的台阶面上方形成一定的开口，压力为 p_1 的压缩空气流过此阀口后，压力降低为 p_2。与此同时，出口边的一部分气流由阻尼孔 7 进入膜片室，对膜片 4 产生一个向上的推力与上方的弹簧力相平衡，调压阀便有稳定的压力输出。当输入压力 p_1 增高时，输出压力 p_2 随之升高，膜片室的压力也升高，将膜片向上推，阀心 5 在复位弹簧 9 的作用下上移，使阀口开度减小，节流作用增强，直至输出压力降低到调定值为止；反之，若输入压力下降，则输出压力也随之下降，膜片下移，阀口开度增大，节流作用减弱，直至输出压力升到调定值再保持稳定。调节调压手柄 1 以控制阀口开度的大小，即可控制输入压力的大

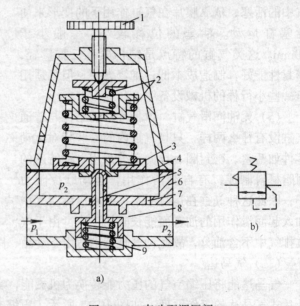

图 10-16　直动型调压阀
a) 结构原理　b) 符号
1—调压手柄　2—调压弹簧　3—下弹簧片　4—膜片
5—阀心　6—阀套　7—阻尼孔　8—阀口　9—复位弹簧

小。一般调压阀的最大输出压力是 0.6MPa，调压范围是 0.1～0.6MPa。

（二）流量控制阀

在气动系统中，要控制执行元件的运动速度，或控制换向阀的切换时间，或控制气动信号的传递速度，都需要通过调节压缩空气流量来实现。用于调节流量的流量控制阀包括节流阀、单向节流阀、排气节流阀等。由于节流阀和单向节流阀的工作原理与液压阀中的同类型阀基本相同，故此处不再重复。下面只介绍排气节流阀。

图 10-17 所示为排气节流阀的结构原理和符号。气流从 A 口进入阀内，由节流口 1 节流后经消声套 2 排出，因而它不仅能调节空气流量，还能起到降低排气噪声的作用。排气节流阀通常安装在换向阀的排气口处与换向阀联用，起单向节流阀的作用，它实际上只不过是节流阀的一种特殊形式。由于其结构简单，安装方便，能简化回路，故应用较广。

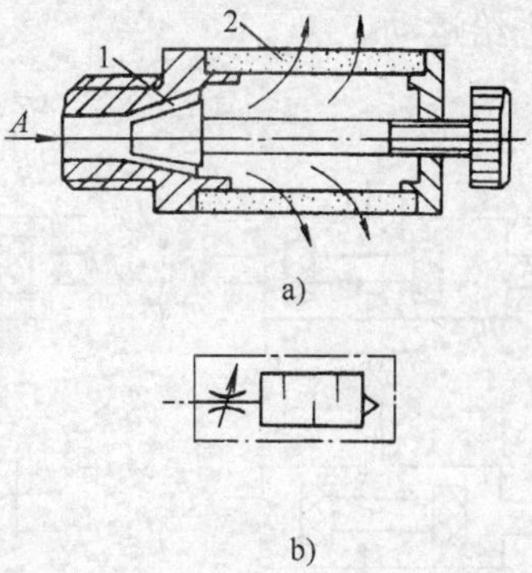

（三）方向控制阀

方向控制阀用于控制气流方向与通断，按其功用可分为单向型控制阀和换向型控制阀。

图 10-17　排气节流阀
a）结构原理　b）符号
1—节流口　2—消声套

1. 单向型控制阀

单向型控制阀通常包括单向阀、或门型梭阀、与门型梭阀和快速排气阀。单向阀的结构原理和符号与液压阀中的单向阀基本相同，这里不再重复，而只介绍其他三阀。

（1）或门型梭阀　图 10-18 所示为或门型梭阀的工作原理和符号。该阀的结构相当于两个单向阀的组合。当通路 P_1 进气时，将阀芯推向右边，通路 P_2 被关闭，于是气流从 P_1 进

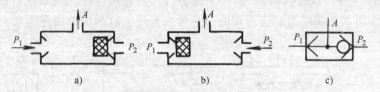

图 10-18　或门型梭阀

入通路 A，如图 10-18a 所示；反之，气流从 P_2 进入 A，如图 10-18b 所示；当 P_1、P_2 同时进气时，哪端压力高，A 口就与哪端相通，另一端就自动关闭。图 10-18c 为该阀的图形符号。这种梭阀在气动回路中起到"或"门的作用，是构成逻辑回路的重要元件。图 10-19 所示为或门型梭阀在手动-自动换向回路中的应用。当按压三通手动阀按钮或使三通电磁阀通电时，控制信号气流便经或门型梭阀进入四通气控阀右腔，实现换向。

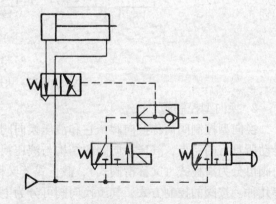

图 10-19　或门型梭阀在手动自动换向回路中的应用

（2）与门型梭阀　这种阀又称双压阀，其工作原理如图 10-20a、b、c 所示。它也是相当于两个单向阀的组合，其特点是只有当两个输入口 P_1、P_2 同时进气时，A 口才有输出；当两端进气压力不等时，则低压气通过 A 口输出。图 10-20d 为与门型梭阀的符号。图10-21所示为与门型梭阀在钻床进给控制回路中的应用，机动阀 1 控制工件定位信号，机动阀 2 控制工件夹紧信号。当两个信号同时存在时，与门型梭阀 3 才有输出，使换向阀 4 切换，气缸 5 作进给运动。

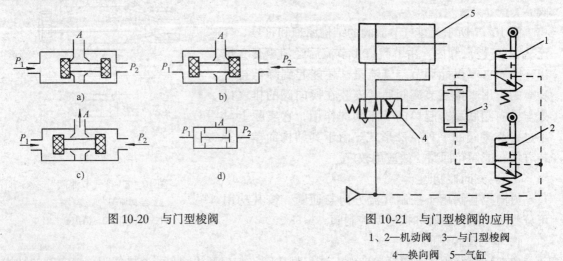

图 10-20　与门型梭阀　　　　　图 10-21　与门型梭阀的应用
1、2—机动阀　3—与门型梭阀
4—换向阀　5—气缸

（3）快速排气阀　快速排气阀简称快排阀，它能将气缸大流量的空气直接排出，替代经过长管路和方向阀排气，降低排气阻力，使活塞获得最快的运动速度。图 10-22 所示为快排阀的工作原理和符号。其中，图 a 表示气缸进气时，快排阀的排气口 O 自行关闭的情况；图 b 表示气缸排气时，快排阀的排气口 O 自动打开实现快速排气的情况；图 c 为快排阀的符号。图 10-23 所示为快排阀的应用举例，它可以实现气缸的快速往返运动。

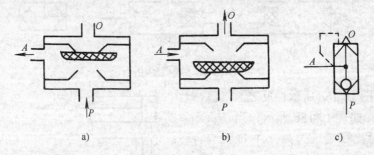

图 10-22　快速排气阀

2. 换向型控制阀

换向型控制阀简称换向阀，它和液压换向阀相类似，分类方法也大致相同。但由于气压传动所具有的特点，气压换向阀的结构与液压换向阀有所不同。按阀心的结构形式，气压换向阀可分为滑柱式（又称滑阀式）、截止式（又称提动式）、平面式（又称滑块式）和膜片式等几种。按阀的控制方式，气压换向阀可分为电磁控制式、气动控制式、机械控制式和人力控制式等几种，其中后三种换向阀的工作原理和结构与液压中的相应阀类基本相同。

气压传动对电磁控制换向阀的应用较为普遍。按电磁力作用方式的不同，电磁换向阀分为直动型和先导型两种。图 10-24 所示为采用截止式阀心的单电磁铁直动型电磁换向阀的工作原理和符号；图 10-25 所示为采用滑柱式阀心的双电磁铁直动型电磁换向阀的工作原理和符号；图 10-26 所示为采用滑柱式阀心的双电磁铁先导型电磁换向阀的工作原理和符号。双电磁铁换向阀可做成二位阀，也可做成三位阀。双电磁铁二位换向阀具有记忆功能，即通电时换向，断电时仍能保持原有的工作状态。为保证双电磁铁换向阀正常工作，两个电磁铁不能同时通电，电路中要考虑互锁。

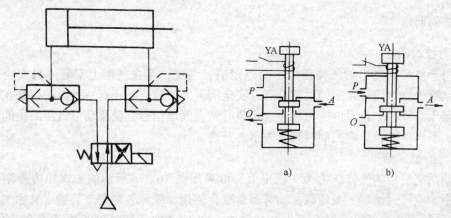

图 10-23　快速排气阀的应用　　　　图 10-24　单电磁铁直动型电磁换向阀的工作原理和符号
　　　　　　　　　　　　　　　　　　　　a）电磁铁不通电时的工作状态（常态）
　　　　　　　　　　　　　　　　　　　　b）电磁铁通电时的工作状态　c）符号

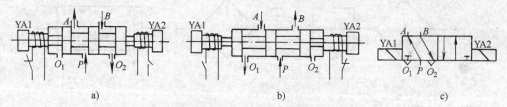

图 10-25　双电磁铁直动型电磁换向阀的工作原理和符号
a）左位工作状态　b）右位工作状态　c）符号

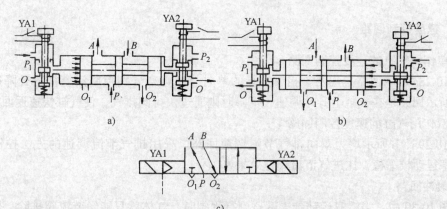

图 10-26　双电磁铁先导型电磁换向阀的工作原理和符号
a）左位工作状态　b）右位工作状态　c）符号

第三节　气动基本回路及系统实例

气压传动系统的形式很多，结构往往都很复杂，但是也和液压传动系统一样，它都是由不同功能的基本回路所组成。在熟悉常用基本回路的基础上，才可能正确分析或设计气动系统。

一、压力控制回路

1.一次压力控制回路

这种回路用于使气罐送出的气体压力不超过定值。为此，常在气罐上安装一只安全阀（溢流阀）。一旦罐内压力超过规定值时就会通过安全阀向大气放气。还有一种做法，是在气罐上装一电接点压力计，一旦罐内压力超过规定值时就会发出信号，使驱动空气压缩机的电动机断电停机，不再供气，从而控制气罐压力不再升高。

2.二次压力控制回路

为保证气动系统使用的气体压力为一稳定值，可采用图 10-27a 所示的二次压力控制回路。在此回路中，空气过滤器、减压阀、油雾器常联合使用，统称气源调节装置（又称气动三大件）。这种气源调节装置已有组合件生产和供应。图 10-27b 为空气过滤器-减压阀-油雾器组合件的简化符号。

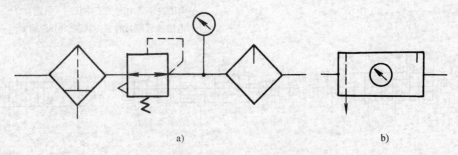

a)　　　　　　　　　　　　　　　b)

图 10-27　二次压力控制回路

a）二次压力控制回路　b）组合件的简化符号

二、速度控制回路

1.单作用气缸的速度控制回路

图 10-28a 所示回路是用两个相反安装的单向节流阀来分别控制活塞杆的升降速度。图 10-28b 所示回路是在气缸上升时调速，下降时则通过快排阀排气，使气缸快速返回。

2.双作用气缸的速度控制回路

图 10-29a、b 所示均为双向排气节流调速回路。采用排气节流调速的方法控制气缸速度，活塞运动较平稳，比进气节流调速效果好。

3.缓冲回路

在图 10-30 中，当活塞运动到末端碰到行程阀时，气体就只能经节流阀排除，因而使活塞的运动得到了缓冲。

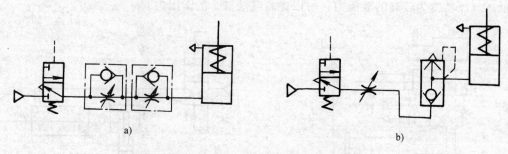

图 10-28　单作用气缸的速度控制回路

a）双向速度控制　b）单向速度控制

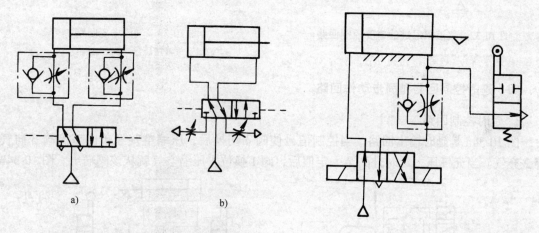

图 10-29　双作用气缸的速度控制回路

a）换向阀前节流控制　b）换向阀后节流控制

图 10-30　缓冲回路

三、气液联动回路

在气动回路中，若采用气液转换器或气液阻尼缸把气压传动转换为液压传动，就能使执行元件的速度调节更加稳定，运动也能平稳。若采用气液增压回路，则还能得到更大的推力。这些回路统称为气液联动回路。

1. 气液转换器的速度控制回路

如图 10-31 所示的回路，用气液转换器 1、2 将气压转换成液压，利用液压油驱动液压缸 3，从而得到平稳易控的活塞运动速度。

2. 气液阻尼缸的速度控制回路

如图 10-32 所示的回路，采用气液阻尼缸实现快进—慢进—快退的工作循环。当改变挡块或行程阀的安装位置时，快进到慢进的速度换接位置可以得到调整。

3. 气液增压回路

如图 10-33 所示的回路，采用气液增压器 1

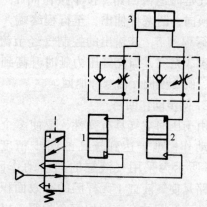

图 10-31　气液转换器的速度控制回路

1、2—气液转换器　3—液压缸

把较低的气压转变为较高的液压力，可以提高气液缸 2 的输出力。

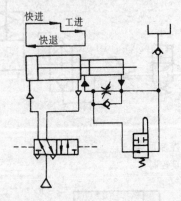

图 10-32　气液阻尼缸的速度控制回路

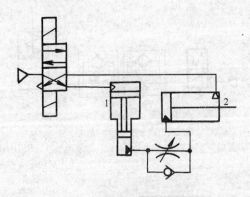

图 10-33　气液增压回路
1—气液增压器　2—气液缸

四、延时控制回路和同步动作回路

1. 延时控制回路

图 10-34a 是延时输出回路。当控制信号使阀 4 切换后，压缩空气经单向节流阀 3 向气容 2 充气。当充气压力延时升高至一定值后，阀 1 换位，压缩空气就从该阀输出。图 10-34b

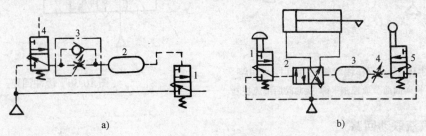

a)　　　　　　　　　　　　b)

图 10-34　延时控制回路
a) 延时输出回路　b) 延时退回回路

是气缸延时退回回路。按下按钮阀 1，主控阀 2 换向，活塞杆伸出，至行程终端，挡块压下行程阀 5，其输出的控制气经节流阀 4 向气容 3 充气，当充气压力延时升高到一定值后，阀 2 换向，活塞杆退回。

2. 同步动作回路

由于压缩空气具有弹性，要使多个气缸同步动作，难于达到较高的同步精度。图 10-35 所示为采用气液缸的同步动作回路。该回路是使气液缸 1 无杆腔的有效面积和气液缸 2 有杆腔的有效面积完全相等，以保证两缸速度相等。回路中的截止阀 3 与放气口

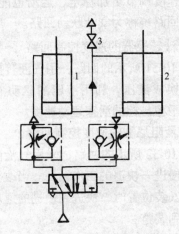

图 10-35　同步动作回路
1、2—气液缸　3—截止阀

相接，用以放掉混入油中的空气。

五、逻辑回路

气动逻辑回路是把气动回路按照逻辑关系组合而成的回路，如"与"、"或"、"非"等基本逻辑回路。气动逻辑回路可以由各种逻辑元件及射流元件组成，也可由方向控制阀组成。下面简要介绍由方向阀组成的一些常用基本逻辑回路及其应用回路。

1. 与门回路

将两个常闭型的二位三通换向阀按图 10-36a 所示串联起来，就成了一个与门回路。图 10-36b 是将常闭型二位三通气控阀的气源口作为信号输入口，也成为一个与门回路。在与门回路中，只有当控制信号 a 和 b 同时存在时，才有主流信号 s 输出，其逻辑表达式为 $s = a \cdot b$。在锻压和成形机床中，为避免事故发生，常采用图 10-36c 所示的安全连锁回路，是与门回路应用的一个实例。在操作时，必须双手按下按钮，机床才能工作，因而可避免伤手事故。

2. 或门回路

将两个常闭型的二位三通换向阀按图 10-37a 所示并联起来，就组成一个或门回路。由图可见，两个阀中只要有一个换向，或门回路就有输出，其逻辑表达式为 $s = a + b$。图 10-37b 所示的单个梭阀也成为一个或门回路。该回路的典型应用实例是自动-手动并用回路，如图10-37c所示。

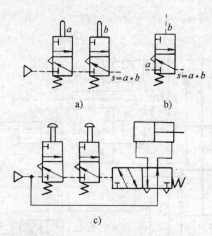

图 10-36　与门回路及其应用
a)、b) 与门回路　c) 安全连锁回路

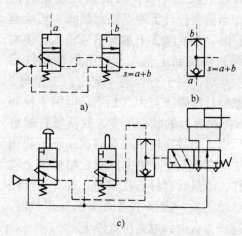

图 10-37　或门回路及其应用
a)、b) 或门回路　c) 自动-手动并用回路

3. 记忆回路

一个双气控二位四通阀（或二位五通阀）就是一个双输出的记忆回路，如图 10-38a 所示。当有信号 a 时，A 端有输出，B 端无输出。信号 a 消失后，阀仍保持在 A 端有输出的状态。当有信号 b 时，阀换向，B 端有输出，A 端无输出，即使信号 b 消失，仍能保持记忆状态。这种双输出记忆回路，又称双稳态回路。

如图 10-38b 所示，一个双气控二位三通阀就是一个单输出记忆回路。

记忆回路在实际中是经常应用的。图 10-38c 所示是气缸连续往复运动回路，其中的主

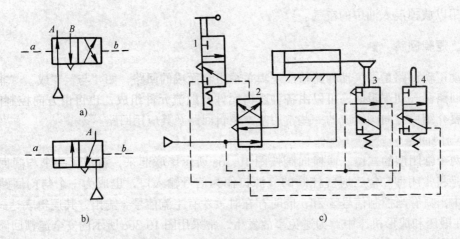

图 10-38　记忆回路及其应用

a) 双输出记忆回路　b) 单输出记忆回路　c) 气缸连续往复运动回路

1—手动阀　2—主控阀　3、4—行程阀

控阀 2 是一个双气控二位四通阀，可以用来说明记忆回路的实际应用。首先，搬动机械定位式手动阀 1 的手柄，使其在上位工作，主控阀 2 便切换至上位，活塞杆前进。此时，由于行程阀 3 复位，主控阀 2 上端气路经手动阀 1、行程阀 3 与大气相通，但因主控阀 2 为双稳型，换向后的状态不变，故活塞杆能继续前进。当活塞杆行至终点使行程阀 4 切换至上位时，主控阀 2 下端有信号输入，使主控阀 2 切换到下位工作，于是活塞杆后退。此时，由于行程阀 4 复位，主控阀 2 下端经行程阀 4 与大气相通，但因主控阀 2 保持换向后的状态不变，故活塞杆能继续后退。当活塞杆后退至再次压下行程阀 3 时，控制信号又使主控阀 2 切换至上位工作，于是活塞杆再次前进。如此连续往复移动不止，直至手动阀 1 恢复原位时，活塞杆方后退到原始位置停止。

六、气动系统实例

(一) 气液动力滑台气动系统

气液动力滑台是采用气液阻尼缸作为执行元件来实现机床进给运动的部件，图 10-39 为气液动力滑台气压传动系统的原理图。该滑台能完成两种工作循环，下面对它们作简单介绍。

1. 快进—慢进（工进）—快退—停止

当图 10-39 中手动阀 4 处于图示状态

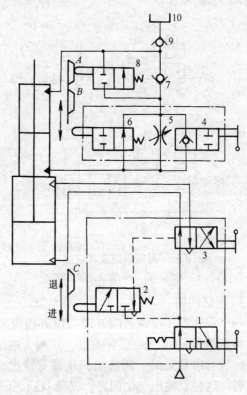

图 10-39　气液动力滑台的气动系统

1、3、4—手动阀　2、6、8—行程阀

5—节流阀　7、9—单向阀　10—补油箱

时，就可实现快进—慢进（工进）—快退—停止的动作循环，其动作原理为：当手动阀 3 切换到右位时，实际上就是给出进刀信号，在气压作用下气缸中活塞开始向下运动，液压缸中活塞下腔的油液经行程阀 6 的右位和单向阀 7 进入液压缸活塞的上腔，实现了快进；当快进到活塞杆上的挡块 B 切换行程阀 6（使它处于左位）后，油液只能经节流阀 5 进入活塞上腔，调节节流阀的开度，即可调节气液缸的运动速度，所以活塞开始慢进（工作进给）；当慢进到挡块 C 压行程阀 2 使处于左位时，输出气信号使手动阀 3 切换到左位，这时气缸活塞开始向上运动。液压缸活塞上腔的油液经阀 8 的右位和手动阀 4 中的单向阀进入液压缸下腔，实现了快退，当快退到挡块 A 切换阀 8 而使油液通道被切断时，活塞便停止运动。所以改变挡块 A 的位置，就能改变活塞停止的位置。

2. 快进—慢进—慢退—快退—停止

把手动阀 4 关闭（处于右位）时，就可实现快进—慢进—慢退—快退—停止的双向进给程序。其动作循环中的快进—慢进的动作原理与上述相同。当慢进至挡块 C 切换行程阀 2 至左位时，输出气信号使手动阀 3 切换到左位，气缸活塞开始向上运动，这时液压缸活塞上腔的油液经行程阀 8 的右位和节流阀 5 进入活塞下腔，亦即实出了慢退（反向进给）。慢退到挡块 B 离开行程阀 6 的顶杆而使其复位（处于右位）后，液压缸活塞上腔的油液就经行程阀 6 右位而进入活塞下腔，开始快退，快退到挡块 A 切换阀 8 而使油液通路被切断时，活塞就停止运动。

图中带定位机构的手动阀 1、行程阀 2 和手动阀 3 组合成一只组合阀块，手动阀 4、节流阀 5 和行程阀 6 亦为一组合阀，补油箱 10 是为了补偿系统中的漏油而设置的（一般可用油杯代替）。

（二）铸造射芯机气动系统

本例是国产 2ZZ8625 型热芯盒射芯机主机部分（射芯工位）的气动系统。它是一个电磁-气控系统，可实现自动、半自动和手动三种工作方式。

射芯工位的动作程序：工作台上升—夹紧芯盒—射砂—排气—工作台下降—打开加砂闸门—加砂—关闭闸门。芯盒的进出由硬化起模工位有关机构来完成、不属本系统范围，故没有示出。

射芯机气动原理：图 10-40 为 2ZZ8625 型射芯机（射芯工位）系统原理图。射芯机在原始状态时，加砂闸门 18 和快速射

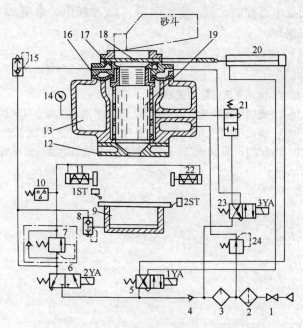

图 10-40　2ZZ8625 型热芯盒射芯机气动系统

1—总阀　2—过滤器　3—油雾器　4—单向阀　5、6、23—电磁阀
7—顺序阀　8、15—快速排气阀　9—顶升缸　10—压力继电器
11、22—夹紧缸　12—射砂头　13—储气包　14—压力计
16—快速射砂阀　17—闸门密封阀　18—加砂闸门
19—射砂筒　20—闸门气缸　21—排气阀　24—调压阀

砂阀 16 关闭，射砂筒 19 装满芯砂。按照射芯机动作程序，将气动系统的工作过程分成四个步骤叙述如下：

（1）工作台上升和夹紧　空芯盒随同工作台送到顶升缸 9 的上方与行程开关 1ST 触头压合，2YA 通电使电磁阀 6 换向。经电磁阀 6 来的气流分为三路：一路通过快速排气阀 15 进入闸门密封圈 17 的下腔，以提高其密封性；另一路经快速排气阀 8 进入顶升缸，使工作台举起，并将芯盒顶压在射砂头 12 的下面，并沿竖直方向夹紧；当顶升缸 9 活塞上升到顶点后，管路气压上升，达到 500kPa 时，顺序阀 7 接通，第三路气流进入夹紧缸 11 和 22，将芯盒沿水平方向夹紧。

（2）射砂　当夹紧缸管路压力超过 500kPa 后，压力继电器 10 接通，电磁铁 3YA 通电，使电磁阀 23 换向，排气阀 21 在气信号作用下关闭，同时，使快速射砂阀 16 的上腔排气，储气包 13 中的气体将它顶起，使储气包和射砂筒的外腔连通，压缩空气快速进入射砂筒进行射砂。射砂时间由时间继电器控制。射砂结束后，电磁阀 23 复位，使快速射砂阀 16 关闭，排气阀 21 打开，排出射砂筒中的余气。

（3）工作台下降　在射砂筒 19 排气完毕后，使 2YA 断电，电磁阀 6 换向复位，顶升缸 9 下降，夹紧缸 11、22 退回原位，闸门密封圈 17 下腔排气。顶升缸 9 下降到最低位置后，射好砂的芯盒由专门机构送往硬化起模工位。

（4）加砂　当工作台下降到最低位置时，与行程开关 2ST 接触，使 1YA 通电，电磁阀 5 换向，闸门气缸 20 的活塞杆伸出，将加砂闸门 18 打开，砂斗向射砂筒加砂。加砂时间由时间继电器控制，到一定时间后，1YA 断电，电磁阀 5 复位，加砂停止。至此，完成一个工作循环。

复 习 题

10-1　试述气压传动的优缺点。

10-2　比较液压和气压传动系统，其压力油和压缩空气的供给方式有什么不同？

10-3　画出 10 个气动元件的图形符号，并将它们与相应的液压元件图形符号作比较。

10-4　试列出图 10-40 所示射芯机气动系统的电磁铁动作顺序表。

第 三 篇

机 械 制 造 基 础

　　生产机械零件及将它们装配成机器（或仪器、工具）的过程称为机械制造。机械制造工业为人类的生存、生产、生活提供各种装备，对提高人民生活质量，推动科学技术进步起着十分重要的作用。

　　将金属材料加工成机械零件是机械制造中的主要环节，金属材料的加工一般分为热加工、冷加工和特种加工。热加工是金属在高温状态下，通过铸造、锻压和焊接等方式，使其获得一定形状和尺寸的加工方法；冷加工也称机械加工，或称切削加工，它是利用切削刀具从工件上切除多余材料，使其成为具有一定的形状、尺寸精度和表面质量要求的合格零件的加工方法；特种加工则是利用电、磁、声、光等物理能量及化学能量，或几种能量的复合形式对材料进行加工。

　　本篇将简要介绍机械制造中常用的机械工程材料及其主要性能，金属热加工、切削加工和特种加工的原理、设备及应用的基本知识。

第十一章

机械工程材料

 本章学习目的

通过本章学习，了解机械工程材料及其种类、金属材料的主要性能及钢的热处理的基本概念，了解常用机械工程材料的种类、特点及应用。

 本章要点

1. 金属材料的主要性能
2. 钢的热处理的基本概念
3. 常用机械工程材料的种类、特点及应用

用以制造各种机械零件的材料统称为机械工程材料。一般将其分为两大类：金属材料和非金属材料。在机械工业生产中，普遍使用钢铁、铜、铝等金属材料；此外，工程塑料、橡胶、陶瓷等非金属材料的应用也日趋广泛，并展示出良好的发展前景。

第一节 金属材料的主要性能

在生产实际中，不同的材料有不同的性能和用途。同一种金属材料通过不同的热处理方法，也可以获得不同的性能。因此，在选择机械零件的材料时，熟悉材料的性能是十分必要的。金属材料的性能包括力学性能、物理性能、化学性能和工艺性能。一般机械零件常以力学性能作为设计和选材的依据。

一、金属材料的力学性能

金属材料的力学性能是指金属材料在外加载荷（外力）作用下表现出来的特性。载荷按其作用形式的不同分为静载荷、动载荷和交变载荷等。因此，金属材料表现出的抵抗外力的能力和特性也不相同。下面研究几项主要力学性能，即弹性、塑性、强度、硬度、冲击韧度和疲劳强度。

1. 弹性

金属材料受外力作用时产生变形，当外力去掉后能恢复其原来形状的性能，称为弹性。这种随着外力而消失的变形，称为弹性变形，其大小与外力成正比。

金属材料在受力时抵抗弹性变形的能力称为刚度。一般的机械零件都要求有较好的刚

度，在工作中不允许产生过量的弹性变形，否则不能保证精度要求。

2. 塑性

塑性是材料在外力作用下产生永久变形（或称塑性变形）而不断裂的能力。常用的塑性指标有伸长率和断面收缩率，分别以 δ 和 ψ 来表示。

伸长率是试样（见图 11-1）拉断后的标距伸长量与原始标距长度的比值，即

$$\delta = \frac{l_1 - l_0}{l_0} \times 100\% \qquad (11-1)$$

式中　δ——伸长率；

　　　l_0——试样原始标距长度；

　　　l_1——试样拉断后的标距长度。

断面收缩率是试样拉断后，断口横截面积的缩减量与原始横截面积的比值，即

$$\psi = \frac{A_0 - A_1}{A_0} \times 100\% \qquad (11-2)$$

式中　ψ——断面收缩率；

　　　A_0——原始横截面积；

　　　A_1——断口横截面积。

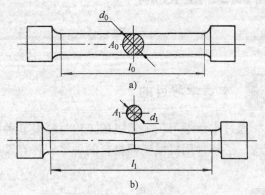

图 11-1　拉伸试棒
a) 标准试棒　b) 拉断后的试棒

δ 和 ψ 越大，则材料的塑性越好。金属压力加工，就是利用金属材料的塑性而实现的。

3. 强度

强度是指材料在外力作用下抵抗永久变形和断裂的能力。抵抗外力的能力越大，则强度越高。根据受力状况的不同，材料的强度可分为抗拉强度、抗压强度、抗弯强度、抗扭强度和抗剪强度。一般以抗拉强度作为最基本的强度指标。

为了比较各种材料的强度，常用单位面积上的材料抗力来说明，称为应力，用 σ 表示。

材料承受载荷到一定值后，载荷不再增加仍继续发生塑性变形的现象称为屈服。材料产生屈服时的最小应力称为屈服点，用 σ_s 表示，即

$$\sigma_s = \frac{F_s}{A_0} \qquad (11-3)$$

式中　σ_s——屈服点（MPa）；

　　　F_s——屈服时的外力（N）；

　　　A_0——试样原始截面积（mm^2）。

材料在拉力作用下，到断裂前所能承受的最大应力称为抗拉强度，用 σ_b 表示，即

$$\sigma_b = \frac{F_b}{A_b} \qquad (11-4)$$

式中　σ_b——抗拉强度（MPa）；

　　　F_b——试样承受的最大外力（N）；

　　　A_0——试样原始截面积（mm^2）。

材料的 σ_s 和 σ_b 有着重要的意义。显然，材料不能在超过其 σ_s 的载荷条件下工作，因

为这会引起机械零件的永久变形；材料更不能在超过其 σ_b 的载荷条件下工作，因为这样将会导致机械零件的断裂破坏。

4. 硬度

硬度是指金属材料抵抗其他更硬物体压陷的能力，它是衡量金属材料软硬的一个指标。材料的硬度高，其耐磨性也好。

根据测定硬度方法的不同，有布氏、洛氏和维氏三种硬度指标，工业生产中常用的是布氏硬度和洛氏硬度。

布氏硬度用 HB 表示，它的测试原理如图 11-2 所示。采用直径为 D 的硬质钢球，以一定的压力 F 将其压入被测金属表面，并留下压痕。压痕的表面积越大，则材料的布氏硬度值越低。在实际测定中，只需量出压痕直径 d 的大小，然后查表可得布氏硬度值。布氏硬度法主要适用于测定各种不太硬的钢及灰铸铁和有色金属的硬度，对于硬度值大于 450HB 的金属材料，上述测试方法不适用。

洛氏硬度是以试样被测点的压痕深度为依据，压痕越深，硬度越低。其测试原理如图 11-3 所示，这里以锥角为 120° 的金刚石圆锥为压头。在测试时，为了减少因试样表面不平而引起的误差，先加初载荷（压入到图示位置 1），再加主载荷（压入到图示位置 2）。当去除载荷后，根据试样表面的压痕深度 h 即可确定其洛氏硬度值。

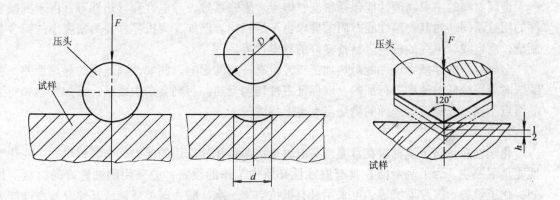

图 11-2　布氏硬度测试原理　　　　　　　　图 11-3　洛氏硬度测试原理

测定洛氏硬度时，根据压头和加载的不同，在洛氏硬度试验机上用 A、B、C 三种标尺分别代表三种载荷值，测得的硬度分别用 HRA、HRB、HRC 表示，其中以 HRC 应用最广。洛氏硬度法适用于测定各种较硬材料的硬度。

与布氏硬度相比，洛氏硬度测定范围较宽，测试操作简便，且由于压痕较小，几乎不损伤工件表面，故应用普遍，但硬度测定的准确性较差。

5. 冲击韧度

以上讨论的是静载荷下的力学性能指标，但机器中有很多零件要承受冲击载荷，我们不能用金属材料在静载荷下的性能来衡量它抵抗冲击的能力。冲击载荷比静载荷的破坏力要大得多。在冲击载荷作用下，金属材料抵抗破坏的能力叫做韧性。

金属材料韧性的大小，用冲击韧度 a_K 表示。当用冲击试验方法测定材料的冲击韧度时，a_K 值就等于冲断试样单位横截面积上的冲击吸收功的大小。

a_K 值越大，表示材料的韧性越好，在受到冲击时越不容易断裂。

6. 疲劳强度

许多机器零件，如轴、齿轮、连杆、弹簧等，在工作中承受的载荷不是静止不变的，而是反复改变大小或同时改变大小和方向的交变载荷。在这种交变载荷作用下，虽然零件所受的应力比材料的抗拉强度小，甚至还低于屈服点，但经过长期使用，零件往往会突然断裂，这种现象称为疲劳破坏。

疲劳破坏的原因一般认为是由于材料表面有划痕，或内部有夹杂物等缺陷，在交变应力的反复作用下，使材料产生了微裂纹。这种微裂纹随应力循环次数的增加而逐渐扩展，致使零件不能承受所加载荷而突然断裂。

金属材料在无限次交变应力作用下而不破坏的最大应力称为疲劳强度。当应力呈对称循环时，疲劳强度以符号 σ_{-1} 表示。实际上，无限次交变载荷的试验是永远都不能完成的，所以工程上规定，钢在经受 10^7 次、有色金属在经受 10^8 次交变应力作用下不发生破坏时的应力作为材料的疲劳强度。

二、金属材料的物理、化学性能和工艺性能

1. 物理性能

金属材料的主要物理性能包括密度、熔点、膨胀系数、导电性和导热性等。由于机械零件的用途不同，对其物理性能方面的要求也不尽相同。例如，飞机零件要用密度小的铝合金制造，而电线、电缆的材料应具备良好的导电性等。

金属材料的某些物理性能对热加工工艺也有一定的影响。例如，高速钢的导热性差，在锻造时应以较低的速度进行加热，以保证工件均匀受热，否则会产生裂纹；又如铸钢和铸铁的熔点不同，在铸造时选择的浇注温度也不相同等。

2. 化学性能

化学性能是指金属材料在常温或高温时抵抗各种化学作用的能力。金属材料的主要化学性能是耐蚀性。为了制造能在具有腐蚀性介质中工作的设备，应采用耐蚀性好的材料。例如，化工设备、医疗器械等，可采用具有抵抗空气、水、酸、碱类溶液或其他介质腐蚀能力的不锈钢制作。

3. 工艺性能

金属材料的工艺性能是指材料加工成形的难易程度。金属材料加工成为零件，常用的基本加工方法是铸造、锻压、焊接和切削加工。各种加工方法对材料都有不同的工艺性能要求。

第二节　常用金属材料

一、钢

生产中应用的钢种类繁多，分类方法也不尽相同。按碳的含量分，有低碳钢（碳的质量分数 $w_C < 0.25\%$）、中碳钢（$w_C = 0.25\% \sim 0.6\%$）和高碳钢（$w_C > 0.6\%$）；按化学成分分，有碳素钢和合金钢；按质量分，有普通钢、优质钢和高级优质钢；按用途分，有结构

钢、工具钢和特殊性能钢等。

（一）结构钢

结构钢是制造一般机械零件和工程结构件所用的钢。

1. 碳素结构钢

碳素结构钢中碳的质量分数在 0.06%～0.38% 之间，硫、磷含量较高，一般在供应状态下使用，不需进行热处理。这类钢的塑性、韧性好，适于制作钢筋、钢板等建筑用材和一般机械构件。

碳素结构钢的牌号由字母 Q、数字、质量等级符号、脱氧方法符号等四部分顺序组成，如 Q235—AF，各项的具体含义是：

Q——钢材料屈服点"屈"字汉语拼音首位字母；

数字——屈服点 σ_s 的数值（MPa）；

质量等级符号——用 A、B、C、D 表示四个等级，其中 A 级质量最差，D 级质量最好；

脱氧方法符号——用 F、b、Z、TZ 表示。F 为沸腾钢，是不脱氧钢；b 为半镇静钢，是半脱氧钢；Z、TZ 分别为镇静钢和特殊镇静钢，是完全脱氧钢（Z、TZ 通常省略不写）。

2. 优质碳素结构钢

优质碳素结构钢是按力学性能和化学成分供应的。钢中的硫、磷等有害杂质含量较少，常用于制造比较重要的机械零件，一般要进行热处理。牌号由两位数字组成，表示钢中碳的平均万分含量（质量分数），如 45 钢表示 $w_C = 0.45\%$。含锰量较高的优质碳素结构钢在牌号后面附以锰元素符号 Mn，例如 15Mn、20Mn 等。

$w_C < 0.25\%$ 的优质碳素结构钢，其塑性、韧性很好，焊接性能优良，易于冲压加工，但强度较低，主要用于制造各种冲压件和焊接件。

$w_C = 0.3\%～0.5\%$ 的优质碳素结构钢，其强度较高，塑性、韧性稍低。经过热处理后，可获得良好的综合力学性能。它主要用于制造齿轮、轴类零件及重要的销子、螺栓等。

$w_C > 0.55\%$ 的优质碳素结构钢，经过热处理可获得高的强度、良好的弹性和高的硬度，主要用来制造弹簧和耐磨的零件。

3. 合金结构钢

在碳素结构钢的基础上加入一定量的合金元素，如硅、锰、铬、钼、钒等，即构成合金结构钢。钢中加入适量的合金元素，改善了热处理性能，提高了强度和韧性。合金结构钢常用于制造各种重要的机械零件和工程构件。例如，40Cr 常用作传动轴的材料。

合金结构钢的牌号用"数字＋元素符号＋数字"表示。前面的数字表示碳的平均万分含量；元素符号表示所含合金元素的名称；后面的数字表示合金元素的平均百分含量，（含量小于 1.5% 时不用数字表示）。例如 60Si2Mn 表示硅锰合金结构钢，其 $w_C = 0.6\%$，$w_{Si} = 2\%$，$w_{Mn} < 1.5\%$。

滚动轴承钢是制造滚动轴承的专用合金结构钢，其牌号如 GCr15，前面的"G"（"滚"字汉语拼音字首）代表钢的种类，后面的数字表示合金元素的平均千分含量，即 $w_{Cr} = 1.5\%$。

（二）工具钢

工具钢是用来制造各种刀具、量具和模具的材料。它应满足刀具在硬度、耐磨性、强度和韧性等方面的要求。例如，在金属切削过程中，随温度的升高，机床刀具不仅要求在常温时具有高的硬度，而且要求在高温时仍保持切削所需硬度的性能，即热硬性。

1. 碳素工具钢

碳素工具钢是 $w_C = 0.7\% \sim 1.3\%$ 的高碳钢。牌号用"T"表示钢的种类，后面的数字表示碳的平均千分含量。常用的碳素工具钢有 T8、T10、T10A、T12A（A 表示高级优质钢）等。由于碳素工具钢的热硬性较差，热处理变形较大，仅适用于制造不太精密的模具、木工工具和金属切削的低速手用刀具（锉刀、锯条、手用丝锥）等。

2. 合金工具钢

合金工具钢是在碳素工具钢的基础上加入少量合金元素（Si、Mn、Cr、W、V 等）制成的。由于合金元素的加入，提高了材料的热硬性，改善了热处理性能。合金工具钢常用来制造各种量具、模具或切削刀具等。

合金工具钢的牌号表示与合金结构钢相似，区别在于：牌号前面只用一位数字表示碳的平均千分含量；钢中碳的质量分数大于或等于 1% 时不予标出。例如，9CrSi 的 $w_C = 0.9\%$，而 Cr12 的 $w_C > 1\%$，故未予标出。

机床切削加工的刀具常用高速钢制造。高速钢是一种含钨、铬、钒等合金元素较多的合金工具钢。它有很高的热硬性，当切削温度高达 550℃ 左右时，硬度仍无明显下降。高速钢具有足够的强度和韧性，可以承受较大的冲击和振动。此外，高速钢还具有良好的热处理性能和刃磨性能。常用的高速钢牌号有 W18Cr4V 和 W6Mo5Cr4V2 等。

（三）特殊性能钢

特殊性能钢是一种含有较多合金元素、并具有某些特殊物理性能和化学性能的钢。常用的有不锈钢、耐热钢及软磁钢等。

不锈钢中主要的合金元素是铬和镍，具有良好的耐蚀不锈性能，适用于制造化工设备、医疗器械等。常用的不锈钢有 1Cr13、2Cr13、1Cr18Ni9Ti、1Cr18Ni9 等。

耐热钢是在高温下不发生氧化并具有较高强度的钢，适用于制造在高温条件下工作的零件，如内燃机气阀等。常用的耐热钢有 4Cr10Si2Mo、4Cr14Ni14W2Mo 等。

软磁钢又名硅钢片，它是在钢中加入硅并轧制而成的薄片状材料。硅钢片中含有一定数量的硅（目前采用的硅钢片，$w_{Si} = 1\% \sim 4.5\%$），碳、硫、磷、氧、氮等杂质的含量极少，具有很好的磁性。硅钢片是制造变压器、电机、电工仪表等不可缺少的材料。

（四）铸钢

铸钢的种类很多，按照化学成分，可分为两类：铸造碳钢和铸造合金钢。其中，以铸造碳钢应用最广，约占铸钢总产量的 80% 以上。在生产中，铸钢是制作形状复杂零件的重要材料。

铸造碳钢的牌号以"铸钢"二字的汉语拼音字首"ZG"与其后的两组数字构成，第一组数字表示该牌号铸钢的屈服点，第二组数字表示抗拉强度。例如 ZG200—400，即表示 $\sigma_s = 200MPa$、$\sigma_b = 400MPa$ 的铸造碳钢。

二、铸铁

铸铁是 $w_C > 2.11\%$ 的铁碳合金，工业上使用的铸铁一般 $w_C = 2.5\% \sim 4.0\%$。根据碳在铸铁中存在形式的不同，常用铸铁有白口铸铁、灰铸铁、可锻铸铁、球墨铸铁等。

1. 白口铸铁

白口铸铁中的碳以化合物 Fe_3C 的形式存在，断面呈白色，故称白口铸铁。其性能硬而脆，不能进行切削加工，一般不用来制造机械零件，主要用作炼钢的原料。

2. 灰铸铁

灰铸铁中的碳主要以片状石墨的形式存在，断面呈灰色，故称灰铸铁。灰铸铁软而脆，铸造性能好，并具有良好的耐磨性、耐热性、减振性和切削加工性，因而工业上常用来制造各种机床床身、罩盖、支架、底座、带轮、齿轮和箱体等，是目前应用最多的一种铸铁。灰铸铁的牌号由"HT"及表示最低抗拉强度的数字组成。例如，HT200 即表示最低抗拉强度为 200MPa 的灰铸铁。

3. 可锻铸铁

可锻铸铁俗称玛钢或马铁，其中的碳大部分或全部以团絮状石墨的形式存在。因此，材料的力学性能得到了改善，其强度、韧性都比灰铸铁高。可锻铸铁并不能锻压，常用于铸造承受冲击振动的薄壁零件，如汽车、拖拉机的后桥外壳、低压阀门、机床附件及农具等。

按照金相组织的不同，可锻铸铁分为黑心可锻铸铁、珠光体可锻铸铁和白心可锻铸铁等几种。白心可锻铸铁由于性能较差，目前在生产中很少采用。可锻铸铁的牌号由三个汉语拼音字母及两组数字构成，如 KTH350—10、KTZ550—04，其中的汉语拼音字母 KTH 表示黑心可锻铸铁、KTZ 表示珠光体可锻铸铁，前一组数字表示其最低抗拉强度（单位为 MPa），后一组数字表示其最低伸长率（百分数）。

4. 球墨铸铁

在高温液态铸铁中加入球化剂（如纯镁或稀土镁合金）进行球化处理，使铸铁中的碳大部或全部以球状石墨的形式存在，便制成了球墨铸铁。球墨铸铁具有良好的力学性能，有些性能指标接近于钢，抗拉强度甚至高于碳钢，塑性、韧性和耐磨性等比灰铸铁好，因此广泛用于机械制造、交通、冶金等工业部门。目前常用来制造气缸套、活塞、曲轴和机架等机械零件。

球墨铸铁的牌号由"QT"及两组数字构成，这两组数字分别表示最低抗拉强度和最低伸长率，例如 QT600—3，其最低抗拉强度为 600MPa，最低伸长率为 3%。

三、有色金属

通常将钢铁材料称为黑色金属，而其他金属材料则称为有色金属。有色金属具有不同于钢铁的特性，如铝、镁、钛及其合金密度小，铜、铝及其合金导电性好，镍、钼及其合金能耐高温等。因此，在机械制造、电器制造、航空及国防等工业部门，除大量使用黑色金属外，有色金属也得到广泛的应用。

下面仅简单介绍工业常用的铝和铝合金、铜和铜合金。

1. 铝和铝合金

纯铝的显著优点是密度小（约为铁的1/3），导电性能好（稍次于铜），塑性好，在空气中有良好的抗蚀性，但强度、硬度低。纯铝主要用作导电材料或制造耐蚀零件，一般不作结构材料。纯铝按其杂质含量编制代号，有 L1、L2、L3、L4、L5 等，编号越大，纯度越低。

工业上广泛使用铝合金。在铝中加入适量的硅、铜、镁、锰等合金元素，可提高其力学性能。根据合金成分和工艺特点的不同，铝合金可分为变形铝合金和铸造铝合金两大类。变形铝合金又分为防锈铝合金（代号为 LF）、硬铝合金（代号为 LY）、超硬铝合金（代号为

LC）和锻铝合金（代号为 LD）等。变形铝合金主要用作各类型材和结构件，如各式容器、发动机机架、飞机的大梁等。铸造铝合金又分为铝硅合金、铝铜合金、铝镁合金和铝锌合金等。各类铸造铝合金的代号均以"ZL"加顺序号表示。铸造铝合金主要用作各种轻型铸件，如活塞、气缸盖和气缸体等。

2. 铜和铜合金

纯铜又称紫铜，因它是用电解法制得的，故又名电解铜。纯铜具有很高的导电性、导热性和耐蚀性，并具有良好的塑性，但其强度较低，主要用于各种导电材料和配制铜合金。工业纯铜的代号有 T1、T2、T3 等，编号越大，纯度越低。

机械制造生产中广泛使用铜合金。按合金成分的不同，铜合金可分为黄铜、白铜和青铜三大类。黄铜是铜和锌为主的合金（代号为 H），主要用于制造散热器、弹簧、垫片、衬套及耐蚀零件等。白铜是铜和镍为主的合金（代号为 B），它具有优良的塑性、耐蚀性、耐热性和特殊的电性能，是制造精密机械零件和电器元件不可缺少的材料。青铜是指除黄铜和白铜以外的铜合金（代号为 Q），如铜和锡的合金称为锡青铜，铜和铝的合金称为铝青铜，此外还有铍青铜、钛青铜、硅青铜、锰青铜等。青铜主要用于制造轴瓦、蜗轮及耐磨、耐蚀零件等。

四、硬质合金

硬质合金是以难熔的金属碳化物粉末（碳化钨、碳化钛、碳化钽等）为基体，以铁族元素（铁、钴、镍等）为粘结剂加压成型并经高温烧结而成的一种合金材料。在机械制造生产中，硬质合金主要用作金属切削刀具的材料。其硬度为 89～93HRA（相当于 74～81HRC），它有很高的热硬性（可耐 800～1000℃高温），因而可使切削速度大大提高。使用硬质合金刀具可以提高工作效率和加工质量，为高速切削创造了条件。常用硬质合金有以下三类：

（1）YG（钨钴）类　由碳化钨和钴组成。常的牌号有 YG3、YG6、YG8，数字表示钴的百分含量，如 YG3 含钴 3%。YG 类硬质合金刀具适宜加工铸铁工件。含钴量越高，强度、韧性也越好，而耐磨性和硬度降低。YG3 适用于精加工，YG8 适用于粗加工，YG6 适用于半精加工。

（2）YT（钨钴钛）类　由碳化钨、碳化钛和钴组成。常用牌号为 YT5、YT15、YT30，数字表示碳化钛的百分含量，如 YT15 含碳化钛为 15%。由于碳化钛比碳化钨熔点更高，故其热硬性比 YG 类好，但强度比 YG 类差。YT 类硬质合金刀具适宜于加工钢件。YT5 适于粗加工，YT30 适于精加工，YT15 适于半精加工。

（3）YW（钨钴钛钽）类　它是在 YT 类合金中加入部分碳化钽而制成的。碳化钽的加入改善了合金的切削性能，可用以制作耐热钢、高锰钢及高合金钢等难加工材料的刀具。它既可加工铸铁，又可加工钢，故有通用合金或万能合金之称。常用牌号为 YW1 和 YW2。

目前，工业生产中还出现一些新品种硬质合金，例如，钢结硬质合金就是一种很有特色的新兴材料（分类代号为 YE）。它具有钢一样的切削加工性，也可以接受锻造、热处理和焊接。经热处理后，其硬度可达 70HRC，具有高耐磨性、抗氧化和耐腐蚀等优点，适于制造各种形状复杂的刀具，如麻花钻、铣刀等，也用来制造在高温下工作的模具和耐磨零件。

第三节　钢的热处理

在机器制造过程中，为使零件获得良好的力学性能，或改善材料的工艺性能，常采用热处理方法。钢的热处理就是将钢在固体状态下通过加热、保温和以不同的方式冷却，改变钢的内部组织结构，从而获得所需性能的一种工艺方法。

各种热处理工艺过程都包括加热、保温和冷却三个阶段，通常可用温度-时间坐标图表示，称为热处理工艺曲线，如图11-4所示。

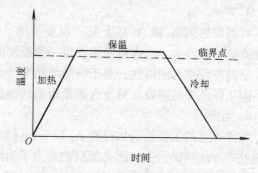

图 11-4　热处理工艺曲线

一、钢的加热温度

由图11-4可见，在热处理过程中，钢加热与保温的温度要在临界点以上（除回火加热以外）。对于不同含碳量的钢，它的临界点温度是不相同的。图11-5所示为钢的状态曲线，其中，A_3 和 A_{cm} 线是不同含碳量的钢在固态发生组织转变时的上临界温度线；A_1 线是下临界温度线。当温度变化时，不同含碳量的钢在临界点处都要发生内部组织转变。例如，$w_C < 0.77\%$ 的钢，当其加热温度达到 A_3 线以上时，钢就转变成一种单一的奥氏体组织。

一般来说，热处理加热的目的是使钢在组织结构上转变成奥氏体。在临界点以上保温一段时间可以使奥氏体转变充分，成分均匀。这种奥氏体在以不同的速度冷却之后，就会使钢获得各种不同的性能。

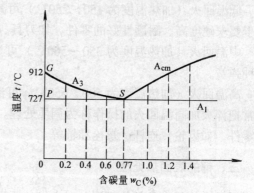

图 11-5　钢的状态曲线

二、钢的热处理工艺

根据加热、冷却和处理方式的不同，钢的热处理有退火、正火、淬火和回火四种主要工艺。

1. 退火

将钢件加热到 A_3（对于 $w_C < 0.77\%$ 的钢）或 A_1（对于 $w_C > 0.77\%$ 的钢）以上某一温度范围，保温一段时间后，在炉中或埋入导热性较差的介质中，使其缓慢冷却的热处理方法叫做退火。

退火的目的是：降低硬度以利于切削加工；细化晶粒，改善组织，提高力学性能；消除零件中的内应力（加热到 A_1 线以下）。

2. 正火

正火的作用与退火相似。正火是将钢加热到 A_3 或 A_{cm} 以上某一温度范围，保温一段时间后，从炉中取出放在空气中冷却的热处理方法。由于正火的冷却速度比退火快，所以得到的新组织比退火后更细，强度和硬度都有所提高。另外，正火是炉外冷却，不占用设备，生产效率高，所以正火工艺应用广泛。

3. 淬火

将钢加热到 A_3 或 A_1 以上某一温度范围，保温一段时间，在水中或油中急剧冷却的热处理方法叫做淬火。淬火可使钢获得一种很硬的组织。淬火的目的，对于工具或耐磨零件来说，是提高硬度和耐磨性；对于一般结构零件来说，能使强度和韧性得到良好的配合，以适应不同工作条件的需要。对于含碳量很低的钢进行一般的淬火处理是没有意义的。

4. 回火

把淬火后的工件重新加热到 A_1 以下，保温一段时间，再以适当的冷却速度冷却到室温的热处理方法叫做回火。回火的目的是为了消除因淬火冷却速度过快而产生的内应力，防止工件变形和开裂，并减小脆性；此外，回火可使淬火组织趋于稳定，使工件获得适当的硬度、稳定的尺寸和较好的力学性能等。故回火总是伴随在淬火后进行的。

根据加热温度的不同，回火可分为低温回火、中温回火和高温回火。淬火工件的硬度随回火温度的升高而降低。

低温回火（加热温度为 150～250℃）可减小工件的内应力，降低脆性，保持高的硬度。用于要求硬度高、耐磨性好的零件，如刀具、模具等。

中温回火（加热温度为 350～500℃）可显著减小工件的淬火应力，提高弹性，常用于各种弹簧。

高温回火（加热温度为 500～650℃）可消除淬火应力，使零件获得较高的强度和韧性。通常把淬火加高温回火的操作称为调质处理。调质处理广泛用于要求具有较好综合性能的重要零件，如齿轮、连杆、螺栓和轴等。

三、钢的表面热处理

零件在机器中的部位不同，对它们的要求也各不相同。在动载荷和摩擦条件下工作的齿轮、曲柄等，要求表面具有高的硬度和耐磨性，同时要求其心部有足够的强度和韧性。如果仅从材料方面考虑是无法满足上述要求的。采用高碳钢，硬度虽高，但心部韧性不足；若采用低碳钢，心部韧性虽好，但表面硬度低，易磨损。为了兼顾零件表面和心部的要求，工业上广泛采用表面热处理的方法。

所谓表面热处理，就是通过改变零件表面层的组织或同时改变表面层化学成分的一种热处理方法。

目前常用的表面热处理方法有两种，即表面淬火和表面化学热处理。

1. 表面淬火

表面淬火是将工件的表面层淬硬到一定深度，而心部仍保持未淬火状态的一种局部淬火方法。它主要是改变零件的表面层组织。常用的表面淬火方法有：

（1）火焰表面淬火　火焰表面淬火是利用氧-乙炔或氧-煤气混合气体燃烧的火焰对零件进行快速加热，使工件表面很快达到淬火温度后，立即喷水或乳化液进行冷却的方法，如图11-6 所示。

火焰淬火的设备简单，淬硬速度快；但容易过热，淬火效果不够稳定，因而使用上有一定的局限性。

（2）感应加热表面淬火　其加热原理是在一个导体线圈（感应器）中通过一定频率的交流电，线圈内即产生一个频率相同的交变磁场。若把工件放入线圈内，工件上就会产生与线圈电流频率相同、方向相反的感应电流，此电流在工件内自成回路，称为涡流。涡流能使电能变成热能，使工件加热。涡流主要集中在零件表面，频率越高，涡流集中的表面层越薄，这种现象称为集肤效应。利用这一原理，把工件放入感应器中，引入感应电流，使工件表面层快速加热到淬火温度后，立即喷水冷却使表层淬硬，这种热处理方法称为感应加热表面淬火，如图 11-7 所示。

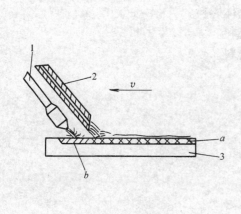

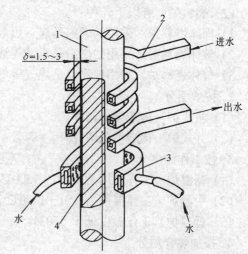

图 11-6　火焰表面淬火

a—淬硬层　*b*—加热层

1—烧嘴　2—喷水管　3—工件

图 11-7　感应加热表面淬火

1—工件　2—感应圈　3—喷水套　4—加热淬火层

根据电流频率的不同，可分为高频（100～1000kHz）表面淬火、中频（1～10kHz）表面淬火和工频（普通工业电 50Hz）表面淬火。高频淬火可得到 0.5～2mm 深的淬硬层，中频淬火可得到 3～5mm 深的淬硬层，工频淬火可达到大于 10～15mm 深的淬硬层。

感应加热速度快，生产效率高，产品质量好，易于实现机械化和自动化，所以在工业上获得日益广泛的应用，对大批量流水线生产更为有利。但因设备较贵，维修、调整困难，形状复杂零件感应器不易制造，故不宜用于单件生产。

2. 钢的化学热处理

化学热处理是指将钢件放在某种化学介质中，通过加热、保温，使介质中的某些元素渗入工件表面，以改变表面层的化学成分和组织，从而改变工件表面层性能的热处理方法。常见的化学热处理有渗碳、渗氮、渗铝和渗铬等，其中以渗碳和渗氮应用最多。

渗碳是使碳钢零件表面增碳的过程。在渗碳后，零件紧接着淬火处理，可使表面硬度、耐磨性提高，而心部仍保持良好的塑性和韧性。

渗氮是使氮渗入钢件表面的过程，又称氮化。氮化层具有高硬度、高耐磨性和良好的抗蚀性，经过渗氮处理的零件可用到 600℃ 高温而表面硬度不会显著降低。氮化用钢应是含有铬、钼、铝等元素的合金钢，因为这些合金元素的氮化物分布在氮化层中，能使零件表面获得极高的硬度（可达 70HRC 以上）。渗氮处理时的温度不高（500～600℃），渗氮后又不需淬火，因而零件变形小，能保持较高的精度。

四、热处理加热炉简介

加热炉是热处理的重要设备。由于热处理生产特点的不同，以及所处理的工件特点和技术要求的不同，热处理加热炉也是多种多样的，大致分类如下：

1. 按热源分

(1) 电阻炉　采用电能作为热源。

(2) 燃料炉　有以下几种：

1）固体燃料炉。采用的燃料是煤、焦炭等固体燃料。

2）液体燃料炉。采用的燃料是重油等液体燃料。

3）气体燃料炉。采用的燃料是煤气等气体燃料。

2. 按炉型分

(1) 箱式炉　构造类似箱体。

(2) 井式炉　构造类似圆井。

3. 按工作温度分

(1) 高温炉　工作温度为 1000～1300℃。

(2) 中温炉　工作温度为 650～1000℃。

(3) 低温炉　工作温度低于 650℃。

4. 按加热介质分

(1) 空气炉　加热介质为空气。

(2) 控制气氛炉　加热介质为特制的具有一定成分的气体。

(3) 浴炉　常用的有下列三种：

1）盐浴炉。加热介质为溶盐。

2）碱浴炉。加热介质为熔碱。

3）油浴炉。加热介质为油液。

从加热炉的热源看，采用电阻炉比采用其他燃料炉要优越得多。电阻炉的炉温均匀，控制准确，热处理质量高，同时易于实现机械化、自动化。因此，电阻炉使用十分广泛。

第四节　非金属工程材料

随着科学技术的发展，人们逐渐认识到很多非金属材料可以代替金属材料，而且价廉物美。由于非金属材料的原料来源广泛，资源丰富，成型工艺简单，又具有许多特殊的性能（如重量轻、耐腐蚀和绝缘性等），因而其应用日益扩大，已经成为机械制造不可缺少的材料之一。

非金属材料种类繁多，现仅对机械工程中常用的几种非金属材料，如工程塑料、橡胶、陶瓷及复合材料等，分别作简要介绍。

一、工程塑料

工程塑料是以合成树脂为主要成分的高分子有机化合物。它具有质量轻、摩擦系数小、耐磨、吸振、耐腐蚀、绝缘、可以着色、易于加工成型等优点，因此得到广泛的应用。

工程塑料可分为热固性塑料和热塑性塑料两大类。热固性塑料可在常温或受热后起化学反应，固化成型，再加热时不可能恢复成型前的化学结构，也就是说不可回收再生。热塑性塑料受热后软化、熔融、冷却后固化，可以多次反复而化学结构基本不变。

1. 热固性塑料

最常用的热固性塑料是酚醛塑料和氨基塑料。它们的脆性都较大，常需加入石棉纤维、木屑、纸屑等填充料，以提高其强度和弹性，减少脆性。加入填充料的热固性塑料制品是在模压机上加工成型的，所以也称模压塑料。酚醛塑料一般为黄褐色，俗称电木，常用作电器产品的壳体及开关等。氨基塑料一般无色透明，并可以着色，俗称电玉，多用作器具及电工器材等。

将酚醛树脂液浸泡的纸或布料用金属模压制成板料或各种形状的制品，称为层压塑料，俗称胶木。它比模压塑料更加坚固，并可以切削加工，许多齿轮、轴套、垫板及电器都用它制作。

2. 热塑性塑料

热塑性塑料的种类很多，常用的有聚氯乙烯、聚乙烯、聚四氟乙烯和聚酰胺等。

聚氯乙烯是应用最广的塑料，分软、硬两种。硬聚氯乙烯可代替金属材料作各种机械零件之用，它耐酸、耐碱、但耐热性差；软聚氯乙烯为硬聚氯乙烯加软化剂而成，多用于制作软管。

聚乙烯是由乙烯聚合而成的轻塑料。它无毒、耐酸、耐碱及油脂，且不渗水，有很好的绝缘性，但溶于汽油。常用于制作容器、包装和绝缘材料。

聚四氟乙烯能耐包括"王水"的所有化学药品腐蚀，可在 $-180 \sim 250℃$ 之间长期使用，耐老化，绝缘，不吸水，摩擦系数很低，素有"塑料王"之称。但强度低，高温蠕变较大。主要用作耐蚀件、耐磨件、绝缘件和密封件等。

聚酰胺即尼龙，具有坚韧、耐磨、耐疲劳、耐油、有弹性、无毒等优良性能，缺点是吸水性大，尺寸稳定性差。主要用作一般机械零件、减摩耐磨件及传动件等。

二、橡胶

橡胶也是一种高分子材料，有很高的弹性、优良的伸缩性能和可贵的积储能量能力，成为常用的密封、抗振、减振和传动材料。橡胶还有良好的耐磨性、隔音性和阻尼特性。未硫化橡胶还能与某些树脂掺合改性，与其他材料如金属、纤维、石棉和塑料等结合而成为兼有二者特点的复合材料和制品。

橡胶有天然橡胶和人工合成橡胶之分，按应用范围不同又可分为通用橡胶和特种橡胶。综合性能较好的天然橡胶，主要用于制造轮胎；气密性好的丁基橡胶，主要用于制造车轮内胎；耐油性好的丁腈橡胶，主要用于制造输油管及耐油密封圈等。

三、陶瓷材料

陶瓷材料是无机非金属材料中的一种。广义的陶瓷材料应包括陶器、瓷器、玻璃、搪瓷、耐火材料等；而传统上说的陶瓷则是陶器和瓷器材料的总称。

陶瓷材料性能的一般特点是：硬度高，抗压强度大，耐磨性优良，塑性、韧性低，脆性大。陶瓷有许多优良的物理、化学性能，如抗氧化、耐腐蚀、耐高温等。此外，某些陶瓷材料还具有能量转换的功能，可用于压电、电光、激光等方面。

陶瓷一般可分为传统陶瓷和特种陶瓷两大类。

传统陶瓷也称普通陶瓷，系采用天然原料如粘土、高岭土、长石和石英等烧结而成。这类陶瓷按照它的性能特点和用途的不同，有日用陶瓷、建筑陶瓷、电器绝缘陶瓷、化工用耐酸耐碱陶瓷、保温隔热用多孔陶瓷和过滤用微孔陶瓷等。

特种陶瓷指的是各种新型陶瓷，它是以人工化合物为原料制成的，具有某种独特的力学性能、物理性能和化学性能，主要供给某些特殊工程的需要，如氧化物、氮化物、硅化物、硼化物和氟化物陶瓷等。按照用途的不同，特种陶瓷有刀具陶瓷、电容器陶瓷、压电陶瓷、磁性陶瓷、电光陶瓷、高温陶瓷等，主要用于机械、电子、化工、冶金、能源和某些新技术中。

四、复合材料

复合材料是由两种或两种以上的材料组成的。不同的非金属材料可以互相复合，非金属材料也可以和多种金属材料复合。不同的材料复合之后，通常是以其中一类组成物为基体起粘接作用，另一类为增强相。两类材料保留各自的优点，得到较优良的综合性能，成为一类新兴的工程材料。

复合材料按基体不同可分为金属基和非金属基两类。目前大量研究和使用的是以高聚合物材料为基体的复合材料，其中发展最快、应用最多的是各种纤维复合材料，如玻璃纤维、碳纤维、硼纤维等增强的复合材料。

与金属材料相比较，复合材料的主要优点是：密度小，强度高，抗疲劳性、耐蚀性和绝缘性好，减振耐磨，易于加工。因此，复合材料当今被广泛地应用于国民经济各个部门。例如，玻璃纤维复合材料亦称玻璃钢，它在机械工业生产中的应用，不仅可以简化加工工艺，节省工艺装备，节约劳力，延长零件和设备的使用寿命，降低成本，而且还可以节约大量金属材料。

复 习 题

11-1　什么是金属材料的强度、塑性和硬度？它们各有哪些主要指标？

11-2　什么叫韧性？怎样衡量金属材料韧性的好坏？

11-3　金属材料在什么情况下会产生疲劳破坏？

11-4　一根标准拉力试棒的直径为 10mm，试验测出材料在承受外力为 26kN 时屈服，45kN 时断裂。试计算试棒材料的屈服点和抗拉强度。

11-5　通常所说的低碳钢、中碳钢和高碳钢，它们的含碳量范围各是多少？

11-6　说明下列金属材料代号或牌号的含义，并指出其主要用途：Q215—B, 45, T12A, 40Cr, GCr15, 2Cr13, W18Cr4V, ZG270—500, HT150, QT400—15, L2, T1。

11-7　有下列零件，试选用它们的材料：垫圈，螺栓，锉刀，钻头，冲模，凸轮，带轮，齿轮，蜗轮，滚动轴承，轴瓦，弹簧，传动螺杆，机床主轴，机床床身，电器插销。

11-8　什么叫钢的热处理？常用的热处理方法有哪些？

11-9　回火可分几类？它们各自的作用是什么？

11-10　解释名词：退火，正火，淬火，调质处理。

11-11　什么是表面淬火？常用的表面淬火方法有哪几种？

11-12　何谓化学热处理？渗碳的目的是什么？渗氮处理的主要优点是什么？

11-13　指出工程塑料、橡胶、陶瓷的主要性能特点，并各举一例说明它们的用途。

第十二章

金属热加工

 本章学习目的

通过对金属热加工的学习，了解铸造、锻压与焊接加工的主要工艺过程、特点及应用，了解几种常用热加工设备的基本工作原理。

 本章要点

1. 砂型铸造、特种铸造方法的基本知识
2. 金属锻压加工的基本方式与要求，板料冲压的基本工序
3. 常用焊接方法的基本原理及应用

铸造、锻压与焊接是金属材料热加工的三种不同的方法。它们除提供少量的零件成品外，主要是生产毛坯，供切削加工使用。铸造、锻压与焊接是机械制造生产中不可缺少的基本加工方法。

第一节 铸 造

将熔融的金属液体浇注到具有与零件的形状和尺寸相适应的铸型腔中，待其冷却凝固，以获得毛坯或零件的方法称为铸造。铸造所获得的工件或毛坯称为铸件。

用于铸造的金属统称铸造合金。常用的铸造合金有铸铁、铸钢及铜、铝等合金。其中，铸铁（特别是灰铸铁）用得最普遍。

铸造生产在工业中占有重要的地位。铸件大约占整个机械设备重量的 40%～80%；在其他国民经济部门中，铸造也被广泛地应用着。

铸造生产有以下特点：

1）可以制成形状十分复杂的铸件。

2）铸件的形状和尺寸皆接近于零件，可节省金属，减少切削加工的工作量。

3）适应范围较广。工业上常用的金属材料都可用来铸造，铸件的质量可以从几克到 200t 以上。

4）原材料来源广泛，价格低廉，工艺设备简单，生产成本低。

但铸造生产也存在一些不足之处。铸造生产工序较多，有些工艺过程难以控制，质量不够稳定，废品率较高；铸件内部易出现缩孔、缩松、气孔、砂眼等缺陷，故性能不如锻件。

所以，对于承受动载荷的重要零件通常不宜采用铸件。但随着铸造工艺技术的发展和新型铸造合金的应用，原来用钢材锻造的零件，现在也广泛采用铸钢或球墨铸铁来代用。

铸造生产通常分为砂型铸造和特种铸造两类。

一、砂型铸造

用型砂和型心砂制造铸型的铸造方法称为砂型铸造。砂型铸造是当前应用最广的铸造方法。

图 12-1 是砂型铸造生产过程示意图。其中模样和芯盒是根据零件的尺寸与形状特征，并按照铸造生产的特殊要求，用木头等易加工材料制成的，分别来制造砂型和型芯。在金属液浇入铸型后，砂型的作用是形成铸件的外部轮廓；型芯的作用是形成铸件的内部轮廓。每个砂型只能一次性地制造一个铸件，在取出铸件时，砂型和型芯即被破坏。但型砂还可重复使用。

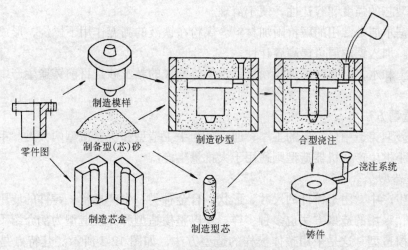

图 12-1　砂型铸造生产过程

下面简要介绍砂型铸造的造型材料、造型方法、铸造合金的熔炼及浇铸。

（一）造型材料

用于制造砂型和型芯的材料统称造型材料。造型材料包括型砂、芯砂和涂料等。它们的性能好坏直接影响铸件的质量，因此，应合理选用和配制造型材料。

1. 型砂应具备的性能

（1）良好的可塑性　型砂在外力作用下，能获得清晰的模样轮廓，外力去除后仍能保持其形状的性能称为可塑性。砂子几乎是不可塑的，而含一定水分的粘土，则有很好的可塑性。所以型砂中含粘土量越多，且粘土的分布越均匀，型砂的可塑性就越好。

（2）一定的强度　型砂承受外力而不被破坏的能力称为型砂的强度。型砂的强度随粘土含量和型砂捣实程度的增加而增加，细小砂粒和大小不均的砂粒也能提高型砂的强度。

（3）一定的透气性　型砂允许气体透过的能力称为透气性。当液体金属流入型腔后，砂型和砂芯中产生大量的气体，液体金属内部也会分离出气体，如果型砂的透气性不好，这些气体不能及时排出，就会使铸件产生气孔缺陷。砂粒大而均匀，粘土含量少，水分适中，混合均匀，捣实不紧，型砂的透气性就好。

（4）良好的耐火度　在高温液体金属的作用下，型砂不软化、不熔融、不粘结金属的性能称为耐火度。耐火度主要与型砂的化学成分、砂粒的形状和大小有关。纯硅砂的耐火度最高，可达 1710℃。圆型、粗大砂粒的耐火度较多棱、细小砂粒的耐火度高。

（5）一定的容让性　铸件冷却收缩时，砂型和砂芯的体积可被压缩的性能称为容让性。型砂的容让性差时，铸件收缩困难，因而产生内应力，严重时会出现变形和裂纹等缺陷。粘土量越多，型砂的容让性将越差。

2．型砂的组成

型砂由原砂、粘结剂、附加材料和水组成。

原砂的主要成分是硅砂即 SiO_2。砂中的 SiO_2 含量越高，颗粒越粗，杂质含量越低，耐火度就越高。砂粒最好呈圆形，并且越均匀越好。

粘结剂的作用是粘结砂粒，使型砂具备一定的强度和可塑性。常用的粘结剂有粘土、膨润土和水玻璃等。芯砂除用上述粘结剂外，还用油类、纸浆残液和糊精等粘结剂，这些粘结剂可以提高型芯的强度和容让性，便于清理。

煤粉和锯木屑是常用的廉价附加材料。煤粉在铁液的高温作用下燃烧，形成气膜，可防止铸件粘砂。加入锯木屑可提高容让性。

砂、粘土和水，必要时添加煤粉、锯木屑等配成的粘土砂是目前铸造生产中应用最广的型砂。

（二）造型方法

造型是砂型铸造中最主要的工序，通常分为手工造型和机器造型两大类。手工造型主要用于单件或小批生产，机器造型则适用于大批量生产。

1．手工造型

在实际生产中，由于铸件的尺寸、形状、合金种类、生产批量、铸件的使用要求和生产条件的不同，采用的造型方法也多种多样。现以整模造型和分模造型为例介绍手工造型。

（1）整模造型　这是采用整体模样的造型方法，如图 12-2 所示。其特点是模样为一整体，放在一个砂箱内，从而避免了上下型错位而造成铸件错型的缺陷。整体模样容易制造，铸件的尺寸精度高。整模造型适用于形状比较简单、最大截面能靠一端并为平面的铸件。

（2）分模造型　当铸件没有平整的平面、且最大截面又在模样中部时，可将模样在最大

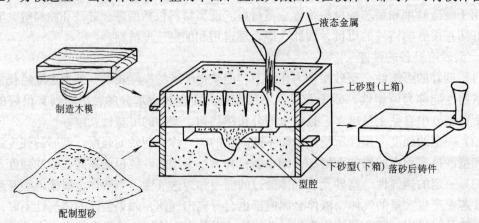

图 12-2　整模造型

截面处分开，采用两箱分模造型，如图 12-3 所示。这种方法造型容易，应用最广。

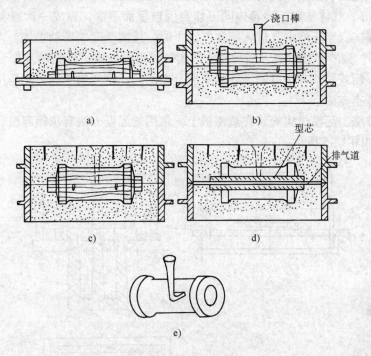

图 12-3　两箱分模造型

a) 用下半模造下型　b) 用上半模造上型　c) 开浇道及扎气孔　d) 起模、下型芯、合型　e) 落砂后的铸件

若铸件形状复杂，需用两个分型面才能把模样从砂型中取出时，可采用三箱造型。若铸件上的凸台阻碍起模，可将凸台作成活块，采用活块造型。

手工造型方法除上述几种以外，还有不用砂箱的地坑造型、不用模样的组芯造型、刮板造型和挖砂造型等。

2．机器造型

机器造型在于使紧砂和起模两个主要工序实现机械化，它是现代化铸造生产的基本方法。机器造型可大大提高生产率，改善劳动条件，并可提高铸件的尺寸精度和表面质量。

（1）紧砂方法　机器造型大都以压缩空气为动力来紧实型砂。紧砂方法有压实、震实、震压和抛砂四种基本形式，其中以震压式应用最广。

图 12-4 为震压紧砂机构示意图。压缩空气自震实进气口 9 和震实气路 2 进入震实

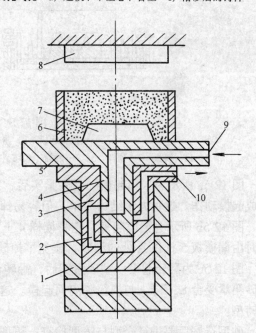

图 12-4　震压紧砂机构

1—压实气缸　2—震实气路　3—压实活塞
4—震实活塞　5—工作台　6—砂箱　7—模样
8—压头　9—震实进气口　10—震实排气口

活塞 4 的下方，使震实活塞 4 带动工作台 5 及砂箱 6 上升，震实活塞上升至一定高度后，震实排气口 10 打开，气体排出，砂箱连同工作台因自重而下落，完成一次震实。如此反复多次，便将型砂震实。当压缩空气进入压实气缸 1 时，压实活塞 3 带动工作台再一次上升，压头 8 压入砂箱 6，型砂即被压实。最后排除压实气缸内的气体，砂箱随工作台降落，完成全部紧实过程。震压式紧砂方法可使型砂紧实度分布均匀，生产效率高，它是用于大批量生产中小型铸件的基本方法。

（2）起模方法　起模机构安装在造型机上。常用的起模方法有顶箱起模、漏模起模和翻转起模三种，如图 12-5 所示。

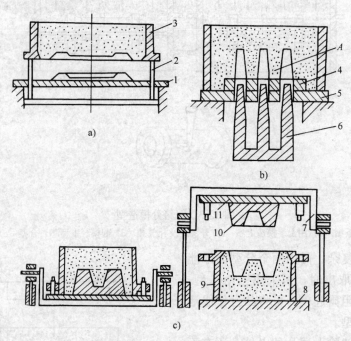

图 12-5　起模方法
a）顶箱起模　b）漏模起模　c）翻转起模
1、11—模板　2—顶杆　3、9—砂箱　4、6、10—模样　5—漏模板　7—翻转台　8—承受台

图 12-5a 所示为顶箱起模。型砂紧实后，顶杆 2 穿过模板 1 的通孔上升、顶起砂箱 3 而完成起模动作。这种方法结构简单，但容易掉砂。它适用于形状简单且高度小的铸型。

图 12-5b 所示为漏模起模。它将模样 4 上难以起模的部分制成可以漏下的模样 6，在起模时由漏模板 5 托住 A 处的型砂，避免了掉砂。它适用于形状较复杂的铸型。

图 12-5c 为翻转起模。型砂紧实后，翻转台 7、模板 11、模样 10 和砂箱 9 翻转 180°。然后砂箱承受台 8 下降，与模板脱离而起模。这种方法不易掉砂，适用于模样较高而形状复杂的铸型。

砂型造好后要进行合型与铸型检查。铸型的装配工序简称合型。合型时要保证砂型型腔的几何形状和尺寸的准确性，并检查型芯安放是否稳固。各部分经仔细检查，才能扣上上箱。扣箱时应防止偏差或错型。然后放置浇口杯。合型后应将上下两箱扣紧或放置压箱铁，以防止浇注时上箱被金属液体抬起造成抬箱或跑火等事故。

（三）铸造合金的熔炼及浇注

铸造合金的熔炼及浇注，对铸件质量至关重要。铸造合金的熔炼工作，应能保证获得的金属液达到规定的化学成分和合适的温度，尽量减少金属液中的气体和杂质。浇注工作要选择合理的工艺和浇注温度。

铸铁是应用最为普遍的铸造合金，它的熔炼工作包含炉料的处理（破碎炉料、筛选焦炭）、配料、加热和熔炼等内容。

熔炼铸铁的炉料包括以生铁锭、回炉铁、废钢为主的金属料；以焦炭为主的燃料；用石灰石或氟石来稀释熔渣，使之与铁液分离的熔剂。

配料的任务是对组成炉料的各种成分，按照工艺需要进行合理的配制。为调整铸铁的化学成分，在炉料或金属液中常加入硅铁、锰铁、铬铁等。

炉料的熔炼设备种类很多，目前用于熔炼铸铁的仍以焦炭为燃料的冲天炉为主；熔炼铸钢多用电弧炉和感应炉；熔炼非铁合金多用反射炉和坩埚炉。

二、特种铸造

砂型铸造具有较大的灵活性，受零件尺寸、形状、批量及合金种类的限制较少，所用的设备简单，成本低廉。但它也存在着许多缺点，例如：砂型铸造工艺过程较复杂，且每个铸型只能用一次，生产率低，易产生铸造缺陷，零件的加工性能差，铸件表面较粗糙，尺寸精度不高，铸件需留有较大的切削余量，劳动条件差、劳动强度大。为提高铸件质量，适应生产的需求，人们创造了许多其他铸造方法，如金属型铸造、压力铸造、熔模铸造、离心铸造、低压铸造等，我们把它们统称为特种铸造。特种铸造已在生产中得到广泛的应用。

目前生产中常用的有以下几种特种铸造方法：

（一）金属型铸造

将液体金属浇入金属铸型以获得铸件的工艺过程称为金属型铸造。由于一副金属铸型可重复使用数万次至数十万次（视铸件的大小及铸造合金的种类而定），故又有永久型铸造之称。

1. 金属型的构造

金属型根据分型面位置的不同可分为垂直分型式、水平分型式和复合分型式等。其中垂直分型式的金属型（见图 12-6）具有开设浇口和取出铸件方便、易于实现机械化等优点，所以应用较多。

金属型多用铸铁或铸钢制成。为便于排出型腔内的气体，金属型的分

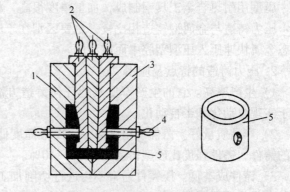

图 12-6　垂直分型式金属型
1—左半型　2—垂直型芯　3—右半型
4—水平型芯　5—铝活塞铸件

型面上开出一些通气槽，大多数金属型开有出气口，并设有顶出铸件的机构。

铸件内腔可以用金属型芯或砂芯制出。

2. 金属型铸造的特点及应用

金属型铸造具有很多优点，由于它可承受多次浇注，可实现"一型多铸"，这样就会节

约大量的工时和型砂，且改善了劳动条件，提高了生产率，同时铸件的几何精度和表面精度都比砂型铸造高，故可少加工或不加工。此外，铸件由于冷却速度较快，铸件结晶颗粒细，因此其力学性能得到提高。金属型铸造的主要缺点是金属型制造成本高，周期长，而且工艺规程要求严格，铸铁件还易产生难以加工的白口组织。

金属型铸造主要适用于非铁合金铸件的大批量生产，如飞机、汽车、内燃机、摩托车的铝活塞、气缸体、缸盖以及铜合金轴瓦、轴套等。有时也用于生产铸铁件。

（二）压力铸造

压力铸造是将熔融的金属在高压下快速地压入金属型中，并在压力下凝固以获得铸件的方法。

1. 压力铸造的工艺过程

压铸时所用的铸型叫压型。压型与垂直分型的金属型相似，由定型、动型、抽芯机构和顶出铸件机构所组成。如图 12-7 所示为在卧式压铸机上进行压力铸造的工作过程。

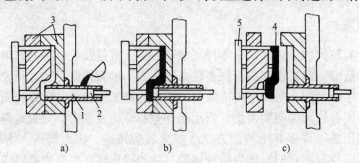

图 12-7　卧式压铸机工作过程
a）浇注　b）压射　c）开型
1—压缸　2—活塞　3—压型　4—铸件　5—推杆

压型用耐热合金工具钢制成，加工精度很高，粗糙度低，并经过严格的热处理。

压力铸造与金属型铸造相比较，主要区别在于压力铸造过程是利用压铸机产生的高压将液态金属快速压入压型型腔中而成型的。

2. 压力铸造的特点及应用

1）生产率高。它的生产率比其他任何铸造方法都高得多，每小时可压铸 50～500 次，便于实现自动化和半自动化。

2）产品质量好。铸件的精度高，表面粗糙度低，并可直接铸出极薄件或带有小孔、螺纹的铸件，铸件强度比砂型铸造高 20%～40%。

3）铸件成本低。压铸件通常不再进行切削加工，可直接装配使用，故省工、省料又省设备，成本明显降低。

4）设备投资大，压型制造周期长，不适宜用于小批量生产。

5）金属液在高压高速下充型，使压铸件内部形成细小气孔，在热处理加热时，由于气体的膨胀会造成铸件表面不平或变形，所以压铸件不能进行热处理。

由上述特点可知，压力铸造是少、无切屑加工的重要工艺，压力铸造主要适合于大批量生产非铁金属薄壁小铸件。

（三）熔模铸造

熔模铸造是最常用的精密铸造方法。它先用蜡制成模型和浇注系统，然后用造型材料将其包住，经硬化后，加热将蜡模熔化，排出型外，从而获得无分型面的铸型（硬壳型），再在铸型中浇注液态合金形成铸件，因此又常将这种工艺称为失蜡铸造。

1. 熔模铸造的工艺过程

熔模铸造的工艺过程如图 12-8 所示。图中，压型是制造蜡模的特殊铸型，常用易熔合金或铝合金制成。把配制熔化的蜡注入压型内，便成为蜡模。将蜡模连接在浇注系统上，成为蜡模组，然后结壳，其方法是：用水玻璃作粘结剂与石英粉配成涂料，将蜡模组浸以涂料，取出后撒上硅石粉，然后放入氯化铵溶液中作硬化处理，如此重复结成 5～10mm 的硬壳为止，即成铸型。加热铸型使蜡熔化流出，形成铸型空腔。再经焙烧后，将铸型放置于容器内，周围填砂，即可进行浇注。

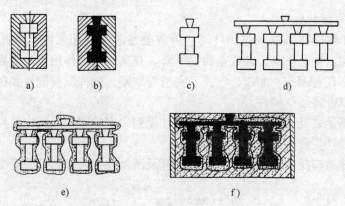

图 12-8　熔模铸造的工艺过程

a）压型　b）注蜡　c）单个蜡模　d）组合蜡模　e）结壳、熔蜡　f）填砂浇注

2. 熔模铸造的特点及应用

1）铸件的精度较高，粗糙度值较小，且可铸出形状复杂的薄壁铸件。

2）生产批量不受限制，从单件、成批到大量生产均可。

3）能铸造各种合金铸件，特别适用于高熔点合金及难切削加工合金的铸造。

4）熔模铸造的铸件尺寸受到一定限制，不能太大、太长，重量一般不超过 25kg，而且工序繁杂，生产周期较长。

由于熔模铸造是少切屑或无切屑加工工艺的主要方法，所以它广泛用于制造汽轮机叶片及汽车、机床中的小型零件。

（四）离心铸造

离心铸造是将液体金属浇入高速旋转的铸型中，使金属液在离心力作用下填充铸型并结晶凝固而制成铸件的方法。

1. 离心铸造的基本方式

离心铸造一般都是在离心机上进行的，离心铸造按铸型旋转轴的位置分为立式离心铸造和卧式离心铸造两类，如图 12-9 所示。立式离心铸造的铸件内表面呈抛物线形状，上部壁薄，下部壁厚，故立式离心铸件尺寸不宜过高，以免上下厚度差过大。它适用于高度小于内孔直径的铸件，如短套、齿圈、环、轴承等。卧式离心铸造的铸件内表面是一圆柱面，铸件壁厚均匀，适用于较长的圆筒形铸件，如铸管、气缸套等。

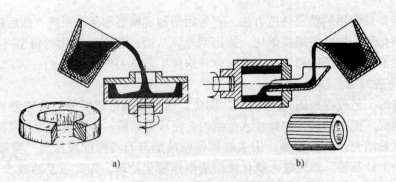

图 12-9　离心铸造示意图

a）立式离心铸造　b）卧式离心铸造

2. 离心铸造的特点及应用

离心铸造用于生产空心旋转体铸件时，可省去型芯及浇注系统。因此，与砂型铸造相比，可省工、省料，生产率高，其成本明显下降。在离心力的作用下，金属液凝固可获得坚实的铸件，很少存在有缩孔、缩松、气孔、夹渣等缺陷，铸件质量能得到提高。此外，离心铸造便于制造"双金属层"铸件。

离心铸造的不足之处是：铸件的形状、尺寸受到一定的限制，其内孔尺寸误差大，内表面质量差，铸件易产生密度偏析。

目前，离心铸造广泛用于制造缸套、铸铁管及滑动轴承合金衬套等管套件。

第二节　锻　　压

锻压是锻造与板料冲压的合称，属于金属压力加工生产的一部分，它包括自由锻造、模型锻造、板料冲压等加工方法（金属压力加工另外还有轧制、拉拔、挤压等）。

锻造是指金属材料在外力作用下产生塑性变形，并获得一定形状和尺寸的毛坯或零件的加工方法。由于锻造不仅利用金属材料变形得到一定形状的制件，同时还提高了金属的力学性能，因此，凡承受大载荷的重要机器零件，如机床的主轴、齿轮、汽车及内燃机中的曲轴、连杆以及各种刀具、模具等，往往都采用锻造方法制成。

冲压是一种高效率的生产方法，它是使板料分离或成形而得到制件的加工方法。因此，它主要用来制取薄板结构零件，被广泛地用于汽车、拖拉机、电器、航空及仪器仪表等行业。

金属压力加工的基本方式如图 12-10 所示。

金属压力加工能获得广泛的应用，是因为它有如下优点：

1）改善金属内部组织结构。金属材料经过压力加工之后，获得较细的晶粒，同时能使金属组织内部缺陷（裂纹、缩松、气孔等）焊合，从而提高了金属坯料的力学性能。

2）大部分压力加工方法（除自由锻造外）均有较高的生产效率。以螺母和螺栓的生产为例，一台自动冷锻机的产量可相当于 18 台自动车床的产量。

3）使用压力加工新工艺可减少金属的加工损耗，甚至可实现少、无切屑加工。例如齿轮的轧制、叶片的挤压等。

4）压力加工适应范围较广。从形状简单的螺栓到形状复杂的多拐曲轴，从重量不及 1g

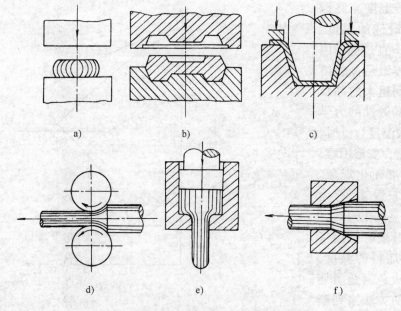

图 12-10　金属压力加工的基本方式
a) 自由锻造　b) 模型锻造　c) 板料冲压　d) 轧制　e) 挤压　f) 拉丝

的表针到重达数百吨的大轴，均可采用压力加工方法制造。

　　与铸造、焊接等加工方法相比，压力加工也有不足之处，如不能获得外形及内腔复杂的工件；只能加工某些具有一定塑性的金属材料，如钢、有色金属及其合金等，而对脆性材料如铸铁就无能为力；设备也比较昂贵等。

一、金属的加热

　　金属在加热时，随着温度的升高，塑性提高而变形抗力下降。所以在锻造、轧制等压力加工中，都要对金属坯料进行加热。

　　金属的加热是整个生产过程中的一个重要环节，对压力加工的产量、质量及金属的有效利用等方面都有直接的影响。所以必须确定合理的锻造温度范围、加热速度及冷却方法，并选用适当的加热设备。

　　1. 锻造温度范围

　　确定锻造温度范围，主要是定出始锻温度和终锻温度。

　　(1) 始锻温度　始锻温度是开始锻造的温度，也是允许的最高加热温度。始锻温度高些，可获得更好的可锻性和更多的锻造时间。但这一温度过高，会引起金属坯料的过热甚至过烧。

　　过热是指超过一定温度时，金属晶粒急剧长大的现象。过热不仅使金属的塑性降低，而且会影响锻件的力学性能。

　　过烧是指在更高的温度下，炉气中的氧渗入金属内部，在晶界上产生脆性氧化层的现象。过烧的坯件无法进行锻造，只能报废。

　　图 12-11 所示为在钢的状态图上划出的碳钢锻造温度范围。可见，常用碳素钢的始锻温度为 1050～1250℃，含碳量越高，始锻温度越低。

（2）终锻温度　终锻温度是停止锻造的温度。这一温度也不宜过高，因金属在高温停锻后晶粒继续长大，得到粗大的晶粒组织，会降低锻件的力学性能。但终锻温度过低时，金属的塑性差，变形困难，甚至产生加工硬化现象。碳素钢的终锻温度为800℃左右（见图12-11）。

加热和锻造时可用仪表检测金属坯料的温度，也常用观察火色（金属坯料的颜色）的方法来判断温度。钢的火色和温度的关系如表12-1所示。

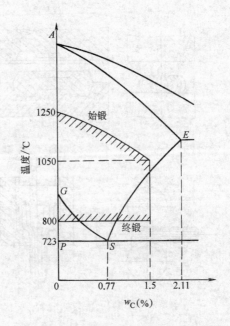

图 12-11　碳钢的锻造温度范围

表 12-1　钢的火色与温度的关系

温度/℃	1300	1200	1100	900	800	700
火色	白色	亮色	黄色	樱红	赤色	暗红

2．加热速度与冷却方法

提高加热速度不仅会提高生产率，降低燃料消耗，而且还能减少钢的氧化与脱碳，降低金属的损耗。

氧化与脱碳是锻造加热的主要缺陷。钢在高温下长时间加热，炉气中的氧与钢的表层化合成很硬的氧化铁皮，造成金属的大量损耗。每加热一次，氧化损耗约占加热钢料的1%～3%。氧化皮还会被压入锻件表层，影响表面质量，切削时还会加快刀具的磨损。同时，高温下钢料表层的一部分碳被氧化，从而造成表层含碳量下降，即所谓脱碳现象。通常脱碳层不应超过2～3mm。

过高的加热速度，会使坯件加热内外不均，严重时会使坯件产生裂纹甚至断裂。所以对金属加热必须控制好加热速度。

锻造后冷却过快会使锻件挠曲甚至产生裂纹，同时还会使锻件表层过硬，难以进行切削加工。冷却速度和冷却方法是根据材料的成分、锻件的尺寸和形状来确定的。常用的冷却方法有空冷、坑冷和炉冷等。

空冷，即将锻件放在地上冷却。适用于低、中碳钢小型锻件。

坑冷，即将锻件放在坑中，埋在砂、石灰或炉渣填料里缓慢冷却。适用于低合金钢及横截面较大的锻件。

炉冷，即将锻件放在炉内，随炉冷却。适用于高合金钢和大型锻件。

二、自由锻造

自由锻造是利用冲击力或压力使金属在上下两抵铁之间产生变形，以获得锻件的方法。自由锻造的坯料变形是在两抵铁间作自由流动的，故称自由锻。由于锻件是自由变形，所以锻件的形状和尺寸主要由工人的操作技术来保证。

自由锻造的设备和工具有很大的通用性，且工具简单；加工适应范围较广（锻件的质量可以从不足 1kg 到数百吨）。但自由锻造对锻工技术水平要求较高，劳动条件较差，金属损耗大，生产效率低；锻件的复杂程度和精度均不宜要求过高。自由锻造主要应用于品种繁多的单件小批生产或维修用的配件生产。

自由锻造在机器制造、冶金、造船、航空及机车车辆制造工业中具有特别重要的意义。如发电机的主轴、汽轮机的叶轮，以及各种大型曲轴、连杆等承受重大载荷的大型零件，都必须采用锻造的毛坯再经切削加工而成。自由锻造是制造大型锻件的惟一方法。

1. 自由锻造设备

自由锻造包括手工锻造和机器锻造。随着现代工业的发展，手工锻造已逐渐被淘汰。机器自由锻造又分为锻锤自由锻和水压机自由锻两种。锻锤锻造是靠冲击力使坯料变形，水压机锻造是用静压力使坯料变形。

自由锻造常用的设备是空气锤、蒸汽锤和水压机。

（1）空气锤　空气锤的构造如图 12-12 所示。它有压缩气缸 10 和工作气缸 9。电动机 12 通过减速器 11 和曲柄连杆机构 13 来驱动压缩气缸内的活塞 14，活塞上下运动以压缩气

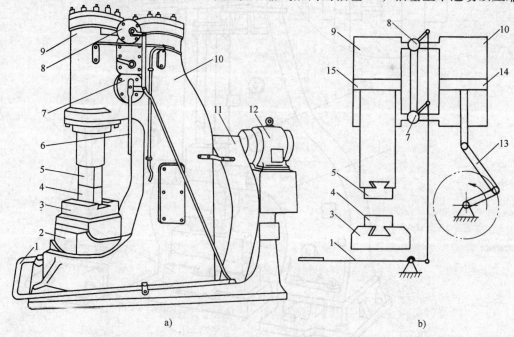

a)　　　　　　　　　b)

图 12-12　空气锤

a) 外观图　b) 传动示意图

1—踏杆　2—砧座　3—砧垫　4—下抵铁　5—上抵铁　6—手柄　7—下旋气阀　8—上旋气阀
9—工作气缸　10—压缩气缸　11—减速器　12—电动机　13—连杆机构　14、15—活塞

缸中的空气。在两气缸的连接处有上下两个旋转气阀 8 和 7，活塞上下运动时，压缩空气通过气阀交替地进入工作气缸 9 的上部或下部，使工作气缸内的活塞 15 连同锤杆和上抵铁 5 一起作上下运动，实现对金属坯料的连续打击。

为了适应锻造的需要，通过踏杆 1 或手柄 6 控制空气锤上两气阀的位置，可使锤头完成上悬、连续打击、单次打击和下压等动作。

空气锤的吨位（用落下部分的质量表示）一般为 40~750 kg。主要用于小型锻件的生产。

(2) 蒸汽锤　蒸汽锤又称蒸汽-空气锤。它是利用蒸汽或压缩空气带动锤头工作的。双柱拱式蒸汽锤如图 12-13 所示，它主要由工作气缸 3、落下部分 2（活塞、锤杆、锤头和上抵铁）、装有锤头导轨的左右机架 1、下抵铁和砧座 5 及操作手柄 4 等组成。

蒸汽锤的工作原理如图 12-13 左上图所示。当阀心 6 处在图示位置时，蒸汽沿进气管 7

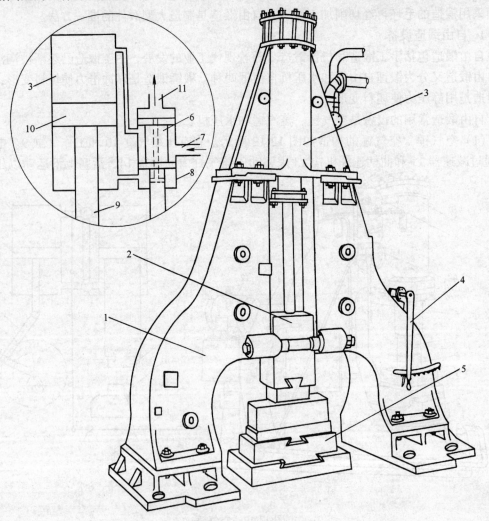

图 12-13　双柱拱式蒸汽锤

1—机架　2—落下部分　3—工作气缸　4—操作手柄　5—砧座　6—阀心
7—进汽管　8—阀体　9—锤杆　10—活塞　11—排气管

经阀心外围通道进入工作汽缸 3 的上部，迫使活塞 10 连同锤杆 9 和锤头下行进行锤击。汽缸下部的废汽则通过阀心的中心孔沿排汽管 11 排出。当阀心移至下端时，其外围通道将进气管与汽缸下部接通。蒸汽推动活塞上行，上部废汽直接经排汽管排出。

蒸汽锤使用压力为 0.4～0.9MPa 的蒸汽（或压缩空气）作为动力，蒸汽锤的吨位为1～5t，适用于中小型锻件的生产。

（3）水压机　水压机的结构如图 12-14 所示。工作时高压水沿上部管道进入工作缸 1 内，迫使工作柱塞 2 连同活动横梁 4 沿立柱 5 下行。上抵铁 8 固定在活动横梁上，下抵铁 7 固定在底座 6（下横梁）上。回程时，高压水沿右边管道进入回程缸 9 将回程柱塞 10 顶起，通过横梁 11、拉杆 12 带动活动横梁上升，完成一次工作循环。

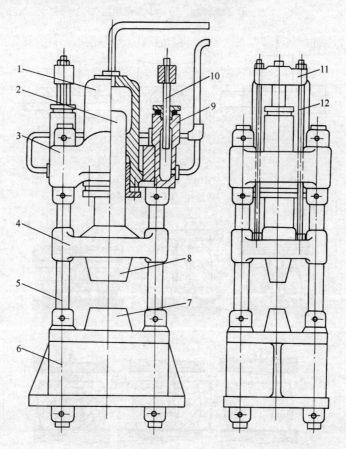

图 12-14　水压机

1—工作缸　2—工作柱塞　3—上横梁　4—活动横梁　5—立柱　6—底座　7—下抵铁

8—上抵铁　9—回程缸　10—回程柱塞　11—横梁　12—拉杆

水压机需要一套供水系统和操纵系统组成一个联合机组。高压水的压力可达 20～35MPa，其工作总压力通常为 6000～150000kN。

2.自由锻造的基本工序

自由锻造的基本工序是使金属坯料产生一定程度的塑性变形，以得到所需形状及尺寸的工艺过程，如镦粗、延伸、弯曲、冲孔、切割、扭转、错移和锻接等。生产中常用的是镦粗、延伸和冲孔，它们分别如图 12-15、图 12-16 和图 12-17 所示。

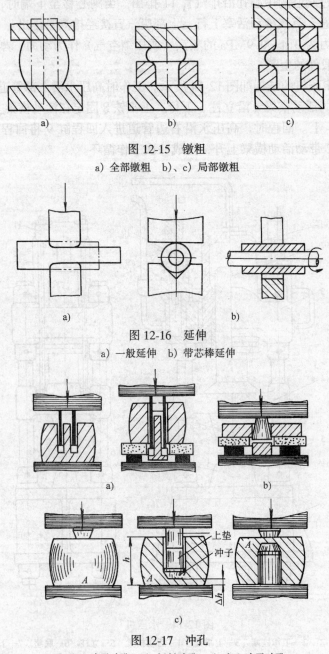

图 12-15　镦粗

a) 全部镦粗　b)、c) 局部镦粗

图 12-16　延伸

a) 一般延伸　b) 带芯棒延伸

图 12-17　冲孔

a) 空心冲子冲孔　b) 板料冲孔　c) 实心冲子冲孔

三、模型锻造

模型锻造是将金属坯料放在具有一定形状的锻模模膛内受冲击力或压力后变形而获得锻件的方法。

模型锻造与自由锻造相比有如下特点：生产效率高，锻件形状和尺寸比较准确，加工余量小，能锻出形状较为复杂的锻件。但锻模的制造成本高，需用专门的模锻设备。模型锻造适用于中小型锻件的成批和大量生产。

模型锻造按使用设备的不同分为模锻锤上模锻、压力机上模锻和胎模锻等。

1．模锻锤上模锻

模锻锤上模锻简称锤上模锻，如图 12-18 所示。锻模 5 由上模和下模两部分组成。上、下模分别固定在锤头 7 和模垫 3 上，上、下模均有一定形状的模膛。坯料置于下模膛，经上模锤击变形直至上、下模合拢时，即可获得与模膛形状一致的模锻件。模锻件从模膛取出后，一般带有飞边。还要用切边模切除飞边，才能获得锻件成品。

锤上模锻主要设备是蒸汽-空气模锻锤，其工作原理与自由锻蒸汽锤基本相同，但锤头与导轨之间的间隙小，机架直接与砧座相连，这样使锤头运动较精确，以保证工件的质量。

2．压力机上模锻

锤上模锻虽然具备前面所述模型锻造的优点，

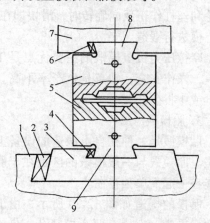

图 12-18　锤上模锻
1—模座　2、4、6—楔子　3—模垫
5—锻模　7—锤头　8、9—燕尾

但它也存在振动大、噪声大、能源消耗多、效率低等难以克服的缺点。因此，近年来吨位较大的模锻锤正在逐步被压力机所取代。

用于模锻生产的压力机主要有摩擦压力机、曲柄压力机、平锻机等。图 12-19 所示为摩

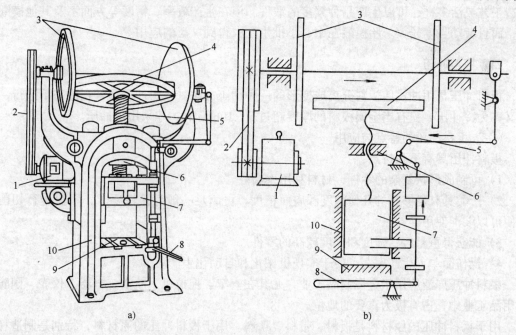

a)　　　　　　　　　　b)

图 12-19　摩擦压力机
a) 外观图　b) 传动示意图
1—电动机　2—传动带　3—摩擦盘　4—飞轮　5—丝杠　6—螺母　7—滑块　8—操纵杆　9—底座　10—机架

擦压力机的一般构造。一对摩擦盘 3 由电动机 1 经传动带 2 带动同向旋转。通过操纵杆 8 可使摩擦盘主轴左右移动，使左盘或右盘与飞轮 4 接触，依靠摩擦力带动飞轮 4 和丝杠 5 正向或反向转动，丝杠 5 穿过固定在机架 10 上的螺母 6，下端用轴承与滑块 7 相连。所以，当飞轮和丝杠作正反向旋转时，滑块即在机架导轨中上下运动，便可带动锻模（图中未表示）的上模进行锻造。

摩擦压力机上模锻的主要优点是工作时振动小，设备简单，操作安全；缺点是生产率不高。它适用于小锻件的小批或中批生产。

3. 胎模锻

胎模锻是一种在自由锻造的设备上用胎模生产锻件的方法。胎模锻与一般模锻的区别在于胎模不与锤头和下模座连在一起而单独存在。

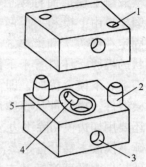

图 12-20　胎模
1—导销孔　2—导销　3—小孔
4—模膛　5—毛边槽

胎模的构造如图 12-20 所示，由上、下模组成。下模有两个导销，上模有两个导销孔，借以套在导销上，以保证上、下模对合。工作时，下模放在下抵铁上，把经过预锻的锻坯（一般用自由锻的方法制坯）置于模膛中，然后合上上模进行终锻成型。

与自由锻造相比较，胎模锻造能提高锻件的精度和形状复杂程度，减少加工余量，节约金属材料，并提高生产效率。

与其他模锻方法比较，由于胎模制造简便，又无需昂贵的模锻设备，因而成本低。胎模锻造工艺灵活多样，可以生产品种繁多的锻件。但在生产效率、精度等方面不及其他模锻方法，而且劳动强度较大。胎模锻在中、小批生产中得到广泛的应用。

四、板料冲压

板料冲压是用冲模使板料分离或变形的一种加工方法。板料冲压通常在冷态下进行，所以又称为冷冲压。只有当金属板料的厚度超过 8～10mm 时，才采用热冲压。

（一）板料冲压的特点与应用

板料冲压具有下列特点：

1）可制成形状复杂的零件，材料利用率高。

2）产品具有足够高的几何精度和表面精度，可满足一般互换性要求，不需进行切削加工便可以装配使用。

3）能获得重量轻、强度和刚度较高的零件。

4）操作简单，生产率高，便于实现机械化和自动化生产。

板料冲压广泛应用于金属制品工业，尤其在汽车、拖拉机、航空、电器、仪表、国防及日用品工业中，占有极为重要的地位。

用于板料冲压的原材料是板料、带料、条料。用于板料冲压的原材料，特别是制造杯状零件的材料，必须有足够的塑性。常用的材料是低碳钢、高塑性合金钢和塑性良好的有色金属（铜、铝及镁合金等）。

石棉板、硬橡胶、绝缘纸及皮革等非金属材料亦广泛采用冲压加工。

（二）冲压设备

冲压设备主要是剪床和冲床。

1．剪床

剪床的用途是将板料切成一定宽度的条料，以供下一步冲压工序之用。

剪床的外观和传动原理如图12-21所示。电动机1通过带传动使轴2转动，又通过齿轮传动及离合器3带动曲轴4转动，使装有上刀片（刃口斜角 $\alpha = 2° \sim 8°$）的滑块5上、下运动，进行剪切工作。6为工作台，其上装有下刀片。制动器7与离合器配合可使滑块停在最高位置。

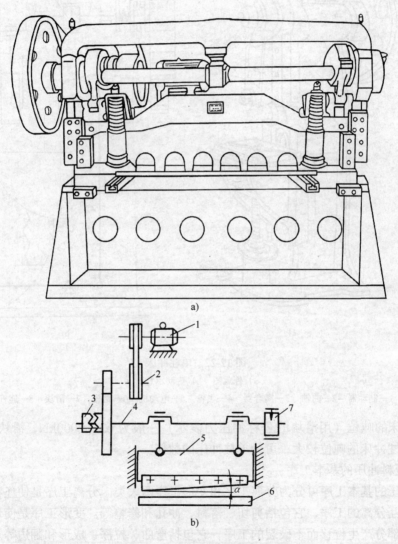

a)

b)

图 12-21 剪床

a）外观图 b）传动示意图

1—电动机 2—轴 3—离合器 4—曲轴 5—滑块 6—工作台 7—制动器

2．冲床

冲床又称曲柄压力机。除剪切工作外，板料冲压的基本工序都是在冲床上进行的。冲床按其结构分为单柱式和双柱式两种。

图 12-22 为单柱冲床的外观和传动示意图。电动机 5 带动飞轮 4 转动。当踩下踏板 6 时，离合器 3 使飞轮与曲轴 2 连接，因而曲轴随飞轮一起转动，通过连杆 8 带动滑块 7 作上、下运动，从而进行冲压工作。当松开踏板时，离合器脱开，曲轴不随飞轮转动，同时制动器 1 使曲轴停止转动，并使滑块停在最上位置。

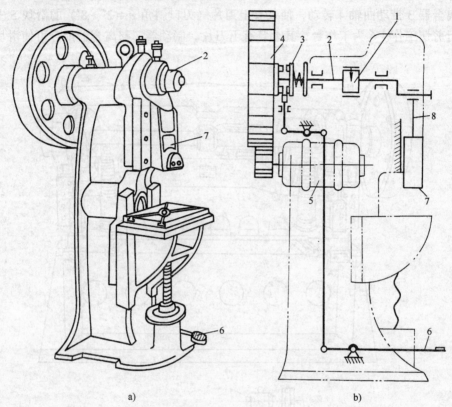

图 12-22　单柱冲床

a）外观图　b）传动示意图

1—制动器　2—曲轴　3—离合器　4—飞轮　5—电动机　6—踏板　7—滑块　8—连杆

单柱冲床的吨位（用滑块的公称冲压力表示）一般为 63～2000kN，滑块行程为 46～130mm。双柱冲床的吨位较大，可为单柱冲床的数倍。

（三）板料冲压的基本工序

板料冲压的基本工序可分为分离工序和变形工序两大类。分离工序是使坯料的一部分与另一部分相互分离的工序，它包括剪切、落料、冲孔和修整等。变形工序是使坯料的一部分相对于另一部分产生位移而不破裂的工序，它包括弯曲、拉深、成形和翻边等。

（1）剪切　剪切是使坯料沿不封闭轮廓分离的工序。

（2）落料和冲孔　落料和冲孔是使坯料沿封闭轮廓分离的工序。落料是为了获得冲下的材料，而冲孔则是将中间的材料作为废料冲掉，带孔的部分为所需的零件。落料和冲孔的工艺过程完全相同。

图 12-23 所示为落料和冲孔时金属的变形过程。当冲头压在坯料上向下运动时，使坯料

产生弯曲、拉伸、剪切、挤压等复杂变形，最后使坯料分离，完成落料或冲孔工序。为了获得光洁的切口，冲头和凹模的刃口必须锋利，它们之间的间隙要均匀，且大小要适当。

（3）修整　当零件的精度要求较高时，在落料和冲孔后需进行修整，以消除切面的粗糙不平和斜度。修整工序如图 12-24 所示。

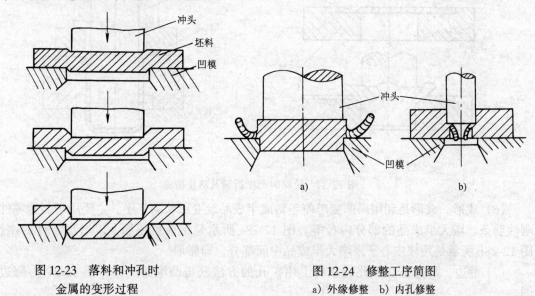

图 12-23　落料和冲孔时
金属的变形过程

图 12-24　修整工序简图
a）外缘修整　b）内孔修整

（4）弯曲　弯曲是使坯料的一部分相对于另一部分产生一定角度的工序。图 12-25 为弯曲工序简图。

坯料弯曲时，内侧受压而外侧受拉。为防止外层拉裂，弯曲半径不能太小。

（5）拉深　拉深是使平板坯料变成开口空心件的工序。图 12-26 为拉深工序简图。坯料在凸模（冲头）的作用下被拉入凹模。为了避免坯料被拉裂，凸模及凹模的边缘均应作成圆角，凸模与凹模之间应留有比板厚稍大的间隙。

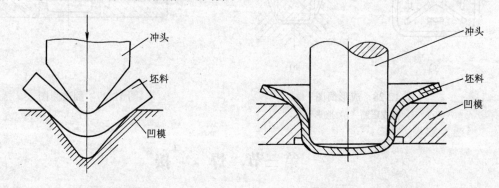

图 12-25　弯曲工序简图

图 12-26　拉深工序简图

当一次拉深不易成形时，可采用多次拉深。在多次拉深时，往往需要插入中间退火工序，以消除前次拉深中所产生的加工硬化现象。

在拉深过程中，工件的边缘部分可能会产生折皱，如图 12-27a 所示。为预防折皱的产生，可采用压板把坯料边缘压紧，如图 12-27b 所示。

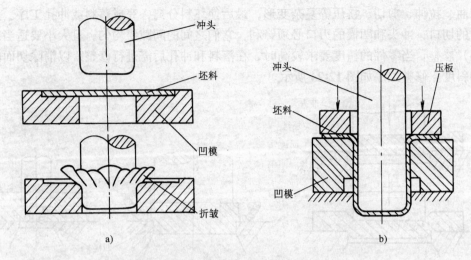

图 12-27　拉深时产生折皱及防止措施

（6）成形　成形是利用局部变形使坯料或半成品改变形状的工序。主要用于制造零件的刚性筋条、增大半成品的部分内径等。图 12-28a 所示是用橡皮压筋，以增加零件的刚性。图 12-28b 所示是用橡皮心子来增大半成品中间部分，即胀形。

（7）翻边　翻边是在带孔的坯料上用扩孔的方法获得凸缘的工序。图 12-29 为翻边简图。

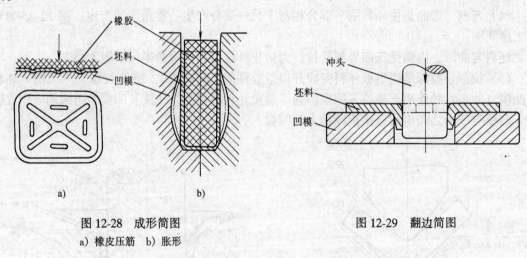

图 12-28　成形简图
a）橡皮压筋　b）胀形

图 12-29　翻边简图

第三节　焊　接

焊接是一种永久性连接金属材料的工艺方法。焊接过程的实质是用加热或加压等手段，借助金属原子的结合与扩散作用，使分离的金属材料牢固地连接在一起。

焊接是现代工业生产中用来制造各种金属构件和机械零件的重要工艺方法之一。它广泛用于桥梁、建筑、船舶、化工和机械制造等工业部门。焊接生产有如下特点：

1）能减轻结构件的重量，节约大量金属材料。

2）生产率高，生产周期短，劳动强度低。

3）接头质量高，致密性好。

4）产品成本低。

5）便于机械化和自动化操作。

由于焊接具有上述优点，它在现代生产中得到广泛的应用。

目前，焊接技术还存在一些问题，如产生焊接应力、变形大、容易开裂等。为了防止焊接缺陷的产生，有时还需要采取焊前预热和焊后热处理等措施。焊接对原材料要求较严，某些材料的焊接还有一定的困难。

焊接方法的种类很多，按照焊接过程的特点，可以归纳为三大类，即：熔焊、压焊和钎焊。

熔焊　这类焊接方法是将两个焊件局部加热到熔化状态，并加入填充金属，冷却凝固后即形成牢固的接头。常用的熔焊有电弧焊、气焊、电渣焊等。

压焊　这类焊接方法是在焊接时不论焊件加热与否，都需要施加一定的压力，使两结合面紧密接触并产生一定的塑性变形，从而将两焊件焊合在一起。常用的压力焊有电阻焊、摩擦焊等。

钎焊　这类焊接方法是对焊件和作填空金属用的钎料适当加热，加热过程中焊件并不熔化，只是熔点低于焊件的钎料被熔化，填空到焊件的连接处，从而使焊件接合起来。常用的钎焊有烙铁焊、火焰焊等。

下面择要介绍几种常用的焊接方法。

一、焊条电弧焊

电弧焊是应用最广泛的焊接方法，它是利用电弧的热量来熔化金属进行焊接的。常用的电弧焊可分为焊条电弧焊、埋弧焊和气体保护焊等。焊条电弧焊由于操作方便（通常是手工操作），设备简单，可以进行多种金属材料在不同位置的焊接工作，所以它应用非常广泛。

图 12-30 所示为焊条电弧焊的焊接过程。当电弧在焊条 1 和焊件 3 之间燃烧时，电弧热使焊条和焊件同时熔化，焊条金属熔滴 4 不断地落入焊件的熔池 5 中。电弧热还使焊条药皮 2 熔化或燃烧，生成熔渣 8 浮在熔池上，并产生大量的 CO_2 气体 9 围绕于电弧周围。熔渣和 CO_2 气体可防止空气中的氧、氮侵入，起保护熔化金属的作用。当电弧向前移动时，焊件和焊条金属不断熔化汇成新的熔池，原先的熔池则不断地冷却凝固，构成连续的焊缝 6。

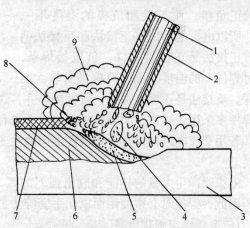

图 12-30　焊条电弧焊的焊接过程
1—焊条　2—焊条药皮　3—焊件　4—熔滴　5—熔池
6—焊缝　7—渣壳　8—熔渣　9—气体

（一）焊接电弧

焊接电弧是焊条端部与焊件之间产生的一种强烈持久的气体放电现象。在气体放电过程中产生大量的热能和很强的弧光。通常，气体是不导电的，但是在一定的电场和温度条件下，可以使气体电离而导电。

1. 焊接电弧的引燃

焊条电弧焊的焊接电弧是采用接触引弧法得到的。引弧时，焊条与焊件瞬时接触造成短路而产生很高的电阻热，使接触处的金属迅速熔化，并形成金属蒸气。当焊条被迅速拉开微小距离时，焊条端部与焊件所形成的两电极之间充满了高温的金属蒸气和空气，其中某些原子已被电离；同时，由于两极之间的温度较高，距离较近，则阴极发射的电子以高速向阳极方向运动，与气体介质分子发生碰撞。碰撞的结果使气体介质进一步电离，产生大量的正离子和负离子。正离子流向阴极，负离子和电子流向阳极，从而形成焊接电弧，如图 12-31 所示。电弧引燃后，只要维持一定的电压，放电过程就能连续地进行，使电弧连续地燃烧。

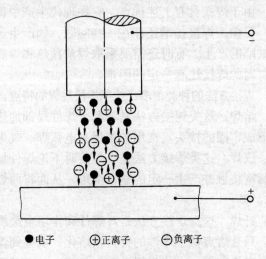

●电子　⊕正离子　⊖负离子

图 12-31　产生电弧的放电过程

在气体放电过程中，由于电子和空气介质离子相冲击的动能变为热能，使两极表面温度升高，达到熔化状态。

2. 焊接电弧的构造和极性

焊接电弧可分为三个区域，即阴极区、弧柱区和阳极区，如图 12-32 所示。用钢焊条焊接时，阴极区温度可达 2400℃，阳极区温度可达 2600℃，弧柱区中心的温度可达 6000～7000℃。

用直流电进行焊接时，由于电弧有固定的正负极，而正极和负极的温度不一样，所以电极的接法有正接法和反接法两种。正接法是正极接焊件，负极接焊条，这时焊件上的温度较高，可保证有较大的

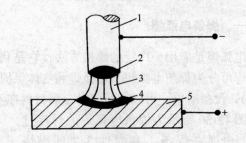

图 12-32　焊接电弧的组成

1—焊条　2—阴极区　3—弧柱区　4—阳极区　5—焊件

熔深。反接法是正极接焊条，负极接焊件，这时焊件上的温度较低。一般焊接高熔点、较厚的焊件多采用正接法，而焊接较薄的焊件或有色金属、不锈钢及铸铁等焊件则采用反接法。

若用交流电进行焊接，则极性是周期性变化的，两极的温度相同，就不需要考虑正接和反接。

电弧除产生大量的热能和放出强烈的弧光外，还放出大量的紫外线，易灼伤眼睛和皮肤，因此，焊接时必须使用面罩、手套等防护用具。

(二) 焊条电弧焊设备

焊条电弧焊的主要设备是弧焊机，即焊接电源。

1. 焊接电源的基本特性

焊条电弧焊的电源应该具备下列基本特性：

(1) 容易引弧　即有较高的空载电压，便于电子发射和电离，容易引燃电弧。一般用直流电焊接时，空载电压为 50～90V；用交流电焊接时，空载电压为 60～90V。

(2) 焊接过程稳定　即不但在电弧长度不变时能供给大的电流和低的电压，使电弧稳定

燃烧，而且当电弧长度发生变化时，焊接电流的变化也很小，可以保证焊接过程稳定。

（3）短路电流不太大　一般短路电流不超过工作电流的 $1.25\sim2$ 倍，因此可以防止电源设备过热和烧坏。

（4）焊接电流能够调节　这样就可以适应不同材料、不同厚度焊件的焊接。

2．常用电源的类型

焊条电弧焊所常用的电源分交流电源和直流电源两种。

（1）交流弧焊电源　交流弧焊电源是一种特殊的降压变压器，通常称为弧焊变压器。图 12-33 为 BX1 型弧焊变压器的外观图，它是目前国内使用较广的一种交流弧焊电源，其空载电压为 $60\sim70V$，工作电压为 $30V$，电流调节范围为 $50\sim450A$，适用于一般结构件的焊条电弧焊。

BX1 型弧焊变压器的工作原理如图 12-34 所示。它主要由固定铁心、活动铁心、一次绕组（W_1）和二次绕组（W_2、W'_2）等组成。焊接电流的调节分粗调和细调。粗调是靠改变二次绕组的匝数来进行的。在接线板上有两种接线方法，可得

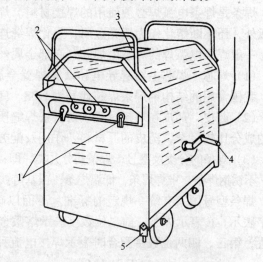

图 12-33　BX1 型弧焊变压器外观图
1—焊接电源两极（接工件和焊条）　2—线圈抽头（粗调电流）
3—电流指示盘　4—调节手柄（细调电流）　5—接地螺钉

到两种范围的焊接电流值。用接法 I 时包括全部的 W'_2 和部分的 W_2，焊接电流较小（$50\sim180A$），空载电压较高（$70V$）；用接法 II 时，包括部分的 W'_2 和全部的 W_2，焊接电流较大（$160\sim450A$），空载电压较低（$60V$）。细调节是靠摇动手柄移动活动铁心来实现的。

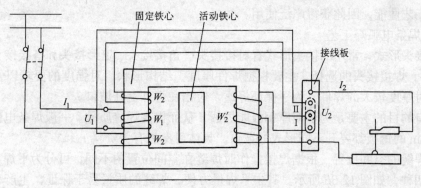

图 12-34　BX1 型弧焊变压器的工作原理

（2）直流弧焊电源　直流弧焊电源根据提供直流电的方式不同，分为直流弧焊发电机和弧焊整流器两种结构。直流弧焊电源的空载电压为 $50\sim80V$，工作电压为 $30V$，电流的调节范围是 $45\sim320A$。

交流弧焊电源的结构简单，制造方便，使用可靠，便于检修，是最常用的焊条电弧焊设备。但在合金钢和有色金属焊接时，需使用直流弧焊电源。由于直流弧焊发电机有旋转部

分，随之带来结构复杂、制造检修困难、噪声大和成本高等缺点，而弧焊整流器由大功率硅整流元件组成，具有重量轻、结构简单、无噪声、效率高、成本低、制造检修方便等优点，故将会逐渐取代弧焊发电机，在生产中获得广泛的应用。

（三）焊条

焊条是焊条电弧焊必须使用的焊接材料。焊条在焊接过程中除作为电极传导电流和产生电弧外，还不断熔化作为填充金属，强化焊缝连接。

一般焊条电弧焊的焊条由焊芯（心部金属丝）和药皮（外包层）两部分组成。

（1）焊芯 焊芯主要起导电和填充焊缝金属的作用。焊芯的化学成分直接影响焊缝质量。我国常用的结构钢焊条焊芯代号为 H08、H08A。

（2）药皮 药皮在焊接过程中对保证焊缝质量和改善工艺性能起着极其重要的作用。药皮的成分比较复杂，药皮的原材料、作用及配方可查阅有关资料。

（3）焊条的分类及型号 焊条共分九类，即：碳钢焊条，低合金钢焊条，钼和铬钼耐热钢焊条，不锈钢焊条，堆焊焊条，低温焊条，镍基铸铁焊条，铜和铜合金焊条，铝和铝合金焊条。

焊条型号国家有统一规定的标准。下面以碳钢焊条为例进行说明，其型号用 E 及四位数字表示，E 表示焊条，前二位数字表示熔敷金属抗拉强度的最小值，第三位数字表示焊接位置，第三、四两位数字配合时表示焊接电流种类及药皮类型。如：

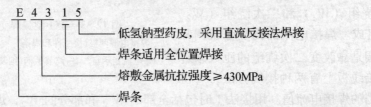

焊条根据药皮化学成分和性质的不同，有酸性焊条和碱性焊条之分。酸性焊条与碱性焊条相比，虽然焊缝的塑性和冲击韧度都比较低，但是酸性焊条能适于交直流两用，并具有良好的焊接工艺性能，因此获得广泛使用。

（四）焊条电弧焊工艺

（1）接头形式 常用的接头形式有对接接头、角接接头、T 形接头和搭接接头等，如图 12-35 所示。焊接接头的选择，主要根据焊件厚度、结构形状、对强度的要求以及施工条件来决定。对厚度较大的焊件，为了保证焊透，应当在焊件上开坡口。

开坡口的目的主要是为了使厚钢板能焊透，从而提高焊缝质量。一般焊条电弧焊焊接厚度大于 6mm 的钢板都要开不同形式的坡口，具体可参见有关资料。

（2）焊缝的空间位置 根据焊接操作时焊缝在空间位置的不同，可分为平焊、横焊、立焊和仰焊四种，如图 12-36 所示。其中平焊最方便，焊缝的质量易于保证，生产率高，所以焊接时应尽量使焊缝处于平焊位置。

（3）焊接规范的选择 焊接规范是指焊条直径、焊接电流和焊接速度等。

焊条直径主要取决于焊件厚度，一般厚度越大，所选用的焊条越粗，如表 12-2 所示。另外，焊接接头形式和焊缝位置不同，选用的焊条直径也有所不同。立焊的焊条直径不宜超过 5mm；仰焊、横焊时不宜超过 4mm。

增大焊接电流能提高生产率，但焊接电流太大会造成焊缝咬边、烧穿和金属飞溅等。电流太小，则电弧不稳定，容易产生夹渣、焊不透等缺陷，而且生产效率低。焊接电流的选择

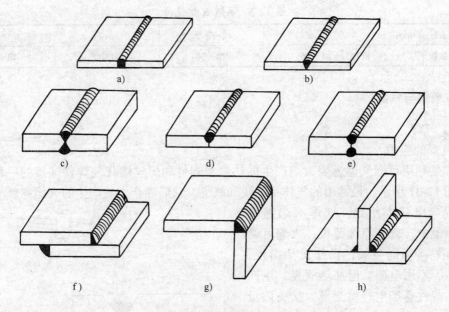

图 12-35　焊接接头的形式

a）平头对接　b）V 形对接　c）X 形对接　d）U 形对接　e）双 U 形对接　f）搭接　g）角接　h）T 形接

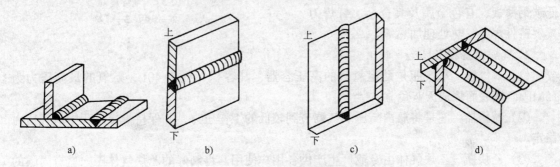

图 12-36　各种空间位置的焊缝

a）平焊　b）横焊　c）立焊　d）仰焊

可结合具体情况参照下面经验公式计算：

$$I = Kd$$

式中　I——焊接电流（A）；

　　　d——焊条直径（mm）；

　　　K——系数，按表 12-3 选择。

通常横焊和立焊时，焊接电流应减少 10%～15%，仰焊时应减少 15%～20%。

起弧以后，应使焊条均匀地沿焊缝向前运动，太快或太慢都会降低焊缝质量。焊接速度适当时，焊缝的宽度约等于焊条直径的两倍，焊缝表面平整，波纹细密。速度太高时，焊缝狭窄，波纹粗糙，熔合不良；速度太低时，工件易被烧穿。

表 12-2　焊条直径的选择

焊件厚度/mm	2	3	4～5	6～12	>12
焊条直径/mm	2	3.2	3.2～4	4～5	4～6

表 12-3　系数 K 的选择

焊条直径 d/mm	1.6	2~2.5	3.2	4~6
系数 K	15~25	20~30	30~40	40~50

二、气焊与气割

(一)气焊

1.气焊的应用

气焊是利用可燃气体燃烧火焰产生的热量将焊件和焊丝熔化使焊件连接的一种焊接方法,如图 12-37 所示。最常用的气体是乙炔和氧气,它们混合燃烧产生的火焰称氧-乙炔焰。

气焊与电弧焊相比,气焊火焰温度低,且不集中,适宜焊接薄板;火焰可调节,适宜焊接不同金属;操作灵活简便,设备简单,不用电源。但加热缓慢,生产效率低,焊件易产生严重变形,接头质量不高。

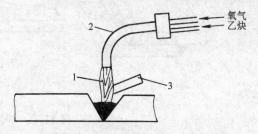

图 12-37　气焊
1—火焰　2—焊炬　3—焊丝

气焊主要用于焊接 3mm 以下厚度的低碳钢薄板、有色金属及其合金、钎焊刀具、铸件焊补、热处理加热等。

2.气焊设备和工具

(1)氧气瓶　氧气瓶是贮运氧气的高压容器,其容积一般为 40L,贮氧的最高压力为 15MPa。瓶表面漆成天蓝色。

(2)减压器　它是将瓶内高压氧气调节到较低的工作压力,并保持焊接过程中氧气压力稳定。

(3)乙炔瓶　乙炔气体由专业厂生产供各用户使用。将制好的乙炔气体压入盛有丙酮的瓶内,使乙炔气体熔解于丙酮,既使用方便又安全贮运。瓶表面漆成白色。

(4)焊炬　焊炬也称焊枪,是用来使乙炔可燃气体和氧气混合,成为适合焊接要求、稳定燃烧火焰的工具,如图 12-38 所示。

3.焊丝和焊剂

焊丝是填充材料,应根据焊件化学成份来选择,或从被焊板材上切下的条状材料作为焊丝。低碳钢气焊时常用的焊丝型号为 H08 和 H08A。

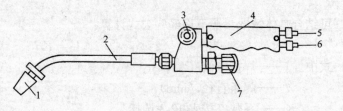

图 12-38　焊炬
1—焊嘴　2—混合管　3—乙炔阀门　4—手柄
5—乙炔接管　6—氧气接管　7—氧气阀门

焊剂是一种粉状物质,用来去除在焊接过程中产生的氧化物,保护焊接熔池,增加熔化金属在熔池中的流动性,改善焊缝成形质量。当焊接低碳钢时,一般不需用焊剂。我国生产的焊剂(气焊粉)中,CJ101 焊剂用于不锈钢或耐热钢焊接;CJ201 焊剂用于铸铁焊接;

CJ301 焊剂用于铜及其合金焊接；CJ401 焊剂用于铝及其合金焊接。

（二）气割

气割是利用氧-乙炔中性火焰将金属预热到燃点后，打开切割氧气阀门，将金属剧烈氧化成熔渣，并从切口中吹掉，从而使金属分离，如图 12-39 所示。

氧气切割与其他切割方法相比较，最大的优点是灵活方便，适应性强，设备简单，生产率高。虽然在金属材料的适用范围内有一定的局限性，但氧气切割在金属结构件制造中的应用却相当普遍。气割常用于钢材的下料及焊件的坡口加工。

气割所用设备基本同于气焊设备，但气割所用工具为割炬（气割枪），如图 12-40 所示。

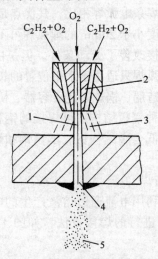

图 12-39 气割过程
1—氧气瓶 2—割嘴 3—预热火焰
4—割缝 5—氧化渣

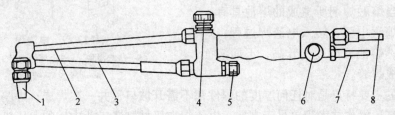

图 12-40 割炬
1—割嘴 2—高压氧气管 3—混合气管 4—高压氧气开关
5—氧气开关 6—乙炔开关 7—乙炔接管 8—氧气接管

三、其他焊接方法

（一）埋弧焊

埋弧焊工艺十分相似于焊条电弧焊，是电弧焊的一种。在焊接过程中，金属、电弧均被可熔的颗粒焊剂所覆盖，如图 12-41 所示。

埋弧焊有自动焊和半自动焊两种。埋弧自动焊焊接时，在焊缝处覆盖了一层厚约 30～50mm 的颗粒状焊剂，并连续送进表面镀了铜（提供了良好的电接触）的焊丝。焊丝末端与焊件之间产生电弧，实现

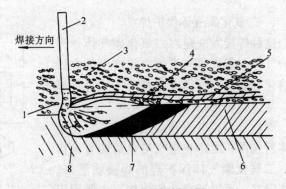

图 12-41 埋弧焊剖面图
1—电弧 2—焊丝 3—焊剂 4—熔化了的焊剂
5—渣壳 6—焊缝 7—金属熔池 8—基本金属

了焊接。由于电弧完全被焊剂埋覆，故可形成高质量的焊缝。

埋弧焊与焊条电弧焊相比，其优点是生产率高（提高 3～6 倍），焊缝质量高，节约金属材料（焊件厚度小于 20mm 的埋弧焊可不开坡口）和电能，没有弧光，放出的有害气体少，采用机械化焊接改善了劳动条件。但是由于在焊接过程中看不见电弧，故不能及时发现问题；另外，埋弧焊只适用于水平位置的长直焊缝和有较大直径的环形焊缝的焊接。

埋弧焊在造船、锅炉、化工容器、桥梁、车辆、起重机和冶金机械制造中应用最广，主要用于焊接各种钢板结构。可焊接的钢种是碳素结构钢、低合金结构钢、不锈钢和耐热钢等。

（二）电渣焊

电渣焊是利用电流通过熔渣产生的电阻热熔化金属而进行的焊接方法，如图 12-42 所示。

电渣焊的工件处于垂直位置，中间相距 15～25mm，两边装有冷却滑块，使熔池金属与熔渣不致外流。焊接开始时，焊丝与工件底部的引弧板间产生电弧，利用电弧热量熔化焊剂，当熔融焊剂所造成的熔池具有一定深度时，熄灭电弧，转入电渣焊过程：焊丝不断送进，熔池液面逐步升高，下面液面冷却凝固形成焊缝。

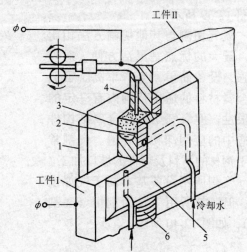

图 12-42　电渣焊
1，5—冷却滑块　2—金属熔池　3—熔渣池
4—焊丝　6—焊缝

电渣焊的主要特点是对任何厚度的焊件都不需开坡口，并一次焊成；焊厚大工件时成本低、生产率高；操作技术简单易于掌握。电渣焊在机械制造工业中，如水压机、汽轮机、轧钢机、重型机械、石油化工机械等大型设备制造中被广泛采用。

（三）气体保护电弧焊

气体保护电弧焊也称气电焊。它是利用某种气体作为保护介质的一种电弧焊接方法。常用的有二氧化碳气体保护焊和氩弧焊两种。

1. 二氧化碳气体保护焊

这种焊接方法是以二氧化碳气体作为保护气体，靠焊丝与工件之间产生的电弧来熔化金属，以自动或半自动方式进行焊接。其焊接装置如图 12-43 所示。

焊丝末端、电弧和熔池都被二氧化碳气体所包围，可防止空气对金属的有害作用。二氧化碳气体保护焊的焊接质量好，生产率高，可进行全位置焊接。主要用于焊接低碳钢、低合金结构钢。

2. 氩弧焊

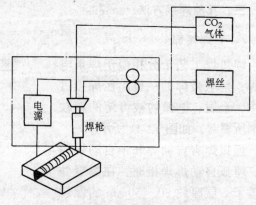

图 12-43　二氧化碳气体保护焊

氩弧焊采用惰性气体氩气作为保护气体，主要用于焊接易被熔化的有色金属（钛、铝等）、不锈钢、耐热钢等。

（四）电阻焊

电阻焊是利用电流通过焊件时产生的电阻热为热源，将焊件局部加热到塑性（或熔化）状态，然在压力作用下形成焊接接头的一种焊接方法。它包括对焊、点焊和缝焊（滚焊）三种形式（见图 12-44）。

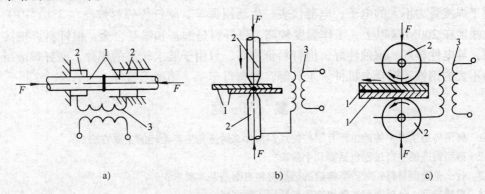

图 12-44 电阻焊
a）对焊 b）点焊 c）缝焊
1—工件 2—电极 3—变压器

电阻焊的焊接电压低，焊接电流很大，两焊件的接触电阻大，产生热量多，故焊接时间极短，生产率很高。施焊时可不加金属填料，焊接加热迅速，焊件变形小，焊接过程简单，劳动条件好，易于实现自动化。但设备复杂，耗电量大。

电阻焊可焊低碳钢、普通低合金钢、有色金属及其合金。其中对焊主要用于焊接棒料、型钢和管材；点焊主要用于各种薄板；缝焊主要用于焊接薄型密封容器和筒体等。电阻焊在汽车、飞机、仪表及建筑工业中得到广泛的应用。

（五）摩擦焊

摩擦焊是利用被焊接的两个工件表面之间在压力作用下产生的机械摩擦热作为热源的一种焊接方法。如图 12-45 所示。其中一个焊件是静止的，另一个是旋转的。在施焊过程中，由于轴向压力下的相对运动表面产生足够的热量，使材料熔化，停止旋转后并保持或增大压力，直到焊接完成。

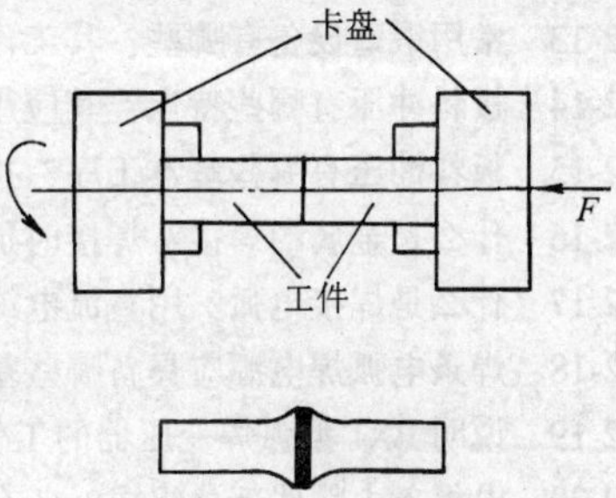

摩擦焊的质量好，生产率高，适于不同金属间的

图 12-45 摩擦焊

焊接，如低合金钢、碳钢与不锈钢、高速钢、镍基合金间的焊接，以及铜与不锈钢的焊接等，还可焊接塑料、陶瓷等非金属材料。

摩擦焊在汽车、拖拉机、切削刀具、石油钻探等方面都有广泛的应用，但对焊件形状、尺寸等有限制，仅适用于焊接圆形截面的棒料和管子，或将棒、管焊于平板上。另外，摩擦焊机价格昂贵，所以只适用于批量生产。

（六）钎焊

钎焊是利用比焊件熔点低的钎料（填充金属）熔化后，将两个焊件连接起来的焊接方法。

  施焊时，焊件和钎料同时被加热到稍高于钎料熔点，熔化的钎料液体借助于毛细管的吸力作用布满连接处的间隙，冷却凝固后形成焊接接头。

  钎焊加热方法可以用烙铁加热、火焰加热、电阻加热、感应加热等方法。

  钎焊按钎料熔点的不同，可分为软钎焊和硬钎焊两类。软钎焊钎料熔点在450℃以下，广泛使用的有锡、铅合金。接头抗拉强度只有60~140MPa，工作温度不高于100℃。软钎焊适用于焊接受力不大的电子、电器仪表、生活用具等。硬钎焊钎料熔点在450℃以上，接头抗拉强度在200MPa以上，工作温度较高。硬钎料是铜基和银基合金。银钎料焊接接头强度较高，导电性较好，耐蚀性好，但钎料价格高，只用于要求较高的焊件。硬钎焊适用于焊接受力不大的钢铁和铜合金机件、工具等，如自行车架、切削刀具等。

复 习 题

12-1 何谓铸造生产？铸造生产有哪些特点？为什么铸造是生产毛坯的主要方法？

12-2 砂型铸造的生产过程包括哪几个阶段？

12-3 什么是造型材料？对砂型铸造的造型材料有哪些基本要求？

12-4 整模造型、分模造型和活块造型各适用于哪些场合？

12-5 说明铸造合金熔炼与浇注工艺的要求。

12-6 试述压力铸造、离心铸造的工艺特点及其应用范围。

12-7 何谓熔模铸造？简述其工艺过程。

12-8 下列铸件在大批量生产时，采用什么铸造方法为宜？

   车床床身；汽轮机叶片；铸铁污水管；轴承套；摩托车气缸体。

12-9 什么叫压力加工？压力加工有哪些优缺点？

12-10 金属在锻造时为什么要先加热？铸铁加热后是否也能锻造？

12-11 什么是始锻温度和终锻温度？为什么低于终锻温度后不宜继续锻造？

12-12 自由锻造的基本工序有哪些？与自由锻造相比较，模型锻造有何优缺点？

12-13 常用锻造设备有哪些？其工作原理如何？

12-14 板料冲压有哪些特点？其应用范围如何？

12-15 板料冲压有哪些基本工序？指出剪切、落料、冲孔三者的不同点。

12-16 什么是金属的焊接？焊接时加热、加压有什么作用？

12-17 什么是焊接电弧？用直流电或交流电焊接时效果是否一样？

12-18 焊条电弧焊电源应具备哪些基本要求？

12-19 说明BX1型弧焊变压器的工作原理。

12-20 电焊条由哪些部分组成？各有什么作用？

12-21 如何合理选择电焊条和焊接电流？

12-22 气焊与气割的实质是什么？

12-23 与电弧焊相比，气焊的优缺点有哪些？

12-24 简要说明埋弧焊、电渣焊、气体保护电弧焊、电阻焊、摩擦焊、钎焊各自的特点及应用。

第十三章

金属切削加工概述

 本章学习目的

通过本章学习，了解金属切削加工中的切削运动、切削用量、切削刀具、切削机床、切削力、切削热、切削液的基本概念，了解常用切削刀具的种类及应用、常用切削机床的类型及识别、机床传动系统的阅读方法。

 本章要点

1. 金属切削运动、切削用量（切削速度、进给量、背吃刀量）的基本概念
2. 金属切削刀具材料、几何角度的基本概念，常用切削刀具及其应用
3. 切削力、切削热和切削液的基本概念
4. 金属切削机床的分类及型号编制方法
5. 机床传动系统的概念及基本分析方法

利用刀具和工件之间的相对运动，从毛坯或半成品上切去多余的金属，以获得所需要的几何形状、尺寸精度和表面粗糙度的零件，这种加工方法叫金属切削加工，也叫冷加工。金属切削加工的方式很多，一般可分为车削加工、铣削加工、钻削加工、镗削加工、刨削加工、磨削加工、齿轮加工及钳工等。金属切削加工是机械制造业中广泛采用的加工方法，凡是要求具有一定几何尺寸精度和表面粗糙度的零件，通常都采用切削加工方法来制造。

金属切削加工所用的机器称为金属切削机床，简称机床，它是加工机械零件的主要设备。在机械制造工业中，金属切削机床担负的劳动量约占 40%～60%。因为机床是制造机器和生产工具的机器，所以又称为工作母机。

下面概括介绍金属切削加工的基本知识及机床型号和传动系统的基本概念。

第一节　切削运动和切削用量

一、切削运动

在切削加工过程中，刀具和工件之间的相对运动称为切削运动。按其所起的作用，切削运动分为两类：

（1）主运动　切下切屑所必需的基本运动称为主运动。在切削运动中，主运动的速度最

高，消耗功率也最大。

（2）进给运动　使被切削的金属层不断投入切削的运动称为进给运动。

通常，切削加工中的主运动只有一个，而进给运动可以是一个或几个。

由于金属切削加工方式的不同，这两种运动的表现形式也不相同。图 13-1 所示为几种主要切削加工的运动形式。

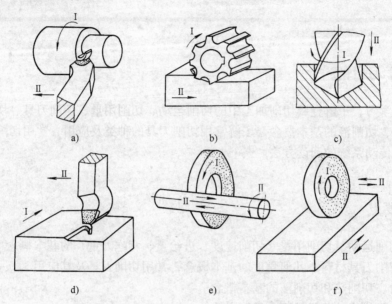

图 13-1　几种主要切削加工的运动形式
a) 车削　b) 铣削　c) 钻削　d) 刨削　e) 外圆磨削　f) 平面磨削
Ⅰ—主运动　Ⅱ—进给运动

二、切削用量

切削用量是切削速度、进给量及背吃刀量的总称。在了解切削用量之前，应当注意到，在切削过程中，工件上存在三种表面。以车削为例，如图 13-2 所示，即：

待加工表面——需要切去金属的表面。

已加工表面——切削后得到的表面。

过渡表面——正在被切削的表面。过渡表面亦称切削表面，或加工表面。

1. 切削速度

切削速度是指主运动的线速度，以 v 表示，单位为 m/s。当主运动为旋转运动时，其切削速度可按下式计算：

$$v = \frac{\pi D n}{60000} \quad (13\text{-}1)$$

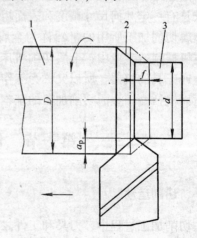

式中　D——被切削件（或刀具）的直径（mm）；

　　　n——被切削件（或刀具）的转速（r/min）。

由式（13-1）可知：当已知机床主轴转速（即

图 13-2　工件上的三种表面及切削用量
1—待加工表面　2—过渡表面　3—已加工表面

工件或刀具的转速）n 和工件直径 D 时，可以求出切削速度 v。当已知工件直径 D 和切削速度 v 时，也可求出机床主轴的转速 n。

2．进给量

进给量是指工件（或刀具）每转一转时刀具（或工件）沿进给方向移动的距离，以 f 表示，单位为 mm/r。如主运动为往复直线运动（如刨削、插削），则进给量的单位为 mm/次。

3．背吃刀量

背吃刀量是指工件已加工表面和待加工表面间的垂直距离（也称切削深度），以 a_p 表示，单位为 mm。

在车床上车削外圆时，背吃刀量计算公式为

$$a_p = \frac{D - d}{2} \tag{13-2}$$

式中　D——工件待加工表面的直径（mm）；

d——工件已加工表面的直径（mm）。

上述切削速度、进给量和背吃刀量称为切削用量三要素。它们与加工质量、刀具磨损、机床动力消耗以及机床生产率等参数密切相关，因此应该合理选择和使用切削用量。

第二节　金属切削刀具

一、刀具材料的性能及选用

在切削加工中，由刀具直接完成切削工作。刀具能否胜任切削工作，决定于刀具切削部分材料的性能。刀具切削部分的材料应满足下列要求：

（1）高硬度　刀具材料应具有较高的硬度，且必须高于工件的硬度。

（2）高耐磨性　刀具在切削加工中，经受剧烈摩擦，磨损要小。

（3）高热硬性　刀具材料在高温下，能够继续保持一定的硬度和强度。

（4）足够的坚韧性　刀具材料具有承受一定冲击和振动而不断裂或崩刃的能力。

（5）良好的工艺性　便于加工制造。

常用的刀具材料有碳素工具钢、合金工具钢、高速钢、硬质合金及非金属陶瓷材料等，其中应用最多的是高速钢和硬质合金。高速钢目前主要用于制造各类能承受一定切削速度、形状复杂的刀具，如铣刀、拉刀、齿轮加工刀具等。硬质合金由于性能较脆，一般不宜做成形状复杂的刀具，主要用作车刀、铣刀、刨刀、铰刀等刀具的镶焊刀片。

二、刀具切削部分的几何角度

金属切削刀具的种类繁多，构造各异。其中较简单、较典型的是车刀，其他刀具的切削部分都可以看作是以车刀为基本形态演变而成的，如图 13-3 所示。下面，我们以外圆车刀为例，来分析刀具切削部分的几何角度。

1．车刀的组成

如图 13-4 所示，车刀主要由刀头和刀杆两部分组成。刀头为切削部分，刀杆为支承部分。刀头由以下几部分组成：

前刀面（又称前面）——切屑流出时所经过的刀面。

主后刀面（又称后面）——对着工件切削表面的刀面。

副后刀面（又称副后面）——对着工件已加工表面的刀面。

主切削刃——前刀面与后刀面的交线。

副切削刃——前刀面与副后刀面的交线。

刀尖——主切削刃与副切削刃的交点，一般为半径很小的圆弧，以保证刀尖有足够的强度。

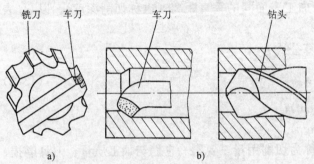

图 13-3　几种刀具切削部分的形状比较

a）铣刀与车刀　b）钻头与车刀

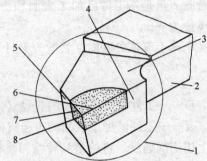

图 13-4　车刀的组成

1—刀头　2—刀杆　3—前刀面　4—主后刀面

5—副后刀面　6—主切削刃　7—副切削刃　8—刀尖

2. 刀具切削部分的几何角度

（1）辅助平面　为了确定各刀面与刀刃在空间的位置和测量角度，需选择一些辅助平面作为基准，如图 13-5 所示。目前常用的辅助平面有：

基面——切削刃上任意一点的基面是通过该点并垂直于该点切削速度方向的平面。

切削平面——切削刃上任意一点的切削平面是通过该点并和工件切削表面相切的平面。

正交平面——主刀刃上任意一点的正交平面是通过该点并垂直于主刀刃在基面上投影的平面。

上述三个平面在空间是相互垂直的。

（2）车刀的主要几何角度（见图 13-6）　在不同的平面内可以测量出不同的几何角度。

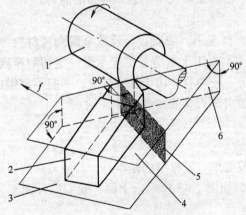

图 13-5　车刀上的三个辅助平面

1—工件　2—车刀　3—底平面

4—基面　5—正交平面　6—切削平面

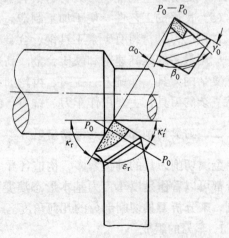

图 13-6　车刀的主要几何角度

1）在正交平面内测量的角度有前角、后角和楔角：

前角 γ_0——前刀面与基面之间的夹角。它表示前刀面的倾斜程度，前角越大，刀就越锋利，切削时就越省力。但前角过大，使刀刃强度降低，影响刀具的寿命。前角的选取决定于工件材料、刀具材料和加工性质。

后角 α_0——主后刀面与切削平面之间的夹角。它表示主后刀面的倾斜程度。后角的作用主要是减小主后刀面与工件过渡表面之间的摩擦，后角越大，摩擦越小。但后角过大会使刀刃的强度降低，影响刀具的寿命。

楔角 β_0——前刀面与主后刀面之间的夹角。它的大小直接反映刀刃的强度。

前角、后角和楔角三者之间的关系为

$$\gamma_0 + \alpha_0 + \beta_0 = 90°$$

2）在基面内测量的角度有主偏角、副偏角和刀尖角：

主偏角 κ_r——主切削刃在基面上的投影与进给方向之间的夹角。主偏角能影响主刀刃和刀头受力情况及散热情况。在加工强度、硬度较高的材料时，应选用较小的主偏角，以提高刀具的耐用度。加工细长工件时，应选用较大的主偏角，以减少径向切削力引起工件的变形和振动。

副偏角 κ'_r——副切削刃在基面上的投影与进给反方向之间的夹角。副偏角的作用是减少副切削刃与工件已加工表面之间的摩擦，它影响已加工表面的粗糙度。

刀尖角 ε_r——主、副切削刃在基面上投影之间的夹角。它影响刀尖强度和散热条件。它的大小决定于主偏角和副偏角的大小。

主偏角、副偏角和刀尖角三者之间的关系为

$$\kappa_r + \kappa'_r + \varepsilon_r = 180°$$

3）在切削平面内测量的角度主要是刃倾角：

刃倾角 λ_s——在切削平面内主切削刃与基面之间的夹角。它影响刀尖强度并控制切屑流出的方向（见图 13-7）。

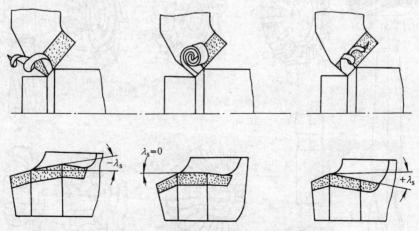

图 13-7　刃倾角及其对排屑方向的影响

三、刀具的种类和用途

1. 车刀

车刀是车削加工使用的刀具。车刀的种类很多，按其用途的不同可分为外圆车刀、镗孔车刀、切断刀、螺纹车刀、成形车刀等。对于外圆车刀、通常按其主偏角大小又分为 90°、75°和 45°的外圆车刀等。常用车刀的种类及形状如图 13-8 所示。

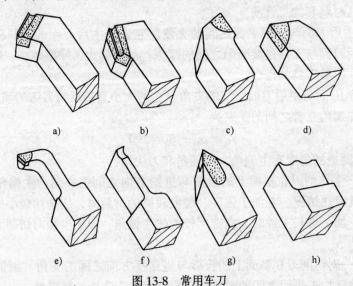

a)   b)   c)   d)

e)   f)   g)   h)

图 13-8　常用车刀

a）45°外圆车刀　b）75°外圆车刀　c）90°左偏刀　d）90°右偏刀

e）镗孔刀　f）切断刀　g）螺纹车刀　h）成形车刀

2. 铣刀

铣刀种类很多，常用铣刀如图 13-9 所示。图 a、b 是用来加工平面的铣刀；图 c~g 是用于加工各种沟槽的铣刀；图 h 是用于铣角度的铣刀；图 i、j 是用于铣成形面的铣刀。

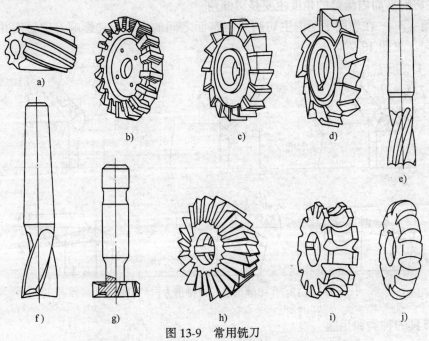

a)

b)   c)   d)

e)

f)   g)   h)   i)   j)

图 13-9　常用铣刀

a）圆柱形铣刀　b）端铣刀　c）、d）三面刃圆盘铣刀　e）立铣刀

f）键槽铣刀　g）T 形铣刀　h）角度铣刀　i）、j）成形铣刀

3. 钻头

钻头种类较多，有中心钻、麻花钻、扩孔钻、深孔钻等，其中常用的是麻花钻。

标准麻花钻由钻柄、工作部分和颈部组成，如图 13-10 所示。

钻柄是用于夹持钻头、定心和传递转矩的。为了夹持、紧固和安装方便，钻柄做成直柄和锥柄两种。直径小于 13mm 的钻头一般做成直柄，钻削时用装入钻床主轴前锥孔中的钻夹头将其夹紧。直径大于 13mm 的钻头，一般做成锥柄，可直接插入钻床主轴的前锥孔中。若锥柄的尺寸较小，可加装一个或几个钻套后再插入钻床主轴的前锥孔中。钻套及钻夹头如图 13-11 所示。

麻花钻头的工作部分包括切削部分和导向部分，切削部分主要是完成对工件的钻削，导向部分起着引导钻头方向的作用和完成修光已加工表面及作为切削部分的后备部分。颈部是工作部分和钻柄间的连接部分，也是打印标记的部位。

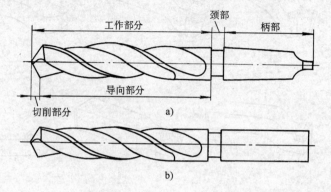

图 13-10　标准麻花钻的组成
a）锥柄钻头　b）直柄钻头

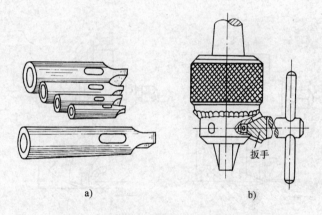

图 13-11　钻套和钻夹头
a）钻套　b）钻夹头

4. 刨刀

刨刀的形状及几何参数与车刀相似，常用刨刀如图 13-12 所示。但由于刨削是断续切削，刨刀切入工件时受有较大的冲击力，因此，刨刀的刀杆比较粗，而且常制成弯头，弯头刨刀除能缓和冲击、避免崩刃外，在受力发生弯曲变形时还不致啃伤工件表面（见图 13-13）。

5. 砂轮

砂轮是磨削刀具，它是用颗粒状的磨料经结合剂粘结而成的多孔体，其构造如图 13-14 所示。砂轮的性能由磨料、粒度、硬度、结合剂及砂轮组织等因素决定。

根据磨削加工的需要，砂轮制成不同的形状和规格，常用的砂轮有平板形、碗形、碟形等（见图 13-15）。常用的砂轮磨料有刚玉类（主要成分是 Al_2O_3）和碳化物类（主要成分是 SiC 或 B_4C）。刚玉类砂轮的韧性好，硬度较低，主要用于磨削各种钢；碳化物类砂轮的硬度较高，主要用于磨削硬质合金及非金属材料。

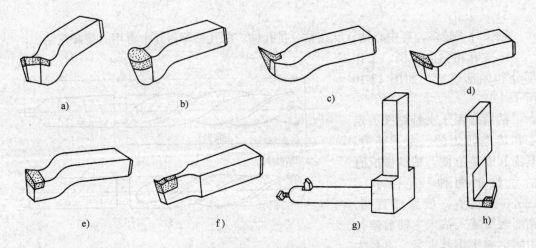

图 13-12　常用刨刀

a) 平面刨刀　b) 样板刀　c) 角度偏刀　d) 偏刀　e) 宽刃刀　f) 切刀　g) 内孔刨刀　h) 弯切刀

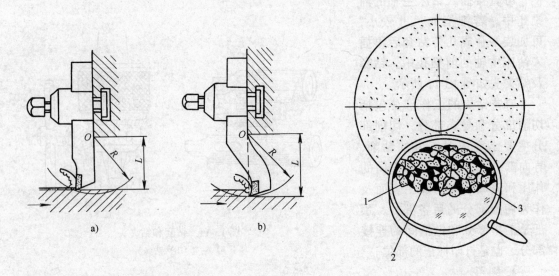

图 13-13　直头刨刀和弯头刨刀刨削时的情况

a) 直头刨刀刨削　b) 弯头刨刀刨削

图 13-14　砂轮的组成

1—磨粒　2—结合剂　3—孔隙

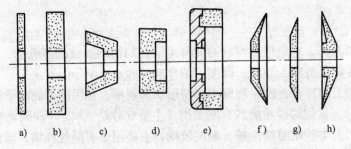

图 13-15　常用砂轮的形状

a)、b) 平板形　c)、d)、e) 碗形　f)、g)、h) 碟形

第三节 切削力、切削热和切削液

一、切削力

在金属切削过程中，切削层及已加工表面上要产生弹性变形和塑性变形，因此有抗力作用在刀具上。又因为工件与刀具间、切屑与刀具间都有相对运动，所以还有摩擦力作用在刀具上。这些力的合力称为切削阻力，简称切削力。

为了分析切削力对工件、刀具、机床的影响，一般将总切削力 F 分解为相互垂直的三个分力：主切削力 F_c、背向力 F_p 和进给力 F_f，如图 13-16 所示。

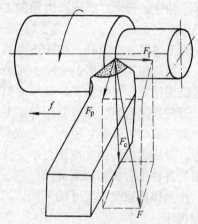

1. 主切削力 F_c

主切削力是总切削力在切削速度方向的分力，又称垂直切削分力或切向力。F_c 是分力中最大的一个，占总切削力的 90% 左右，它是计算切削功率、刀具强度和选择切削用量的主要依据。

2. 背向力 F_p

背向力是总切削力在切深方向的分力，又称为切深抗力、或径向力。F_p 能使工件在水平方向弯曲变形，容易引起切削过程中的振动，因而影响工件的加工精度。

图 13-16 切削力的分解

3. 进给力 F_f

进给力是总切削力在进给方向的分力，又称走刀抗力或轴向力。F_f 是计算机床进给机构零件强度的依据。

总切削力和各切削分力之间的关系式为

$$F = \sqrt{F_c^2 + F_p^2 + F_f^2} \tag{13-3}$$

切削力的大小与工件材料、刀具的几何角度及切削用量有关，可以用专门仪器测定。

二、切削热和切削液

在切削加工过程中，工件的金属切削层发生挤裂变形，切屑与前刀面之间有剧烈摩擦，在后刀面与加工表面之间也有摩擦，由这些变形和摩擦产生的热，称为切削热。切削热虽然有一大部分被切屑带走，但仍然有相当一部分传给了工件和刀具。传给工件的热量，使工件受热变形，严重的甚至烧坏工件表面，影响加工质量；传到刀具上的热量，会使刀刃处的温度升高，而温度过高会降低切削部分的硬度，加速刀具的磨损。所以，切削热对切削过程是不利的。

为了延长刀具的使用寿命，提高工件的加工表面质量和提高生产效率，可在切削过程中使用切削液。

目前常用的切削液一般分为两大类：一类是以冷却为主的水溶液，主要包括电解质水溶液（苏打水）、乳化液（乳化油膏加水）等；另一类是以润滑为主的油类，主要包括矿物油、动植物油、混合油和活化矿物油等。

第四节 机床的分类与型号

一、机床的分类

随着工业生产的发展和加工工艺的需要，目前金属切削机床已具有多种多样的形式。我国机床的传统分类方法，主要是按加工性质和所用刀具进行分类，即将机床分为 11 大类：车床、钻床、镗床、磨床、齿轮加工机床、螺纹加工机床、铣床、刨插床、拉床、锯床、其他机床。

除上述基本分类外，机床还有其他分类方法。

按照机床工艺范围的宽窄，可分为通用机床、专门化机床和专用机床三类。通用机床的工艺范围很宽，可以加工一定尺寸范围内的各种类型零件和完成多种多样的工序，如卧式车床、万能外圆磨床、摇臂钻床等。专门化机床的工艺范围较窄，只能加工一定尺寸范围内的某一类（或少数几类）零件，完成某一种（或少数几种）特定工序，如凸轮轴车床、轧辊车床等。专用机床的工艺范围更窄，通常只能完成某一特定的工序，汽车、拖拉机制造中大量使用的各种组合机床即属此类。

按照机床重量和尺寸的不同，可以分为仪表机床、中型机床、大型机床、重型机床和超重型机床。

按照自动化程度，可分为手动、机动、半自动和自动机床。

此外，机床还可按照加工精度、主要功能部件（如主轴等）的数目等进行分类，而且随着机床的不断发展，其分类方法也将不断发展。

二、机床型号的编制方法

机床型号是赋予每种机床的一个代号，用以简明地表示机床的类型、通用和结构特性以及主要技术参数等。我国的机床型号，现在是按 1994 年颁布的国家标准 GB/T15375—1994《金属切削机床型号编制方法》编制的。此标准规定，机床型号由汉语拼音字母和数字按一定的规律组合而成，它适用于各类通用机床和专用机床（不包括组合机床）。

通用机床型号按下列方式表示：

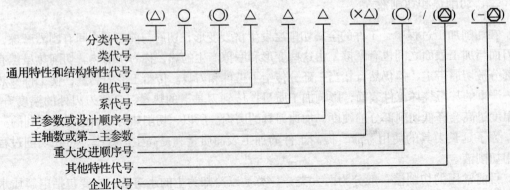

其中，有"（ ）"的代号或数字，无内容时可以不写，有内容时不带括号；有"○"符号者，为大写汉语拼音字母；有"△"符号者，为阿拉伯数字；有"⊘"符号者，既有汉语拼音字母，又有阿拉伯数字。

（1）机床类、组、系的划分及其代号　机床的类别用汉语拼音大写字母表示。当需要时，每类又可分为若干分类。分类代号用阿拉伯数字表示，在类代号之前，它居于型号的首位，但第一分类不予表示，例如，磨床类分为 M、2M、3M 三个分类。机床的类别代号及其读音如表 13-1 所示。

表 13-1　普通机床类别代号

类别	车床	钻床	镗床	磨床			齿轮加工机床	螺纹加工机床	铣床	刨插床	拉床	锯床	其他机床
代号	C	Z	T	M	2M	3M	Y	S	X	B	L	G	Q
读音	车	钻	镗	磨	二磨	三磨	牙	丝	铣	刨	拉	割	其

机床的组别和系别代号用两位数字表示。每类机床按其结构性能及使用范围划分为 10 个组，用数字 0～9 表示。每组机床又分若干个系（系列），系的划分原则是：主参数相同，并按一定公比排列，工件和刀具本身的和相对的运动特点基本相同，且基本结构及布局型式相同的机床，即划为同一系。机床的类、组划分详见表 13-2。常用机床的系别代号详见有关资料。

（2）机床的特性代号　它表示机床所具有的特殊性能，包括通用特性和结构特性。当某类型机床除有普通型外，还具有如表 13-3 所列的某种通用特性时，则在类别代号之后加上相应的特性代号。例如"CK"表示数控车床。如同时具有两种通用特性，则可用两个代号同时表示，如"MBG"表示半自动高精度磨床。如某类型机床仅有某种通用特性，而无普通型者，则通用特性不必表示。如 C1107 型单轴纵切自动车床，由于这类自动车床没有"非自动"型，所以不必用"Z"表示通用特性。

表 13-2　金属切削机床类、组划分表

类别＼组别		0	1	2	3	4	5	6	7	8	9
车床 C		仪表车床	单轴自动、半自动车床	多轴自动、半自动车床	回轮、转塔车床	曲轴及凸轮轴车床	立式车床	落地及卧式车床	仿形及多刀车床	轮、轴、辊、锭及铲齿车床	其他车床
钻床 Z			坐标镗钻床	深孔钻床	摇臂钻床	台式钻床	立式钻床	卧式钻床	铣钻床	中心孔钻床	
镗床 T				深孔镗床		坐标镗床	立式镗床	卧式镗床	精镗床	汽车、拖拉机修理用镗床	
磨床	M	仪表磨床	外圆磨床	内圆磨床	砂轮机		导轨磨床	刀具刃磨床	平面及端面磨床	曲轴、凸轮轴、花键轴及轧辊磨床	工具磨床
	2M		超精机	内、外圆珩磨机	平面、球面珩磨机	抛光机	砂带抛光及磨削机床	刀具刃磨及研磨机床	可转位刀片磨削机床	研磨机	其他磨床
	3M		球轴承套圈沟磨床	滚子轴承套圈滚道磨床	轴承套圈超精机	滚子及钢球加工机床	叶片磨削机床	滚子超精及磨削机床		气门、活塞及活塞环磨削机床	汽车、拖拉机修磨机床

（续）

类别 \ 组别	0	1	2	3	4	5	6	7	8	9
齿轮加工机床 Y	仪表齿轮加工		锥齿轮加工机	滚齿机	剃齿及珩齿机	插齿机	花键轴铣床	齿轮磨齿机	其他齿轮加工机	齿轮倒角及检查机
螺纹加工机床 S				套螺纹机	攻螺纹机		螺纹铣床	螺纹磨床	螺纹车床	
铣床 X	仪表铣床	悬臂及滑枕铣床	龙门铣床	平面铣床	仿形铣床	立式升降铣床	卧式升降台铣床	床身式铣床	工具铣床	其他铣床
刨插床 B		悬臂刨床	龙门刨床			插床	牛头刨床		边缘及模具刨床	其他刨床
拉床 L			侧拉床	卧式外拉床	连续拉床	立式内拉床	卧式内拉床	立式外拉床	键槽及螺纹拉床	其他拉床
锯床 G			砂轮片锯床		卧式带锯床	立式带锯床	圆锯床	弓锯床	锉锯床	
其他机床 Q	其他仪表机床	管子加工机床	木螺钉加工机		刻线机	切断机				

为了区分主参数相同而结构不同的机床，在型号中用结构特性代号表示。结构特性代号为汉语拼音字母。例如，CA6140 型卧式车床型号中的"A"，可理解为这种型号车床在结构上区别在于 C6140 型车床。结构特性的代号字母是根据各类机床的情况分别规定的，在不同型号中的意义可以不同。

表 13-3 通用特性代号

通用特性	高精度	精密	自动	半自动	数控	加工中心（自动换刀）	仿形	轻型	加重型	简式或经济型	柔性加工单元	数显	高速
代号	G	M	Z	B	K	H	F	Q	C	J	R	X	S
读音	高	密	自	半	控	换	仿	轻	重	简	柔	显	速

（3）机床的主参数和第二主参数 机床型号中的主参数用折算值（一般为主参数实际数值的 1/10 或 1/100）表示，位于组、系代号之后，它反映机床的主要技术规格，其尺寸单位为 mm。如 C6150 车床，主参数折算值为 50，折算系数为 1/10，故主参数（床身上最大回转直径）为 500mm。

第二主参数加在主参数后面，用"×"加以分开。如 C2150×6 表示最大棒料直径为 50mm 的卧式六轴自动车床。

（4）机床重大改进顺序号 当机床的结构、性能有重大改进和提高时，按其设计改进的次序分别用汉语拼音字母 A、B、C、D……表示，附在机床型号的末尾，以示区别，如 C6140A 是 C6140 型车床经过第一次重大改进的车床。

现将以上代号表示方法举例说明如下：

CM6132 表示床身上最大工件回转直径为 320mm 的精密卧式车床。

MG1432 表示最大磨削直径为 320mm 的高精度万能外圆磨床。

XK5040 表示工作台面宽度为 400mm 的数控立式升降台铣床。

Z3040×16 表示最大钻孔直径为 40mm、最大跨距为 1600mm 的摇臂钻床。

T4163B 表示工作台面宽度为 630mm 的单柱坐标镗床，经第二次重大改进型。

目前，工厂中使用较为普遍的几种老型号机床，是按 1959 年以前公布的机床型号编制办法编定的。按规定，以前已定的型号现在不改变。例如 C620—1 型普通车床，型号中的代号及数字的含义为：

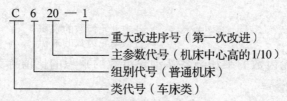

和新型号不同，老型号中没有组和系的区别，故只用一位数字表示；老型号中车床的主参数用中心高表示，而不用最大回转直径表示；重大改进序号用 1、2、3……表示。

第五节 机床传动系统的基本概念

为了分析和研究机床的传动系统，了解其内在联系，并运用给定数据进行有关的计算，首先应掌握传动系统的几个基本概念。

1. 传动链

在机床的传动系统中，通常用一些传动零件（轴、带轮、带、齿轮副、蜗杆副、丝杠螺母机构、齿轮齿条机构等）把动力源（电动机）和执行机构（主轴、工作台、刀架等）或把两个执行机构连接起来，用以传递动力或运动，这种传动联系称为传动链。

机床的每一个运动都由一条传动链来完成，机床有多少个运动，就相应有多少条传动链。机床的所有相互联系的传动链，组成了机床的传动系统。

在图 13-17 所示的丝杠车床传动系统中，有两条传动链：第一条，运动由动力源（电动机）经带传动传给轴Ⅰ，又经蜗杆蜗轮副传给主轴Ⅱ，使主轴获得旋转运动。第二条，由主轴Ⅱ经两对齿轮副（挂轮 A 和 B、C 和 D）传给丝杠螺母机构，带动刀架直线移动。在后

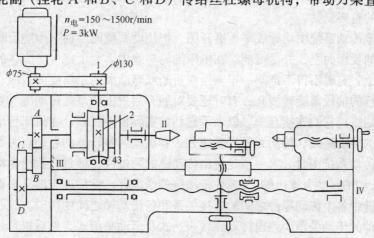

图 13-17 丝杠车床的传动系统

一条传动链中，两执行机构主轴与刀架之间保持着一定的相对运动关系，即主轴转一转，刀架相应移动一定的距离。

2．传动比

计算定轴轮系的速比可用下列公式：

$$i = \frac{n_主}{n_从} = \frac{各从动轮齿数的乘积}{各主动轮齿数的乘积}$$

因此有

$$n_从 = \frac{n_主}{i} = n_主 \times \frac{各主动轮齿数的乘积}{各从动轮齿数的乘积} \tag{13-4}$$

上式右端各主动轮齿数的乘积与各从动轮齿数的乘积的比值称为传动比，以 u 表示，即

$$u = \frac{各主动轮齿数的乘积}{各从动轮齿数的乘积} = \frac{1}{i} \tag{13-5}$$

式（13-5）表明传动比和速比在数值上互为倒数。

将式（13-5）代入式（13-4），得

$$n_从 = n_主 u \tag{13-6}$$

对于轮系中的每一对齿轮（齿轮副）传动来说，其传动比就等于主动齿轮齿数 z_1 与从动齿轮齿数 z_2 的比值，即

$$u = \frac{z_1}{z_2} \tag{13-7}$$

同理，对于带传动，其传动比等于主动轮直径 D_1 与从动轮直径 D_2 的比值，即

$$u = \frac{D_1}{D_2} \tag{13-8}$$

引用传动比的概念，主要是为了便于进行机床传动系统的分析计算。

3．机床传动系统图

为了清晰地表示机床传动系统中各零件及其相互连接关系，按照国家标准规定的图形符号（见附录 A）画出机床各个传动链的综合简图，称为机床传动系统图（如图 13-17 所示）。机床传动系统图简明地表示了机床的传动结构及各个传动链，它是分析机床运动、计算机床转速和进给量的重要工具。

一般的机床传动系统图均绘成平面展开图，把传动系统图绘在一个能反映机床外形与各部件相对位置的投影面上，并尽可能绘在机床的轮廓线内。为了把一个立体的传动结构展开绘在一个平面上，有时不得不把某一根轴绘成折断或弯曲成一定角度的折线；有的在空间相互垂直或不平行的轴线需旋转展开；有时还要对展开后失去联系的传动副（如齿轮副）采用大括号或双点划线把它们连接起来，以表示它们的实际传动联系。在机床传动系统图上，还必须表明机床的传动路线、传动元件、变速方式和运动调整计算的各种有关数据。

阅读机床传动系统图时，第一步是找出传动链的两端件，即首先找出主动轴（动力输入轴），再找出从动轴（动力输出轴），抓住传动链的两端件，然后逐个地从头向尾分析。第二步是研究传动链中各个传动零件之间的连接关系和各传动轴之间的传动方式及传动比。第三步分析整个运动的传动关系，列出传动路线表达式及运动平衡式，然后进行计算。

例如在图 13-17 中，机床主轴旋转运动的传动路线表达式为

$$\text{电动机} \text{——} \frac{75}{130} \text{——} \text{I} \text{——} \frac{2}{43} \text{——} \text{II（主轴）}$$

主轴旋转运动的平衡式为

$$n = n_{电} \times \frac{75}{130} \times \frac{2}{43}$$

式中　n——主轴转速（r/min）；

　　　$n_{电}$——电动机转速（r/min）。

刀架直线移动车螺纹运动的传动路线表达式为

$$\text{主轴} \text{——} \frac{A}{B} \text{——} \text{III} \text{——} \frac{C}{D} \text{——} \text{IV（丝杠）} \text{——} \text{开合螺母} \text{——} \text{刀架}$$

刀架移动的平衡式为

$$L_{工} = 1 \times \frac{A}{B} \times \frac{C}{D} \times L$$

式中　$L_{工}$——工件螺纹的导程（mm）；

　　A、B、C、D——挂轮齿数；

　　　L——机床丝杠的导程（mm）。

复习题

13-1　什么叫主运动和进给运动？请通过实际生产车间参观，指出下列机床的主运动和进给运动：

1）车床；　2）铣床；　3）牛头刨床；　4）龙门刨床；　5）外圆磨床；　6）平面磨床。

13-2　什么是切削用量三要素？当车加工的切削速度确定以后，如何选择车床转速？

13-3　车刀可以用什么材料做成？车刀材料应该满足哪些性能要求？

13-4　车刀由哪几部分组成？其主要几何角度有哪些？各个角度的作用如何？

13-5　车刀有哪些种类？它们各适用于什么样的车削加工？

13-6　常用铣刀有哪几种？它们各适用于什么样的铣削加工？

13-7　钻头由哪几部分组成？各部分起什么作用？

13-8　常用砂轮有哪几种形状？它们各适用于磨削什么表面？

13-9　刚玉类和碳化物类砂轮各适用于磨削什么材料的工件？

13-10　切削力是怎样产生的？总切削力通常可以分解成哪几个切削分力？各切削分力对工件、刀具、机床有什么影响？

13-11　切削热是怎样产生的？切削热对工件和刀具有什么影响？切削液的作用是什么？

13-12　金属切削机床是怎样分类的？

13-13　试指出下列机床型号的含义：

C6163；T6180；XK5040；Z4012；CG6125B；B1016A；M7130A；C616。

13-14　什么叫传动链？机床的传动链与传动系统有什么关系？

13-15　机床的传动比与速比有什么区别？

13-16　机床传动系统图有什么用途？如何阅读机床传动系统图？

第十四章

常用切削加工方法与设备

 本章学习目的

通过本章学习，熟悉常用的金属切削加工方法、加工设备、加工范围、加工特点及应用，了解机床传动系统的具体组成及一般分析方法。

 本章要点

1. 车削加工方法、加工范围及加工特点，常用车床的类型及其应用，机床传动系统的分析方法

2. 铣削加工方法、加工范围及加工特点，常用铣床的类型及其应用，逆铣和顺铣的概念及应用

3. 钻削、镗削、刨削、磨削加工方法、加工范围及加工特点，常用钻床、镗床、刨床、磨床的类型及其应用

第一节 车床及车削加工

车床是用来进行车削加工的机床。加工时，工件夹持在卡盘（或其他夹具）上，车刀夹持在刀架上，通过主轴和刀架运动的相互配合来完成对工件的车削加工。车床的种类很多，按其用途和结构的不同，可分为卧式车床、落地车床、立式车床、仿形车床、转塔车床、多刀半自动车床、自动车床等。

一、车床的加工范围和车削加工特点

（一）车床的加工范围

车床的加工范围很广，适应性很强。在车床上可以钻中心孔、车外圆、车端面、车槽、切断工件、钻孔、扩孔、铰孔、镗孔、车锥体、车螺纹及车特型面等。下面将车床的一些主要加工方法作一简要介绍。

1. 车外圆（见图 14-1）

车外圆是车床上最基本的加工方法。工件夹持在卡盘或其他夹具上，对于较长的工件，为增加切削的平稳性，还要采用安装在尾座上的活顶尖顶紧另一端。工件由车床主轴带动旋转，车刀由刀架带动作纵向移动。用这种方法可以加工光轴、阶梯轴、套类及圆盘类零件等

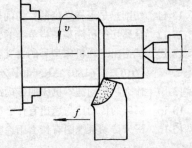

图 14-1 车外圆

的外圆柱面。

2．车端面（见图14-2）

车端面时，工件作旋转运动，车刀作横向移动。用这种方法可以车削轴、套、盘类零件的端面。

3．车环槽和切断（见图14-3）

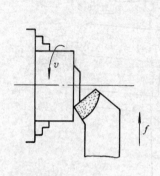

图14-2　车端面

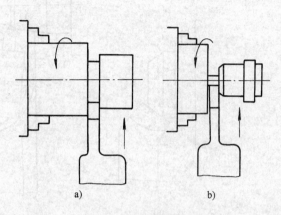

图14-3　车环槽和切断
a) 车环槽　b) 切断

工件作旋转运动，切断刀作横向移动。车环槽时，刀具切至工件槽深为止；切断时，刀具切至工件断开为止。

4．钻孔、扩孔和铰孔（见图14-4）

工件作旋转运动，通过安装在尾座套筒中的钻头、扩孔钻和铰刀的纵向移动来完成钻、扩、铰的加工。

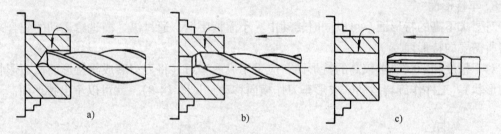

图14-4　钻孔、扩孔和铰孔
a) 钻孔　b) 扩孔　c) 铰孔

5．镗孔（见图14-5）

工件作旋转运动，夹持在刀架上的镗孔车刀作纵向移动，从而完成对工件内孔的镗削加工。

6．车锥体

车锥体的方法有几种，这里仅介绍两种。

（1）采用宽刃刀（见图14-6a）　将宽刃车刀的刀刃搬至所需要的角度，工件作旋转运动，车刀作纵向或横向移动，即可车出锥体。这种方法只能车锥度要求不高的短锥面。

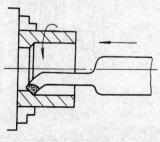

图14-5　镗孔

（2）转动小溜板（见图14-6b） 搬动刀架小溜板使其转角等于工件圆锥斜角 α。工件作旋转运动，转动小溜板手柄作手动进给，就可以车出所需要的锥体。

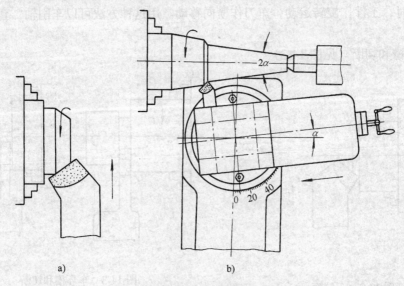

图 14-6　车锥体

a) 用宽刃刀车短锥　b) 转动小溜板车锥体

7. 车螺纹（见图14-7）

螺纹车刀的刃口形状决定螺纹截面的形状，采用某种形状的螺纹车刀，就相应地车出这种截面形状的螺纹。车削螺纹时，必须严格保证车床主轴转一周，刀架移动一个导程（单线螺纹的导程等于螺距）。

8. 车特形面

对要求不高的特形面，可以同时转动中、小溜板手柄，通过纵、横进给运动的配合来加工出所需要的特形面。

对于精度和形状要求较高的特形面，应采用成形车刀（将刀刃磨成与特形面截面形状相符的形状）。工件作旋转运动，成形车刀作横向移动（见图14-8），就可以车出特形面。

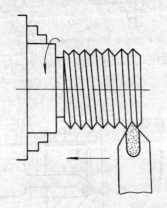

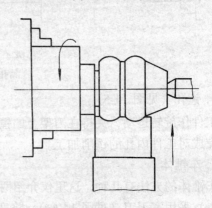

图 14-7　车螺纹　　　　　　　　　图 14-8　用成形车刀车特形面

（二）车削加工的特点

车削加工与其他加工形式相比有如下特点：

1) 车削是最常见的一种加工形式，主要用于各种内、外旋转表面及其端面的加工，它的加工范围较大。

2) 加工时，主运动是工件的旋转运动，进给运动是刀具的纵向和横向移动。

3) 一般情况下，车削过程是连续的切削，切削力比较稳定，加工比较平稳。

4) 车削加工中，由于切屑和刀具之间的剧烈挤压和摩擦，以及刀具与工件之间的摩擦，产生了大量的切削热，但大部分热量被切屑带走，所以一般车削加工可以不使用切削液。

5) 在一般情况下，车削加工多用于粗加工和半精加工。

二、常用车床

（一）卧式车床

卧式车床的加工范围较大，适应性较广，主要用于单件、小批生产的加工车间或维修车间。

这里以常用的 CA6140 型卧式车床为例进行介绍。

1. 机床的组成

由图 14-9 可以看出，CA6140 型车床的主要组成部件有主轴箱 1、刀架 2、尾座 3、床身 4、右床腿 5、溜板箱 6、左床腿 7 和进给箱 8 等。

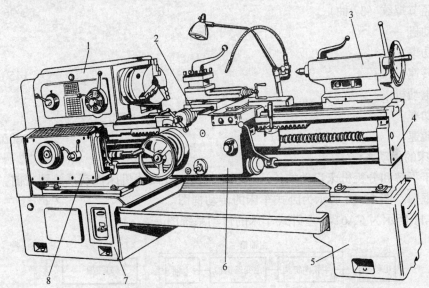

图 14-9　CA6140 型卧式车床

1—主轴箱　2—刀架　3—尾座　4—床身　5—右床腿　6—溜板箱　7—左床腿　8—进给箱

2. 机床的主要技术规格

CA6140 型卧式车床的主要技术规格如下：

床身上最大工件回转直径	400mm
刀架上最大工件回转直径	210mm
最大工件长度	750、1000、1500mm
主轴中心至床身平面导轨距离	205mm
最大车削长度	650、900、1400mm

主轴孔径	48mm
主轴转速	
正转（24级）	10～1400r/min
反转（12级）	14～1580r/min
刀架纵向及横向进给量	各64种
纵向：一般进给量	0.08～1.59mm/r
小进给量	0.028～0.054mm/r
加大进给量	1.71～6.33mm/r
横向：一般进给量	0.04～0.79mm/r
小进给量	0.014～0.027mm/r
加大进给量	0.86～3.16mm/r
刀架纵向快速移动速度	4m/min
车削螺纹范围	
米制螺纹（44种）	1～192mm
英制螺纹（20种）	2～24牙/in
模数螺纹（39种）	0.25～48mm
径节螺纹（37种）	1～96牙/in
主电动机	
功率	7.5kW
转速	1450r/min
快速电动机	
功率	250W
转速	2800r/min

3. 机床的传动系统

为便于了解和分析机床运动的传递、联系情况，在阅读机床传动系统图之前，先看一下机床传动框图。图14-10所示为卧式车床的传动框图。

图14-11所示为CA6140型卧式车床的传动系统图。

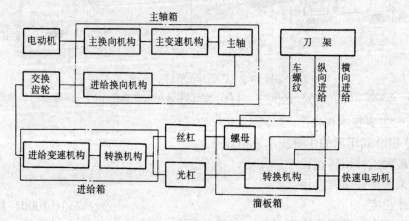

图14-10　卧式车床传动框图

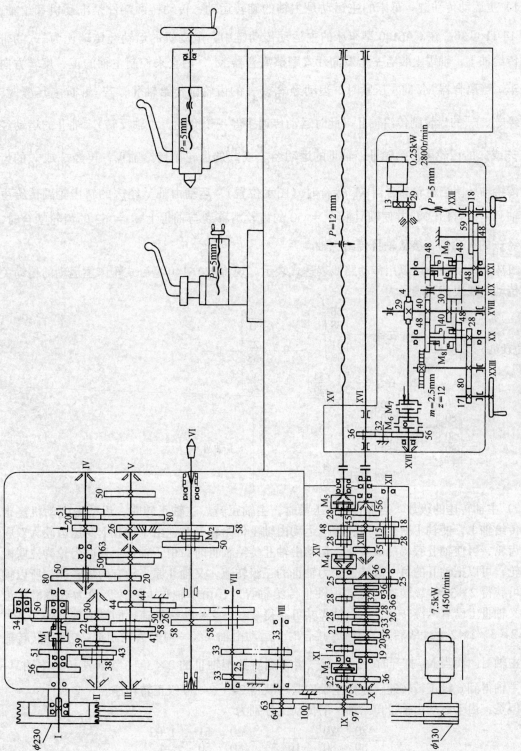

图 14-11 CA6140 型卧式车床的传动系统

（1）主运动　下面分析主运动传动链、主轴转速级数及运动平衡式。

1）主运动传动链。车床的主运动是主轴的旋转运动，传动链两端件是电动机和主轴。由图 14-11 可知，在 CA6140 型车床的主运动传动链中，电动机的运动经传动比为 $\frac{130}{230}$ 的带传动传给轴 I，轴 I 上装有一个双向片式摩擦离合器 M_1，用它来控制主轴的正、反转方向及停车。当离合器 M_1 向左压紧时，运动经 $\frac{56}{38}$ 或 $\frac{51}{43}$ 的齿轮副传给轴 II；若 M_1 向右压紧时，运动经 $\frac{50}{34}$、$\frac{34}{30}$ 的齿轮副传给轴 II（此时运动传递多经一个介轮，主轴反转）。轴 II 的运动经 $\frac{39}{41}$ 或 $\frac{22}{58}$ 或 $\frac{30}{50}$ 的齿轮副传给轴 III，轴 III 的运动经 $\frac{20}{80}$ 或 $\frac{50}{50}$ 的齿轮副传给轴 IV，再经 $\frac{20}{80}$ 或 $\frac{51}{50}$ 的齿轮副传给轴 V。当齿轮离合器 M_2 接合时（图示位置），运动由轴 V 经 $\frac{26}{58}$ 的斜齿轮副传给主轴（轴 VI）。当打开 M_2 并使轴 VI 上 $z = 50$ 的齿轮滑移到与轴 III 上 $z = 63$ 的齿轮啮合时，运动经 $\frac{63}{50}$ 的齿轮副直接从轴 III 传给主轴。

机床的传动关系可以用传动路线表达式表示。现将 CA6140 型卧式车床主运动的传动关系用传动路线表达式表示为

$$
\text{电动机} - \frac{130}{230} - \text{I}
\begin{cases}
M_1 \text{左合} - \begin{cases} \frac{56}{38} \\ \frac{51}{43} \end{cases} \\
M_1 \text{右合} - \frac{50}{34} \times \frac{34}{30}
\end{cases}
\text{II}
\begin{cases}
\frac{39}{41} \\
\frac{22}{58} \\
\frac{30}{50}
\end{cases}
\text{III} -
$$

$$
\begin{cases}
\frac{20}{80} \\
\frac{50}{50}
\end{cases}
\text{IV}
\begin{cases}
\frac{20}{80} \\
\frac{51}{50}
\end{cases}
\text{V} - (M_2 \text{合上}) \frac{26}{58}
$$

$$
(M_2 \text{打开}) \frac{63}{50} \quad \text{主轴 VI}
$$

2）主轴转速的级数。当 M_1 向左压紧时，主轴正转。主轴正转时，运动由电动机经带传动传给轴 I，使轴 I 获得一级转速。运动由轴 I 传给轴 II 时，由于轴 II 上变速齿轮为双联滑移齿轮，可使轴 II 获得两级转速。运动由轴 II 传给轴 III 时，由于轴 III 上变速齿轮为三联滑移齿轮，可以把轴 II 的每一级转速变为轴 III 的三级转速，又轴 II 原来已有两级转速，所以轴 III 共可获得 $2 \times 3 = 6$ 级转速。运动由轴 III 传给轴 IV 时，由于轴 IV 上变速齿轮为双联滑移齿轮，又轴 III 上已有六级转速，所以轴 IV 共可获得 $2 \times 3 \times 2 = 12$ 级转速。同样道理，轴 V 共可获得 $2 \times 3 \times 2 \times 2 = 24$ 级转速。当 M_2 接合时，运动由轴 V 经一对斜齿轮副把 24 级正转转速传给主轴 VI。而当 M_2 打开时，运动经 $\frac{63}{50}$ 齿轮副直接把轴 III 的 $2 \times 3 = 6$ 级转速传给主轴 VI，又使主轴得到 6 级正转转速，这样主轴一共可获得 $24 + 6 = 30$ 级正转转速。

但是，由于运动由轴 III 传给轴 V 的传动比分别为

$$
u_1 = \frac{20}{80} \times \frac{20}{80} = \frac{1}{16}; u_2 = \frac{20}{80} \times \frac{51}{50} = \frac{1.02}{4}
$$

$$
u_3 = \frac{50}{50} \times \frac{20}{80} = \frac{1}{4}; u_4 = \frac{50}{50} \times \frac{51}{50} = 1.02
$$

其中 u_2 与 u_3 的数值相近，本机床由轴Ⅲ到轴Ⅴ实际上只有三种传动比，因而当 M_2 接合时主轴实际上只获得 $2×3×3＝18$ 级正转转速，所以主轴应获得 $18＋6＝24$ 级正转转速。

同样道理，当 M_1 向右压紧时，主轴共获得 12 级反转转速。

3）主运动传动链的运动平衡式。在车床主运动中，电动机轴为主动轴，主轴为从动轴。根据前述主运动的传动路线表达式可以列出计算主轴转速的方程式，这种方程式通常称为运动平衡式，综合如下

$$n ＝ n_电 × u_带 × u_齿 \tag{14-1}$$

式中　n ——主轴的转速（r/min）；

　　　$n_电$ ——电动机的转速（r/min）；

　　　$u_带$ ——带传动的传动比，$u_带＝\dfrac{D_1}{D_2}$；

　　　$u_齿$ ——齿轮传动部分的总传动比，$u_齿＝\dfrac{各主动轮齿数的乘积}{各从动轮齿数的乘积}＝u_1u_2u_3\cdots u_k$。

根据主运动传动链的平衡式，即可以计算出主轴的各级转速。其最低及最高的正转转速分别为

$$n_{min} ＝ 1450 × \frac{130}{230} × \frac{51}{43} × \frac{22}{58} × \frac{20}{80} × \frac{26}{58}r/min ＝ 10r/min$$

$$n_{max} ＝ 1450 × \frac{130}{230} × \frac{56}{38} × \frac{39}{41} × \frac{63}{50}r/min ＝ 1400r/min$$

（2）进给运动　进给运动传动链包括车螺纹，一般进给和快速移动三组传动链，而车螺纹传动链又包含车米制螺纹、英制螺纹、模数螺纹和径节螺纹四条传动路线。为简化文字叙述，对于车螺纹传动链只介绍车米制螺纹传动链。

1）车制米制螺纹的传动链。对于螺纹加工，必须严格保证以下关系：主轴带动工件转一周，刀架移动一个导程（单线螺纹的导程等于螺距）。生产中常用到的螺纹有四种：米制螺纹、英制螺纹、模数螺纹和径节螺纹。这里我们只介绍车米制螺纹的传动链。米制螺纹是各种螺纹中应用最广泛的一种，它的螺距通常以 P 表示，单位是 mm。国家标准规定米制螺纹的螺距为 $P＝0.5$、0.75、1、1.25、1.5、1.75、2、2.5、3、…。

车制米制螺纹传动链的两端件是主轴和刀架，在车制单线螺纹时，要求主轴转一周，刀架应移动一个螺距 P。从传动系统图 14-11 中可以看出，从主轴到刀架之间，传动是由挂轮架和进给箱来实现变速的。主轴Ⅵ的运动经 $\frac{58}{58}$ 的齿轮副传到轴Ⅶ，又经变向机构 $\frac{33}{33}$ 或 $\frac{33}{25}×\frac{25}{33}$ 传到轴Ⅷ，这个变向机构是用于变换加工左右螺纹的进给方向的。再经挂轮架上 $\frac{63}{100}×\frac{100}{75}$ 的齿轮传给进给箱中的轴Ⅸ，经 $\frac{25}{36}$ 的齿轮副传到轴Ⅹ。再经基本变速组的齿轮副 $\left(\frac{19}{14}或\frac{20}{14}；\frac{36}{21}或\frac{33}{21}；\frac{26}{28}或\frac{28}{28}；\frac{36}{28}或\frac{32}{28}\right)$ 把运动传轴Ⅺ，经 $\frac{25}{36}×\frac{36}{25}$ 的齿轮副把运动转到轴Ⅻ（其中 $z＝36$ 的介轮是空套在轴上Ⅹ的）。再经 $\frac{28}{35}$ 或 $\frac{18}{45}$ 的齿轮副把运动传到轴ⅩⅢ，经 $\frac{35}{28}$ 或 $\frac{15}{48}$ 的齿轮副把运动传到轴ⅩⅣ。最后经轴ⅩⅣ上的滑移齿轮接通齿轮离合器 M_5，使丝杠（轴ⅩⅤ）转动，通过合上开合螺母而使刀架获得车米制螺纹的进给运动。其传动路线表达式为

$$主轴 Ⅵ-\frac{58}{58}-Ⅶ \left\{ \begin{array}{c} \frac{33}{25}\times\frac{25}{33} \\[2mm] \frac{33}{33} \end{array} \right\} Ⅷ-\frac{63}{100}\times\frac{100}{75}-Ⅸ-\frac{25}{36}-Ⅹ \left\{ \begin{array}{c} \frac{26}{28} \\ \frac{28}{28} \\ \frac{32}{28} \\ \frac{36}{28} \\ \frac{19}{14} \\ \frac{20}{14} \\ \frac{33}{21} \\ \frac{36}{21} \end{array} \right\} Ⅺ-$$

$$-\frac{25}{36}\times\frac{36}{25}-Ⅻ \left\{ \begin{array}{c} \frac{28}{35} \\[2mm] \frac{18}{45} \end{array} \right\} ⅩⅢ \left\{ \begin{array}{c} \frac{35}{28} \\[2mm] \frac{15}{48} \end{array} \right\} ⅩⅣ-M_5 合上-ⅩⅤ 丝杠（P=12mm，单线）-开合螺母-溜板、$$

刀架

运动由主轴传给刀架，中间经过定比机构 $\left(\frac{58}{58}\right)$、左右螺纹变向机构 $\left(\frac{33}{25}\times\frac{25}{33} 或 \frac{33}{33}\right)$，挂轮机构 $\left(\frac{63}{100}\times\frac{100}{75}\right)$、移换机构 $\left(\frac{25}{36}\right)$、基本组 $\left(\frac{26}{28}、\frac{28}{28}、\frac{32}{28}、\frac{36}{28}、\frac{19}{14}、\frac{20}{14}、\frac{33}{21}、\frac{36}{21}\right)$、移换机构 $\left(\frac{25}{36}\times\frac{36}{25}\right)$、增倍机构 $\left(\frac{28}{35} 或 \frac{18}{45}；\frac{35}{28} 或 \frac{15}{48}\right)$，再经丝杠、开合螺母传给刀架，完成车制米制螺纹运动的传递。

轴Ⅺ上的四个滑移齿轮（28、28、14、21）和轴Ⅹ上的八个固定齿轮（26、28、32、36、19、20、33、36）相继啮合，可以获得如下八种传动比：

$$u_{基1}=\frac{26}{28}=\frac{6.5}{7}（不用） \qquad u_{基2}=\frac{28}{28}=\frac{7}{7}$$

$$u_{基3}=\frac{32}{28}=\frac{8}{7} \qquad u_{基4}=\frac{36}{28}=\frac{9}{7}$$

$$u_{基5}=\frac{19}{14}=\frac{9.5}{7}（不用） \qquad u_{基6}=\frac{20}{14}=\frac{10}{7}$$

$$u_{基7}=\frac{33}{21}=\frac{11}{7} \qquad u_{基8}=\frac{36}{21}=\frac{12}{7}$$

由于这一组齿轮变速后可以获得一组成等差数列的螺距 $\left(\frac{7}{7}，\frac{8}{7}，\frac{9}{7}，\frac{10}{7}，\frac{11}{7}，\frac{12}{7}\right)$，是变化螺距值的基础，故我们称它为基本组。

这个基本组显然满足不了整个螺距数列的要求，然后由进给箱中轴Ⅻ至轴 ⅩⅣ 之间的两对滑移齿轮组成的增倍机构，将基本组的螺距范围扩大，以获得更多的米制螺距。增倍机构的传动比分别为

$$u_{倍1}=\frac{28}{35}\times\frac{35}{28}=1； \qquad u_{倍2}=\frac{18}{45}\times\frac{35}{28}=\frac{1}{2}$$

$$u_{倍3}=\frac{28}{35}\times\frac{15}{48}=\frac{1}{4}； \qquad u_{倍4}=\frac{18}{45}\times\frac{15}{48}=\frac{1}{8}$$

将车米制螺纹的传动路线表达式加以整理，可列出其运动平衡式为

$$P_{\text{工}} = 1 \times \frac{58}{58} \times \frac{33}{33} \times \frac{63}{100} \times \frac{100}{75} \times \frac{25}{36} \times u_{\text{基}} \times \frac{25}{36} \times \frac{36}{25} \times u_{\text{倍}} \times P$$

式中　$P_{\text{工}}$——工件的螺距（mm）；

　　　P——机床丝杠螺距，为 12mm。

将上式化简后可得

$$P_{\text{工}} = 7u_{\text{基}}u_{\text{倍}} \text{ mm} \tag{14-2}$$

式中　$u_{\text{基}}$——基本组的传动比；

　　　$u_{\text{倍}}$——增倍机构的传动比。

选用不同的 $u_{\text{基}}$ 和 $u_{\text{倍}}$，可以获得不同的螺距值。如

当　$u_{\text{基}} = \frac{28}{28} = 1$、$u_{\text{倍}} = \frac{28}{35} \times \frac{35}{28} = 1$ 时，$P_{\text{工}} = 7u_{\text{基}}u_{\text{倍}}$ mm ＝ 7mm

当　$u_{\text{基}} = \frac{28}{28} = 1$、$u_{\text{倍}} = \frac{18}{45} \times \frac{35}{28} = \frac{1}{2}$ 时，$P_{\text{工}} = 7u_{\text{基}}u_{\text{倍}}$ mm ＝ 3.5mm

当　$u_{\text{基}} = \frac{36}{21} = \frac{12}{7}$、$u_{\text{倍}} = \frac{28}{35} \times \frac{35}{28} = 1$ 时，$P_{\text{工}} = 7u_{\text{基}}u_{\text{倍}}$ mm ＝ 12mm

2) 一般进给传动链。一般进给传动链的两端件是主轴和刀架。它们的运动关系是：主轴转一周，刀架进给一个距离，用符号 f 表示，即进给量。进给方向平行于主轴中心线的称为纵向进给，其进给量以 $f_{\text{纵}}$ 表示；进给方向垂直于主轴中心线的称为横向进给，其进给量以 $f_{\text{横}}$ 表示。

一般进给运动的传动链基本上和车螺纹的传动链相一致，为了减少丝杠的磨损以保持丝杠的精度，一般进给运动是由光杠经溜板箱传给刀架的。下面介绍一般进给运动的传动链。

运动由主轴经 $\frac{58}{58}$ 的齿轮副传到轴 Ⅶ，经变向机构传到轴 Ⅷ，再经挂轮架传到轴 Ⅸ，经 $\frac{25}{36}$ 的齿轮副传到轴 Ⅹ，经基本组、增倍机构把运动传到轴 ⅩⅣ（以上和车螺纹传动路线一样）后，把齿轮离合器 M_5 打开，$z = 28$ 的齿轮滑到和 $z = 56$ 的齿轮啮合，运动便经 $\frac{28}{56}$ 的齿轮副传到光杠轴 ⅩⅥ，经 $\frac{36}{32} \times \frac{32}{56}$ 的两对齿轮副传给溜板箱的轴 ⅩⅦ，经 $\frac{4}{29}$ 的蜗杆副传到轴 ⅩⅧ，再经 $\frac{40}{48}$ 的齿轮副和 $\frac{40}{30} \times \frac{30}{48}$ 的两对齿轮副把运动同时传到轴 ⅩⅩ 及轴 ⅩⅪ 上的四个 $z = 48$ 的空套齿轮上。此时，若离合器合 M_8 合上，运动便经 $\frac{28}{80}$ 的齿轮副传到轴 ⅩⅩⅢ，轴 ⅩⅩⅢ 上的小齿轮与固定在床身上的齿条相啮合，带动溜板箱及刀架作纵向运动。M_8 向后合时，刀架纵向进给；M_8 向前合时，刀架纵向退回。

若把离合器 M_9 合上，运动便经 $\frac{48}{48} \times \frac{59}{18}$ 的两对齿轮副传到横向进给丝杠 ⅩⅫ，通过螺母带动刀架作横向运动。M_9 向前合时，刀架横向进给；M_9 向后合时，刀架横向退回。

进给运动的传动路线表达式为

主轴—$\frac{58}{58}$—Ⅶ$\left\{ \begin{array}{c} \frac{33}{25} \times \frac{25}{33} \\[2mm] \frac{33}{33} \end{array} \right\}$Ⅷ—$\frac{63}{100} \times \frac{100}{75}$—进给箱—

M_5 打开—$\dfrac{28}{56}$—光杠（XVI）—$\dfrac{36}{32}\times\dfrac{32}{56}$—XVII—$\dfrac{4}{29}$—XVIII—

$\begin{cases} \dfrac{40}{30}\times\dfrac{30}{48}\text{—}M_8\text{ 后合—XX}\text{—}\dfrac{28}{80}\text{—XXIII—齿轮}\left(\begin{array}{l}z=12\\m=2.5\text{mm}\end{array}\right)\text{—齿条—刀架纵向进给}\\[4mm] \dfrac{40}{48}\text{—}M_8\text{ 前合—XX}\text{—}\dfrac{28}{80}\text{—XXIII—齿轮}\left(\begin{array}{l}z=12\\m=2.5\text{mm}\end{array}\right)\text{—齿条—刀架纵向退回}\\[4mm] \dfrac{40}{48}\text{—}M_9\text{ 前合—XXI}\text{—}\dfrac{48}{48}\times\dfrac{59}{18}\text{—XXII—丝杠}\left(P=5\text{mm}\right)\text{—螺母—刀架横向进给}\\[4mm] \dfrac{40}{30}\times\dfrac{30}{48}\text{—}M_9\text{ 后合—XXI}\text{—}\dfrac{48}{48}\times\dfrac{59}{18}\text{—XXII—丝杆}\left(P=5\text{mm}\right)\text{—螺母—刀架横向退回} \end{cases}$

当进给箱中按车制米制螺纹的传动路线传动时，其纵向及横向进给运动平衡式为

$$f_{纵}=1\times\frac{58}{58}\times\frac{33}{33}\times\frac{63}{100}\times\frac{100}{75}\times\frac{25}{36}\times u_{基}\times\frac{25}{36}\times\frac{36}{25}\times u_{倍}\times\frac{28}{56}$$

$$\times\frac{36}{32}\times\frac{32}{56}\times\frac{4}{29}\times\frac{40}{30}\times\frac{30}{48}\times\frac{28}{80}\times\pi\times m\times z$$

式中　$m=2.5$mm，$z=12$。

将上式化简得

$$f_{纵}=0.71u_{基}u_{倍}\ \text{mm/r} \tag{14-3}$$

$$f_{横}=1\times\frac{58}{58}\times\frac{33}{33}\times\frac{63}{100}\times\frac{100}{75}\times\frac{25}{36}\times u_{基}\times\frac{25}{36}\times\frac{36}{25}\times u_{倍}\times\frac{28}{56}$$

$$\times\frac{36}{32}\times\frac{32}{56}\times\frac{4}{29}\times\frac{40}{48}\times\frac{48}{48}\times\frac{59}{18}\times P$$

式中　$P=5$mm。

将上式化简得

$$f_{横}=0.354u_{基}u_{倍}\ \text{mm/r} \tag{14-4}$$

选用不同的 $u_{基}$ 和 $u_{倍}$，就可以获得不同的纵向进给量和横向进给量。如当 $u_{基}=28/28$ $=1$，$u_{倍}=(18/45)\times(15/48)=1/8$ 时，则

$$f_{纵}=0.71\times1\times1/8\ \text{mm/r}=0.089\ \text{mm/r}$$

$$f_{横}=0.354\times1\times1/8\ \text{mm/r}=0.044\ \text{mm/r}$$

3）快速移动传动链。刀架除作纵向及横向进给运动外，还可以作快速移动，刀架的快速移动是通过操纵快速电动机来实现的。快速电动机的运动经 $\dfrac{13}{29}$ 的齿轮副直接传给蜗杆轴 XVII（因该轴上装有超越离合器 M_6 由主轴传给光杠的进给运动自动断开，不能传给轴 XVII）。再经蜗杆副、齿轮副、齿轮齿条（或丝杠螺母）等传给刀架，使刀架快速移动。

刀架快速移动传动路线表达式为

$$\text{快速电动机—}\frac{13}{29}\text{—XVII—}\frac{4}{29}\text{—XVIII—}\begin{cases}\dfrac{40}{30}\times\dfrac{30}{48}\text{—}M_8\text{ 后合}\\[3mm]\dfrac{40}{48}\text{—}M_8\text{ 前合}\\[3mm]\dfrac{40}{48}\text{—}M_9\text{ 前合}\\[3mm]\dfrac{40}{30}\times\dfrac{30}{48}\text{—}M_9\text{ 后合}\end{cases}$$

$$-XX-\frac{28}{80}-XX\!I\!I\!I-齿轮\left(\begin{matrix}z=12\\m=2.5mm\end{matrix}\right)-齿条—刀架纵向快进$$

$$-XX-\frac{28}{80}-XX\!I\!I\!I-齿轮\left(\begin{matrix}z=12\\m=2.5mm\end{matrix}\right)-齿条—刀架纵向快退$$

$$-XXI-\frac{48}{48}\times\frac{59}{18}-XX\!I\!I-丝杠（P=5mm）—螺母—刀架横向快进$$

$$-XXI-\frac{48}{48}\times\frac{59}{18}-XX\!I\!I-丝杠（P=5mm）—螺母—刀架横向快退$$

刀架快速移动平衡式为

$$v_{纵快}=n_{快电}\times\frac{13}{29}\times\frac{4}{29}\times\frac{40}{30}\times\frac{30}{48}\times\frac{28}{80}\times\pi mz$$

$$v_{横快}=n_{快电}\times\frac{13}{29}\times\frac{4}{29}\times\frac{40}{48}\times\frac{48}{48}\times\frac{59}{18}\times P$$

式中，$m=2.5mm$；$z=12$；$P=5mm$；$n_{快电}=2800r/min$。所以刀架纵向、横向快速移动速度为

$$v_{纵快}=2800\times\frac{13}{29}\times\frac{4}{29}\times\frac{40}{30}\times\frac{30}{48}\times\frac{28}{80}\times3.14\times2.5\times12mm/min=4757mm/min\approx0.08m/s$$

$$v_{横快}=2800\times\frac{13}{29}\times\frac{4}{29}\times\frac{40}{48}\times\frac{48}{48}\times\frac{59}{18}\times5mm/min=2364mm/min\approx0.04m/s$$

（二）立式车床

图 14-12 是立式车床的外观图。它的主轴轴心线处于竖直位置（立式），而工作台台面处于水平平面内，使工件的装夹和找正都比较方便，特别适用于短而粗大的工件的安装和加工。又由于工件和工作台的重量均匀地作用在工作台底座的导轨或推力轴承上，因此能长期保持其工作精度。

由图 14-12 可以看出，立式车床由底座 1、工作台 2、垂直刀架 3、横梁 4、立柱 5 和侧刀架 6 等部分组成。工作台 2 安装在底座上，工件装夹在工作台上并由工作台带动作主运动；进给运动由垂直刀架 3 和横梁 4 来实现。侧刀架 6 可在立柱 5 的导轨上移动作垂直进给，还可沿其刀架滑座的导轨作横向进给。垂直刀架 3 可在横梁 4 的导轨上移动作横向进给，还可沿其刀架滑座的导轨作垂直进给。垂直刀架上通常带有转塔刀架，在此转塔刀架上可以安装几组刀具，供轮流切削之用。横梁 4 可根据工件的高度沿立柱导轨调整位置。

立式车床可以加工大型圆盘类

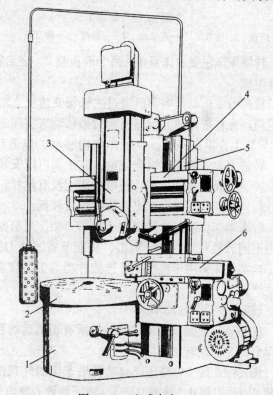

图 14-12 立式车床

1—底座 2—工作台 3—垂直刀架 4—横梁 5—立柱 6—侧刀架

零件，一般用于单件、小批量生产的工厂及维修车间。

（三）回轮、转塔车床

回轮、转塔车床的主要特征是带有一个可安装多把刀具的多工位刀架。回轮、转塔车床有回轮式和转塔式两种结构型式。图14-13为转塔车床的外观图，图14-14所示是回轮车床的局部外观结构。下面仅简要介绍转塔车床。

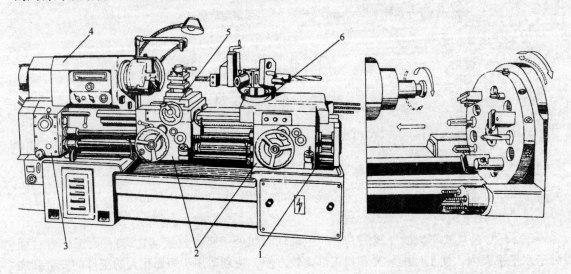

图 14-13　转塔车床

1—床身　2—溜板箱　3—进给箱　4—主轴箱　5—前刀架　6—转塔刀架

图 14-14　回轮车床（局部）

转塔车床主要由床身1、两个溜板箱2、进给箱3、主轴箱4、前刀架5和转塔刀架6等部分组成。

机床的主运动是电动机通过主轴箱变速使主轴带动卡盘旋转来实现的，进给运动是通过进给箱经光杠带动两溜板箱使两刀架移动来实现的。前溜板箱2上的前刀架5既可以在床身1的导轨上作纵向移动，也可作横向移动，以适应加工大直径的外圆柱面、内外端面及环槽。转塔刀架6只能作纵向进给，它上面可以安装多把刀具，主要用于车外圆及对工件进行钻、扩、铰或镗孔加工等。转塔车床上没有丝杠，如需要加工螺纹时，应采用成形螺纹刀具（丝锥、板牙等），但加工出的螺纹精度较低。

转塔车床比卧式车床多一个转塔刀架，可根据零件加工的需要，通过转塔转位，顺序地使用不同刀具对工件进行加工，从而节省了换刀及其他辅助时间，故生产效率比卧式车床高。这类机床多用于盘套类、连接件类等工序较多的零件（见图14-15）的加工，适用于批量生产。

（四）多刀半自动车床

能自动完成除装卸工件以外的所有切削运动和辅助运动的机床，称为半自动机床。这里简单介绍半自动转塔车床。

图14-16是一种液压半自动转塔车床的外观图。这种车床主要由床身1、主轴箱2、前刀架3、后刀架4、转塔刀架5、液压装置6和电气装置7等部分组成。

主轴箱正面装有操纵板，插销板（调整程序、预选转速和进给量之用）和一切供调整、操纵的旋钮和按钮。

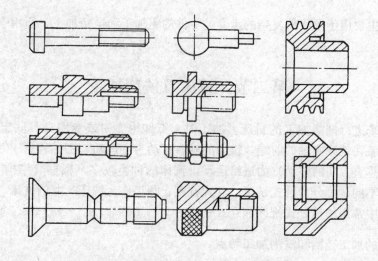

图 14-15　转塔车床上加工的典型零件

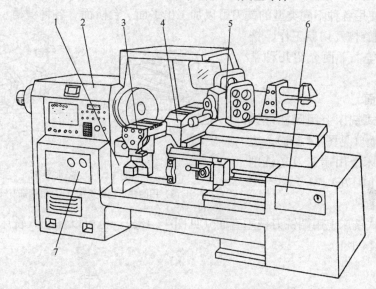

图 14-16　半自动转塔车床
1—床身　2—主轴箱　3—前刀架　4—后刀架　5—转塔刀架　6—液压装置　7—电气装置

机床的三个液压驱动刀架中，转塔刀架是主要工作刀架，主要的切削加工由它来完成。刀具安装在转塔上，每面可装一组刀具，利用转塔转位，使各组刀具轮流参加切削，实现六工步的自动循环。也可以间隔地安装三组刀具，实现三工步的自动循环。转塔刀架的自动循环由快速前进、工作进给、快速退回和转塔转位等主要动作组成。此外，转位之前，转塔刀架自动松开；转位完毕，转塔刀架自动夹紧。转塔刀架快速退回之前，为了避免刀刃划伤工件表面，转塔还可以自动微抬。前后刀架为辅助刀架，它们都有各自的工作循环，包括快速前进、工作进给和快速退回，各刀架还能根据加工程序协同动作，完成对整个工件的自动加工。

半自动转塔车床用插销板和行程开关作为发布指令器官。指令由电路、油路和一些机构传递给被控制的工作部件，控制它们的速度、方向和行程长度，使机床完成规定加工程序的工作循环。

这种机床主要用于形状较复杂的盘套类零件的粗加工和半精加工，适用于成批和大量生产。

第二节　铣床及铣削加工

铣床是用来进行铣削加工的机床。加工时，工件用虎钳或专用夹具固定在铣床工作台上，而铣刀安装在铣床主轴的前端。铣刀的旋转运动为主运动、工件相对于刀具的运动（如纵向、横向或垂直方向的移动）为进给运动。铣床的种类较多，根据其结构、布局其结构、布局及用途的不同，可分为卧式铣床、立式铣床、圆工作台铣床、龙门铣床、仿型铣床及工具铣床等。其中常用的是卧式铣床和立式铣床。

一、铣床的加工范围和铣削加工特点

（一）铣床的加工范围

在铣床上使用各种不同类型的铣刀可以加工出平面、台阶面、各种键槽、V形槽、T形槽、燕尾槽、螺旋槽及切断工作、铣削齿轮和蜗轮等。下面介绍几种常见的铣削方法。

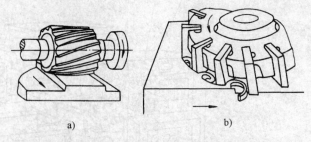

1. 铣水平面

可以在卧式铣床上用圆柱形铣刀来铣削水平面（见图14-17a）；也可以在立式铣床上用端铣刀来铣削水平面（见图14-17b）。

图14-17　铣水平面
a）用圆柱形铣刀铣削　b）用端铣刀铣削

2. 铣垂直面

可以在卧式铣床上用端铣刀铣垂直面（见图14-18a）；也可以在立式铣床上用立铣刀铣垂直面（见图14-18b）。

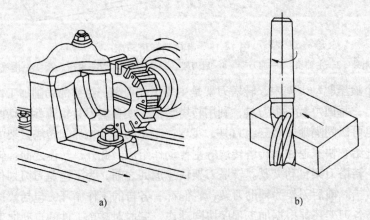

图14-18　铣垂直面
a）用端铣刀铣削　b）用立铣刀铣削

3．铣斜面

可以在卧式铣床上用角度铣刀直接铣出斜面（见图 14-19a）；或者在立式铣床上将铣头转至所需要的角度进行铣削（见图 14-19b），还可以将工件转至所需要的角度进行铣削。

4．铣直槽

可以在卧式铣床上用盘形铣刀铣削（见图 14-20a），也可以在立式铣床上用立铣刀铣削（见图 14-20b）。

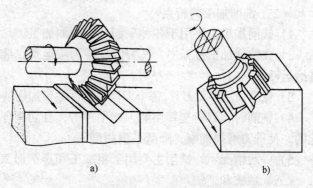

图 14-19　铣斜面
a）用角度铣刀铣削　b）铣头转角铣削

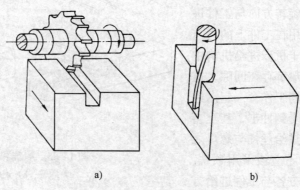

图 14-20　铣直槽
a）用盘形铣刀铣削　b）用立铣刀铣削

5．铣 T 形槽

先用圆盘铣刀铣出直槽（见图 14-21a）；或用立铣刀铣出直槽，然后用 T 形槽铣刀铣出 T 形槽（见图 14-21b）。

6．铣特形面

采用成形铣刀铣削（见图 14-22）。

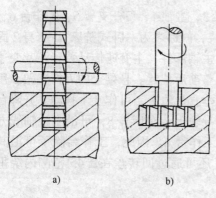

图 14-21　铣 T 形槽
a）先铣直槽　b）后铣 T 形槽

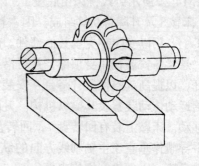

图 14-22　铣特形面

（二）铣削加工的特点

1）铣削加工主要用于各种平面及沟槽的加工。

2）在铣削加工过程中，铣刀的旋转为主运动，装在工作台上的工件相对刀具的运动为进给运动。

3）铣削使用多刃刀具，每个刀齿周期性地参加切削，所以刀刃散热条件好，生产效率较高。

4）铣削时，刀齿交替切削，产生冲击，且切削厚度是变化的，因而铣削力也是不断变化的，使铣刀磨损加剧，降低了耐用度。

5）一般情况下，铣削主要用于粗加工和半精加工。

（三）顺铣和逆铣

在铣床上铣削平时，由于铣刀旋转方向与工件进给方向有相同和相反的两种情况，铣削可分为顺铣和逆铣两种，如图 14-23 所示。

顺铣时，铣刀的旋转方向与工件进给方向一致，铣刀作用在工件上的力与进给的方向相同。由于机床进给机构中的丝杠和螺母之间一般都存在间隙，这样，就会引起工件连同工作台一起沿进给方向窜动，使铣刀受到冲击，甚至会损坏铣刀。因此，当进给丝杠与螺母之间存在较大的间隙时不应该采用顺铣。逆铣时，铣刀的旋转方各与工件进给方

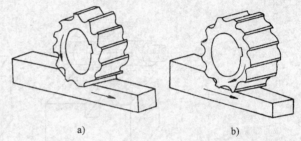

图 14-23　顺铣和逆铣
a）顺铣　b）逆铣

向相反，铣刀作用在工件上的力与进给方向相反，进给丝杠和螺母之间总是保持紧密的接触，不会出现以上不利的现象。一般情况下，铣削加工多采用逆铣。

顺铣虽然存在上述缺点，但是与逆铣相比，还有其独有的特点，如消耗功率小，刀刃磨损小，铣削中铣刀一直压在工件上，工作比较平稳，振动小，加工表面粗糙度较小等。所以在精铣时，有时也采用顺铣。

二、常用铣床

（一）卧式铣床

图 14-24 所示卧式铣床由底座 1、床身 2、悬梁 3、主轴 4、刀杆支架 5、工作台 6、回转盘 7、床鞍 8 及升降台 9 等组成。因主轴 4 水平安装，故称之为"卧式铣床"。床身 2 固定在底座 1 上，用以安装和支承其他部件。床身内装有主轴部件、主变速传动装置及其变速操纵机构。悬梁 3 安装在床身顶部，并可沿燕尾导轨调整前后位置。悬梁上的刀杆支架 5 用以支承刀杆，以提高其刚性。升降台 9 安装在床身前侧垂直导轨上，可作上下移动。升降台内装有进给运动传动装置及其操纵机构。升降台的水平导轨上装有床鞍 8，可沿主轴轴线方向作横向移动。床鞍上装有回转盘 7，回转盘上安装有工作台 6。因此，工作台除了可沿其下方的水平导轨作垂直于主轴轴线方向的纵向移动外，还可通过回转盘在 ±45° 范围内绕垂直轴线调整角度，以便铣削螺旋表面。

卧式铣床因工作台可以上下移动（升降）又称之为升降台铣床，升降台铣床又分为万能和一般两类。万能升降台铣床与一般升降台铣床的主要区别在于工作台除了能在相互垂直的三个

方向上作调整或进给外，还能绕垂直轴线在一定范围内回转，从而扩大了机床的工艺范围。

卧式铣床的加工范围较大，适应性较广，主要用于中小型零件的单件、小批生产的加工车间或维修车间。

（二）立式铣床

图 14-25 是立式铣床的外观图。立式铣床与卧式铣床的主要区别在于立式铣床的主轴竖直安装，也就是以立式铣头代替了卧式铣床的水平主轴，去掉了悬梁及其挂架等部分，其他部分则与卧式完全相同。

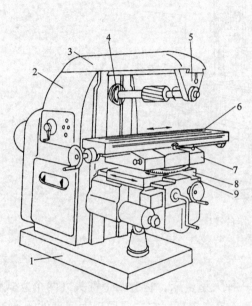

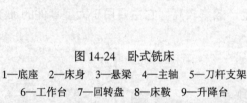

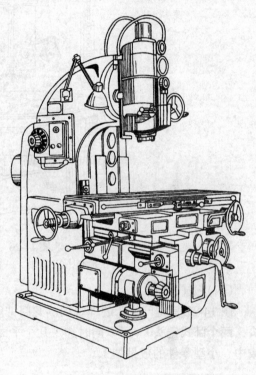

图 14-24　卧式铣床

1—底座　2—床身　3—悬梁　4—主轴　5—刀杆支架
6—工作台　7—回转盘　8—床鞍　9—升降台

图 14-25　立式铣床

立式铣床的主运动是立式主轴的旋转运动，进给运动和快速移动与卧式铣床全一样。

立式铣床一般除了可以加工在卧式铣床上所能加工的零件外，由于立式铣床装卸刀具比较方便，操作时易于观察，还能装上较大的刀盘进行高速铣削，所以立式铣床的用途也很广泛。

（三）圆工作台铣床

图 14-26 是圆工作台铣床的外观图。它主要由底座 1、滑座 2、圆工作台 3、立柱 4 和主轴箱 5 等部分组成。

机床的主运动是主轴的旋转运动（一般有两个主轴），进给运动是圆工作台连续缓慢的转动。除此以外，滑座 2 可以在底座 1 的导轨上作横向调整移动，用来调整工作台与主轴间的横向相对位置。主轴箱可沿立柱导轨作升降调整运动，用于加工中对刀。

由于圆工作台的进给运动是连续缓慢的转动，对于中、小型零件的加工（通过夹具的装夹）可以连续进行，装卸工件的辅助时间与切削时间重合，所以生产效率很高，适用于大批大量生产中铣削中小型零件的平面。

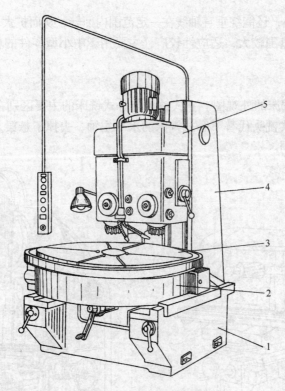

图 14-26　圆工作台铣床

1—底座　2—滑座　3—圆工作台　4—支柱　5—主轴箱

（四）龙门铣床

图 14-27 是龙门铣床的外观图。龙门铣床是一种大型机床，它有四个铣头（两个立式铣头，两个卧式铣头），可以同时加工几个平面，生产效率较高。它主要用于大型零件的加工，或中、小型零件的成批加工。

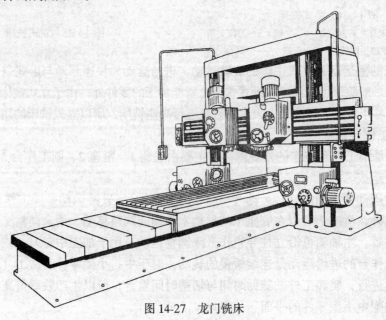

图 14-27　龙门铣床

第三节　钻床及钻削加工

钻床是一种孔加工机床。钻削加工是用孔加工刀具在工件上进行钻孔、扩孔、铰孔、攻螺纹等。在钻床上进行钻削加工时，刀具安装在机床主轴的前端，工件用夹具或直接固定在机床工作台上。主运动是钻床主轴带动刀具的旋转运动，进给运动是主轴的轴向移动（见图14-28）。

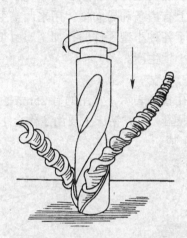

图 14-28　钻头钻削时的情况

一、钻床的加工范围和钻削加工特点

钻床的加工范围较广。在钻床上采用不同的刀具，可以完成打中心孔、钻孔、铰孔、攻螺纹、锪钻埋头孔、修刮端面和镗孔等工作（见图14-29）。

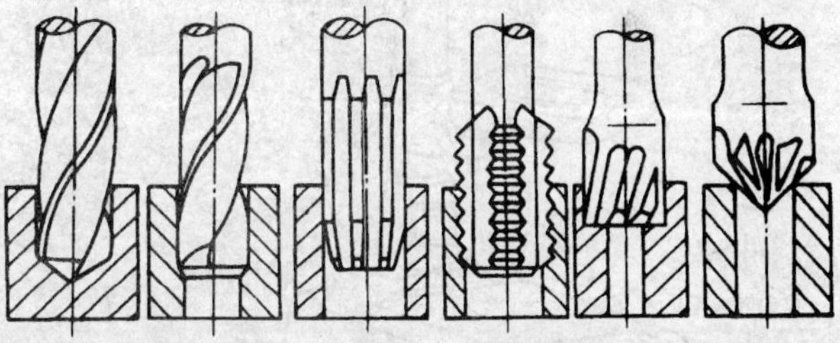

钻削加工有以下特点：

1）钻削主要用于孔加工。

2）钻削时主运动是钻床主轴的旋转运动，进给运动是主轴的轴向移动。

3）钻削是一种半封闭式切削，切屑变形大，排屑困难，而且难于冷却润滑，故钻削温度较高。

4）钻削力较大，钻头容易磨损。

图 14-29　钻床上常用的加工方法

a）钻孔　b）扩孔　c）铰孔　d）攻螺纹

e）锪钻柱形埋头孔　f）锪钻锥形埋头孔

二、常用钻床

钻床的种类很多，常用的有台式钻床、立式钻床和摇臂钻床等。

1. 台式钻床

台式钻床一般用来加工小型零件上直径不超过12mm的孔，最小加工孔径可小于1mm。

由于加工的孔径较小，为达到一定的切削速度，最低转速在 400r/min 以上，最高转速可达 10000r/min（高速台钻）。

图 14-30 是台式钻床的外观图。台式钻床主要由底座 1、工作台 2、主轴 3、主轴架 4 和立柱 5 等部分组成。

钻孔时，钻头装在钻夹头上，钻夹头装在主轴 3 下端的锥孔内。电动机通过主轴架 4 上一对塔轮和 V 带传动，可使主轴获得五种转速。操纵进给手柄可使主轴作轴向移动。工作台 2 用来装夹工件或放置台钳以装夹工件。底座 1 用来支承台钻的其他部分。立柱 5 装在底座上，用以支持主轴架。立柱上有齿条和导向槽，用来调整主轴架的高度以适应加工需要。

台式钻床小巧灵活，适用于各种小型零件的孔加工。由于进给运动靠手动实现，工人劳动强度较大，主要用于单件、小批生产。

2. 立式钻床

立式钻床的规格用最大钻孔直径表示，常用的有 25mm、35mm、40mm 和 45mm 等。

图 14-31 是立式钻床的外观图。立式钻床主要由工作台 1、主轴 2、进给箱 3、主轴变速箱 4、立柱 5 和底座 6 等部分组成。

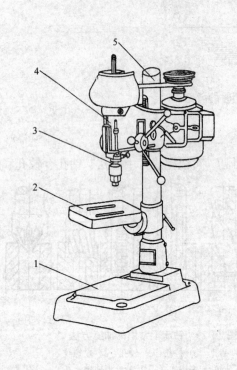

图 14-30　台式钻床

1—底座　2—工作台　3—主轴　4—主轴架　5—立柱

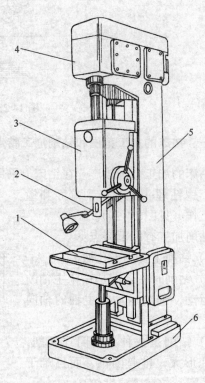

图 14-31　立式钻床

1—工作台　2—主轴　3—进给箱　4—主轴变速箱
5—立柱　6—底座

立柱 5 装在底座 6 上，起连接、支承机床各主要部件的作用。底座起床身作用。工作台 1 用来直接安装工件或放置机用台钳以装夹工件。工作台由丝杠和固定在底座上的螺母套筒支承在底座上，并可沿立柱导轨作垂直移动，以适应不同尺寸的工件加工。进给箱 3 内装有进给变速机构，用来改变主轴 2 的自动轴向进给速度，利用手柄可以进行手动轴向进给运动。进给箱 5 可沿立柱导轨上下移动与工作台配合以适应各种尺寸工件的加工。主轴变速箱 4 固定在立柱顶端，内装主轴变速机构，用以改变主轴的旋转速度。主轴下端的锥孔用来直接安装钻头或安装钻套、钻夹头。主轴与主轴箱、进给箱相连，可以同时实现旋转运动和轴向移动。

立钻与台钻相比，其刚性好，功率大，因而允许采用较大的切削用量，可自动进给，生产效率较高；主轴的转速和进给量变化范围大，加工精度也较高。由于立钻的主轴和工作台都不能沿纵横方向移动，加工不同位置的孔时必须用手移动工件，因此立式钻床仅适合于加工中小型工件上的孔。

3. 摇臂钻床

图 14-32 是摇臂钻床的外观图，摇臂钻床主要由底座 1、立柱 2、摇臂 3、主轴变速箱 4、主轴 5 和工作台 6 等部分组成。

钻削加工时，工件和夹具可安装在底座 1 或工作台 6 上。立柱 2 为双层结构，内立柱安装于底座上，外立柱可绕内立柱转动，并可带着摇臂 3 绕主轴轴线摆动。主轴箱安装在摇臂 3 上，并可沿摇臂水平导轨移动。通过摇臂和主轴箱的上述运动，可以方便地在一个扇面内调整主轴至被加工孔的位置。另外，摇臂可沿立柱轴向上下移动，以调整主轴 5 及刀具的高度。

摇臂钻床具有主轴旋转、主轴轴向进给、主轴箱沿摇臂水平导轨移动、摇臂摆动及摇臂沿立柱升降等五个运动。前两个运动为表面成形运动，后三个为调整位置的辅助运动。主轴的旋转是由主电动机通过主轴箱内若干对齿轮传动变速后传至主轴来实现的。主轴的轴向移动则由主轴通过主轴箱内若干对齿轮传动变速后传至主轴齿条套筒来实现。主轴箱沿摇臂的水平移动由转动手轮通过齿轮齿条传动来实现。摇臂沿立柱的升降由升降电动机通过螺旋机构传动来实现。摇臂的回转是通过松开摇臂的夹紧机构后、用手推动摇臂使外立柱绕内立柱回转来实现的。

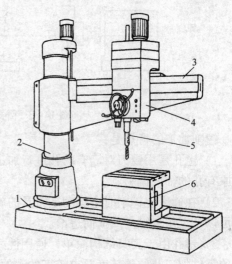

图 14-32 摇臂钻床
1—底座 2—立柱 3—摇臂 4—主轴变速箱
5—主轴 6—工作台

摇臂钻床具有结构简单、操纵方便、工作适应性强等特点，适用于单件和中、小批生产中加工大、中型零件。

第四节 镗床及镗削加工

一、镗床的加工范围和镗削加工特点

镗床主要用来加工尺寸较大、精度要求较高的孔，特别适用于加工分布在零件不同位置上的相互位置精度要求较高的孔系。除镗孔外，镗床还可以用来完成铣端面、钻孔、攻螺纹、车外圆和端面等多种工作。如图 14-33 所示为卧式铣镗床的典型加工方法。其中，图 a 表示用装在镗轴上的镗刀镗孔，由镗轴移动完成纵向进给运动；图 b 表示装在镗轴和后支承上的镗杆带动两把镗刀旋转，以镗削同一轴线上的两个孔，由工作台移动完成纵向进给运动；图 c 表示用装在平旋盘上的悬伸镗刀镗削大直径孔，由工作台移动完成纵向进给运动；图 d 表示用装在镗轴上的端铣刀铣平面，以主轴箱移动完成垂直进给运动，图 e、f 表示用装在平旋盘径向溜板上的车刀车内沟槽和端面，由径向溜板移动完成径向进给运动。

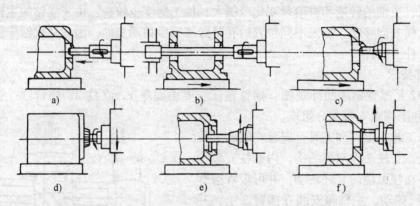

图 14-33　卧式铣镗床的典型加工方法

镗削加工的特点是：

1）镗孔是用镗刀对已有的孔进行加工，以扩大孔径，提高精度、降低表面粗糙度和纠正原有孔的轴线偏斜。

2）在镗床上镗削时主运动是刀具的旋转运动，进给运动可以是主轴的轴向或径向进给，也可以是工作台纵向或横向进给。

3）镗孔由于刀具结构简单，通用性好，生产效率低，加工质量高，因而适用于批量较小的零件加工及位置精度要求较高的孔的加工。

二、常用镗床

镗床的主要类型有卧式铣镗床、坐标镗床及精镗床等。

1. 卧式铣镗床

图 14-34 是卧式铣镗床的外观图。卧式铣镗床主要由后支承 1、后立柱 2、工作台 3、镗轴 4、平旋盘 5、径向导轨 6、前立柱 7、主轴箱 8、尾筒 9、床身 10、下滑座 11 和上滑座 12 等部分组成。

加工时，刀具装在主轴箱 8 的镗轴 4 或平旋盘 5 上，由主轴箱 8 获得各种转速和进给量。主轴箱可沿前立柱 7 的导轨上下移动。工件安装在工作台 3 上，可与工作台一起随下滑座 11 或上滑座 12 作纵向或横向移动。此外，工作台还可绕上滑座的圆导轨在水平面内调整至一定的角度位置，以便加工互成角度的孔。装在镗轴 4 上的镗刀还可随镗轴作轴向运动（由尾筒 9 内的机构完成），实现轴向进给或调整刀具的轴向位置。当镗杆及刀杆伸出较长时，可用后立柱 2 上的后支承 1 从后端加以支承，以增加刀杆及镗轴的刚性。当刀具装在平旋盘的径向刀架（图中未示出）上时，径向刀架还可带着刀具沿径向导轨 6 作径向进给运动，可以车削端面。

卧式铣镗床的加工范围较广，适用于单件小批生产。

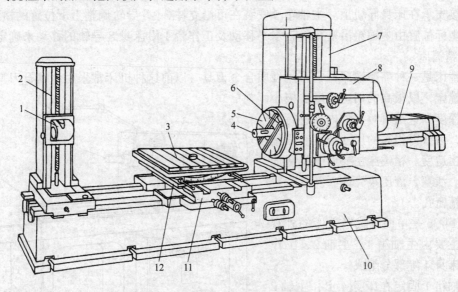

图 14-34　卧式铣镗床

1—后支承　2—后立柱　3—工作台　4—镗轴　5—平旋盘　6—径向导轨　7—前立柱
8—主轴箱　9—尾筒　10—床身　11—下滑座　12—上滑座

2．坐标镗床

坐标镗床是一种主要用于加工精密孔系的高精度机床。这种机床装备有坐标位置的精密测量装置，可获得很高的坐标定位精度，从而保证刀具和工件具有精确的相对位置。因此，坐标镗床不仅可以使被加工孔本身达到很高的尺寸和形状精度，而且可以不采用导向装置，保证孔间中心距及孔至某一基面间距离达到很高的精度。坐标镗床除能完成一般镗床的加工工作外，还能进行精密刻线和划线，以及孔距和直线尺寸的精密测量等工作。坐标镗床主要用于加工精度要求较高的工件、夹具、模具和量具等。

坐标镗床按其布局形式有单柱、双柱和卧式三种型式。

图 14-35 是双柱坐标镗床的外观图。双柱坐标镗床主要由工作台 1、横梁 2、立柱 3 和 6、顶梁 4、主轴箱 5、主轴 7 和床身 8 等部分组成。

双柱坐标镗床属大型机床，为

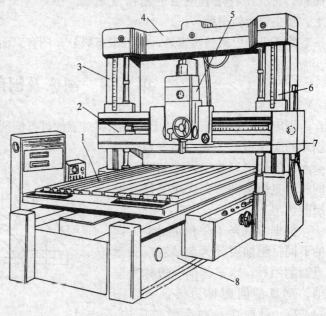

图 14-35　双柱坐标镗床

1—工作台　2—横梁　3、6—立柱　4—顶梁
5—主轴箱　7—主轴　8—床身

了保证机床具有足够刚度，采用了两个立柱、顶梁和床身构成龙门框架的布局形式，并将工作台直接支承在床身导轨上。主轴箱 5 安装在可沿立柱 3、6 导轨调整上下位置的横梁 2 上。镗孔的坐标位置由主轴箱沿横梁导轨水平移动及工作台 1 沿床身 8 导轨的移动来确定。

3. 精镗床

精镗床是一种高速镗床，它采用硬质合金刀具（以前这种机床常采用金刚石刀具，故又称金刚镗床）以很高的切削速度、极小的切削深度和进给量对工件内孔进行精细镗削，可获得很高的尺寸精度和很细的表面粗造度。精镗床主要用于批量加工连杆、活塞、液压泵壳体、气缸套等零件的精密孔。

图 14-36 是单面卧式精镗床的外观图。它主要由主轴箱 1、主轴 2、工作台 3 和床身 4 等部分组成。

主轴箱 1 固定在床身 4 上，主轴 2 由电动机通过带轮直接带动以高速旋转。工件通过夹具安装在工作台 3 上，工作台沿床身导轨作低速平稳的进给运动。为了获得细的表面粗造度，除了采用高转速、低进给外，机床主轴结构短而粗，支承在有足够刚度的精密支承上，使主轴运转平稳。

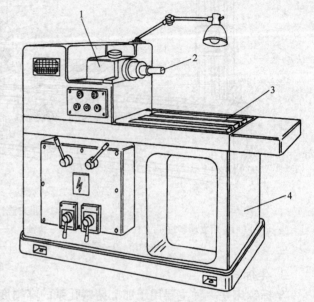

图 14-36　单面卧式精镗床
1—主轴箱　2—主轴　3—工作台　4—床身

除了单面卧式精镗床外，按机床布局分，还有双面卧式精镗床及立式精镗床等类型。

第五节　刨床及刨削加工

刨床是用来进行刨削加工的机床。对工件进行刨削加工时，用台钳或螺栓将工件固定在刨床的工作台上，刨刀则安装在刀架上，依靠刨刀与工件之间所产生的相对直线运动来完成对工件表面层的切削。

根据刀具与工件相对运动方向的不同，刨削可分为水平刨削和垂直刨削两种。水平刨削一般称为刨削，垂直刨削则称为插削（见图 14-37）。目前在一些小型工厂中，刨削仍然是加工平面和沟槽等工序的主要方法。在单件、小批量生产和维修中，刨削加工方法得到了广泛的使用。

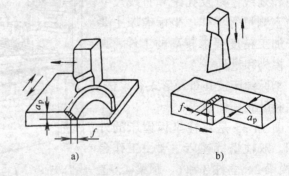

图 14-37　刨削与插削
a）刨削　b）插削

一、刨床的加工范围及刨削加工特点

刨床的加工范围较广，在刨床上采用各种不同的刨刀，可以完成水平面、垂直面、台阶面、倾斜面、曲面、燕尾面、T 形槽、键槽等的表面加工。若用插削可完成对各种非圆形截面孔、齿轮和齿条等的加工。图 14-38 所示为常见的几种刨削加工方法（图中箭头表示进给方向）。

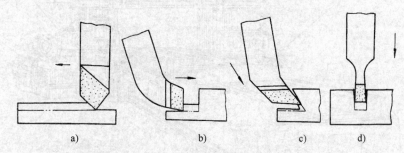

图 14-38　常用的刨削加工方法
a）刨水平面　b）刨垂直面　c）刨斜面　d）切槽

刨削加工有以下特点：

1）刨削（包括插削）主要用于加工各种平面和沟槽。

2）刨削时，主运动是刨刀（牛头刨）或工作台（龙门刨）的往复直线运动；进给运动则是工作台带动工件（牛头刨）或刀架带动刨刀（龙门刨）的间歇直线移动。

3）刨削加工是单程的切削加工，返程时不切削，故生产效率较低。

4）刨削为间歇切削，每一行程开始吃刀有冲击，易使刀具崩刃或损坏，故切削速度受到限制。

5）刨削的切削速度较低，因此所产生的切削热不多，除精刨外，一般刨削皆不需采用冷却润滑液。

6）精刨时可获得较高的精度和较细的表面粗糙度。

二、常用刨（插）床

刨床类机床主要有龙门刨床、悬臂刨床、牛头刨床和插床等类型。

1．龙门刨床

图 14-39 是龙门刨床的外观图。龙门刨床主要由床身 1、工作台 2、横梁 3、立刀架 4、顶梁 5、立柱 6、进给箱 7、主电动机与变速箱 8、侧刀架 9 等部分组成。

龙门刨床的主运动是工作台 2 沿床身 1 的导轨的水平直线往复运动，一般采用直流发电机-电动机组及两级齿轮变速，能在很大范围内进行无级调速。工作台运动采用交错斜齿轮和齿条传动副，因此具有较高的重迭系数，运行平稳。床身 1 的两侧固定有立柱 6，形成结构刚性较好的龙门框架。横梁 3 上装有两个垂直刀架 4，可分别作横向和垂直方向进给运动及快速调整移动，横梁可沿立柱垂直导轨作升降移动，以调整垂直刀架的位置，适应不同高度的工件加工。横梁升降位置确定后，由夹紧机构夹紧在两个立柱上。左右立柱分别装有侧刀架，可分别沿垂直方向作自动进给和快速调整移动，以加工侧平面。机床进给运动采用自

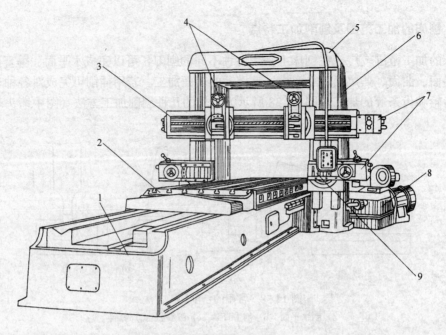

图 14-39　龙门刨床

1—床身　2—工作台　3—横梁　4—立刀架　5—顶梁　6—立柱　7—进给箱　8—主电动机与变速箱　9—侧刀架

动进刀机构，在工作台返回终端换向时，刀架相对工件作自动进给。机床的各主要运动，如进刀、抬刀、横梁升降前的放松、升降后的夹紧、工作台减速、反向以及慢速切削等，皆由悬挂按钮站和电气柜的操纵台集中控制，操作方便，安全可靠，并能实现自动工作循环。

　　龙门刨床主要用于加工大型工件的各种平面和沟槽（有时也用于同时加工多个中小零件）等。既可用于粗加工，也可用于精加工。若将刨床上的刀架换成铣头或磨头，可以使工件在一次安装中完成刨、铣及磨平面等工作，这种机床又称为龙门刨铣床或龙门刨铣磨床。

　　2. 牛头刨床

　　图 14-40 是牛头刨床外观图。因其滑枕刀架形似"牛头"而得名。由图可以看出，牛头刨床主要由工作台 1、横梁 2、刀架 3、转盘 4、滑枕 5、床身 6、底座 7等部分组成。

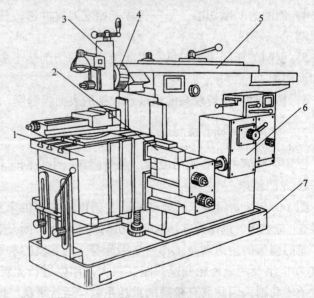

图 14-40　牛头刨床

1—工作台　2—横梁　3—刀架　4—转盘　5—滑枕　6—床身　7—底座

　　牛头刨床的主运动机构装在床身 6 内，它使装有刀架 3 的滑枕 5 沿床身顶部的水平导轨作往复直线运动。刀架可沿刀架座上的导轨移动（一般为手动），以调整刨削深度以及在加工垂直平面和斜面时作进给运动。调整转盘 4，可使刀架左右回转 60°，以便加工斜面或斜槽。加工时，工作台 1 带动工件沿横梁 2 作间歇的横向进给运动。横梁可沿床身的垂直导轨上下移动，以调整工件与刨刀的相对位置。

牛头刨床主运动的传动方式有机械和液压两种。机械传动常用摆动导杆机构，其结构简单、工作可靠、调整维修方便。液压传动能传递较大的力，可实现无级调速，运动平稳，但结构复杂，成本较高，一般用于规格较大的牛头刨床。

牛头刨床工作台的横向进给运动是间歇进行的，它可由机械或液压传动来实现。机械传动一般采用棘轮机构。

牛头刨床主要用于加工中小型零件的各种平面及沟槽，适用于单件、小批生产的工厂及维修车间。牛头刨床的主参数是最大刨削长度。

3. 插床

插床又称为立式刨床，如图 14-41 所示。由图可以看出，插床主要由床身 1、下滑座 2、上滑座 3、圆工作台 4、滑枕 5、立柱 6 等部分组成。

插床的主运动是滑枕 5 沿立柱 6 导轨的上、下往复直线运动；圆工作台 4 可带动工件回转，作周向进给运动；上滑座 3 和下滑座 2 可分别作纵向及横向的进给运动。

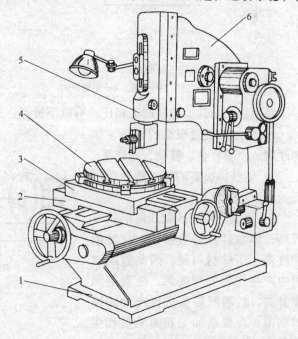

图 14-41　插床
1—床身　2—下滑座　3—上滑座
4—圆工作台　5—滑枕　6—立柱

插床主要用于单件、小批生产中加工各种槽（多用于插削内孔键槽）、平面及成型面。

第六节　磨床及磨削加工

用砂轮或其他磨具对工件进行磨削加工的机床，称为磨床。磨床主要用于淬硬钢零件的加工，也可以加工高硬度的特殊金属材料和非金属材料。磨削加工可获得高精度和低粗糙度的表面，在一般情况下，它是机械加工的最后一道工序。磨削也用于刀具的刃磨或毛坯的清理。为了适应各种不同表面加工的需要，磨床可分为平面磨床、外圆磨床、内圆磨床、工具磨床以及各种专门化磨床等。

一、磨床的加工范围和磨削加工特点

磨床的加工范围较广。使用不同类型的磨床，可以磨削各种外圆面、内圆面、平面、成形面、齿轮齿廓面及螺旋面等，还可以刃磨各种刀具或切断工件。图 14-42、图 14-43 和图 14-44 分别表示外圆磨削、内圆磨削及平面磨削常用的加工方法。

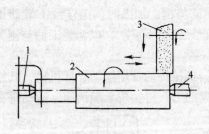

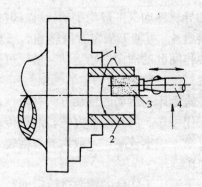

图 14-42　外圆磨削
1—头架顶尖　2—工件　3—砂轮　4—尾座顶尖

图 14-43　内圆磨削
1—卡盘　2—工件　3—砂轮　4—砂轮轴

磨削加工与其他切削加工相比，有以下特点：

1）能加工硬度很高的材料，如淬硬钢、硬质合金、玻璃、陶瓷等。

2）能获得很高的加工精度和很低的表面粗糙度。

3）组成砂轮的砂粒几何形状不规则，多数砂粒呈负前角，且磨削速度高，工件材料硬，因此磨削过程中产生大量的切削热，使磨削温度升高。故磨削需要进行充分的冷却润滑，以提高加工表面质量和生产效率。

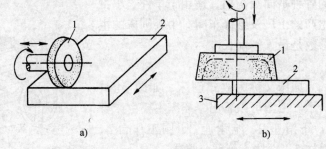

图 14-44　平面磨削
a）周边磨削　b）端面磨削
1—砂轮　2—工件　3—工作台

4）磨削加工一般是粗加工或半精加工后的最后一道工序，故磨削往往在很大程度上影响着机械产品的质量。

二、常用磨床

1．万能外圆磨床

万能外圆磨床的工艺范围较广，除了磨外圆柱面和外圆锥面外，还可以磨削台肩端面和内孔等。

图 14-45 为外圆磨床的外观图。外圆磨床主要由床身 1、头架 2、内圆磨具 3、砂轮架 4、尾架 5、床身垫板 6、滑鞍 7、主操纵箱 8 和工作台 9 等部分组成。

万能外圆磨床有下列运动：

1）砂轮的旋转运动（主运动）。

2）头架主轴带动工件的旋转运动（周向进给运动）。

3）工作台带动工件的往复直线运动（纵向进给运动）。

4）砂轮架的横向进给运动。

此外，机床还有两个辅助运动：为使砂轮移动方便，以节约辅助时间，砂轮架可以作固定行程的横向快速进退运动；为了装卸工件，尾架套筒能作伸缩运动。

　　万能外圆磨床不仅能磨削圆柱形工件的外圆表面，而且可以磨削圆锥面和内孔。磨削锥度不大的长圆锥面时，可将工作台的上台面相对下台面转动，使砂轮轴与工件中心轴线形成需要的角度（见图 14-46a）；磨削锥度较大的短圆锥面时，则可将砂轮主轴箱或头架旋转到需要的角度（见图 14-46b）。磨削内孔时，应把内孔磨具支架翻转放下，使内圆磨具固定在工作位置。

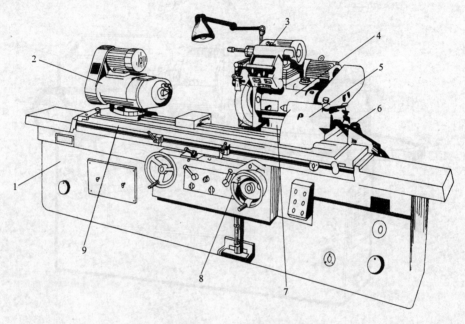

图 14-45　万能外圆磨床

1—床身　2—头架　3—内圆磨具　4—砂轮架　5—尾座　6—床身垫板
7—滑鞍　8—主操纵箱　9—工作台

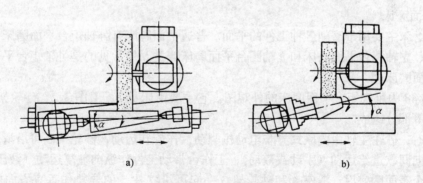

图 14-46　磨削圆锥面

a）磨削长圆锥面　b）磨削短圆锥面

万能外圆磨床适用于单件小批生产。

2．内圆磨床

内圆磨床用于磨削各种圆柱孔和圆锥孔。

图 14-47 为内圆磨床的外观图。内圆磨床主要由床身 1、工作台 2、头架 3、砂轮架 4 和滑座 5 等部分组成。

内圆磨床的主运动是砂轮主轴的旋转运动。由于工件孔径的限制，砂轮直径一般都很小，为达到精加工所需要的切削速度，内圆磨床砂轮主轴应有很高的转速（通常在 10000 r/min 以上）。内圆磨床的进给运动有：头架主轴带动工件的旋转运动（周向进给）；工作台带动头架的往复直线运动（纵向进给）；砂轮架沿滑鞍的横向移动（横向进给）。

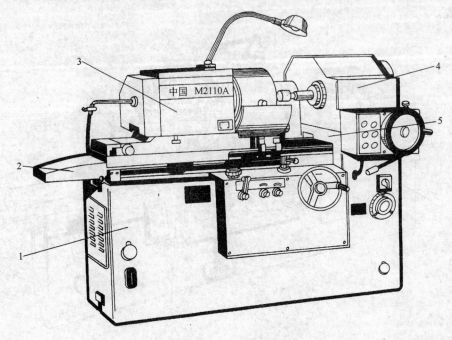

图 14-47　内圆磨床
1—床身　2—工作台　3—头架　4—砂轮架　5—滑座

内圆磨床适用于单件小批生产。

3. 平面磨床

平面磨床主要用于磨削各种工件的平面。普通平面磨床有卧轴矩台平面磨床、卧轴圆台平面磨床、立轴矩台平面磨床和立轴圆台平面磨床四类。最常见的是卧轴矩台平面磨床和立轴圆台平面磨床。

图 14-48 为卧轴矩台平面磨床的外观图。它主要由床身 1、工作台 2、砂轮架 3、滑座 4 和立柱 5 等部分组成。

磨削时，砂轮主轴由内联式异步电动机驱动，作旋转运动，砂轮架 3 可沿滑座 4 的燕尾导轨作横向间歇进给运动（手动或液动），工作台带动工件作纵向往复运动（液压传动）。当零件的整个表面磨完后，滑座 4 和砂轮架 3 一起可沿立柱 5 的导轨作垂直方向的进给运动（手动）。由于机床工作台上装有电磁吸盘，因此，在磨削钢和铸铁等铁磁性材料的零件时，其定位、装夹都很方便。

卧轴矩台平面磨床加工精度较高，加工范围较广，生产效率较高。

图 14-49 为立轴圆台平面磨床的外观图。立轴圆台平面磨床主要由砂轮架 1、立柱 2、床身 3 和圆工作台 4 等部分组成。

立式砂轮主轴由内联式异步电动机驱动。砂轮架 1 可沿立柱 2 导轨作垂直进给运动。圆工作台 3 旋转作进给运动。为了便于装卸工件，圆工作台还能沿床身 3 导轨纵向移动。由于

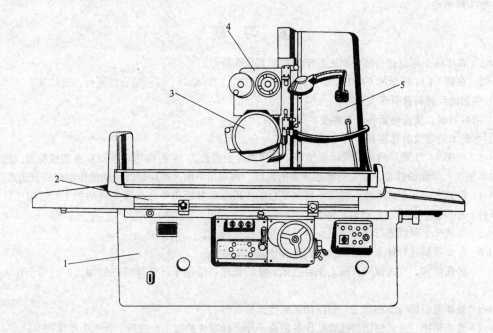

图 14-48　卧轴矩台平面磨床
1—床身　2—工作台　3—砂轮架　4—滑座　5—立柱

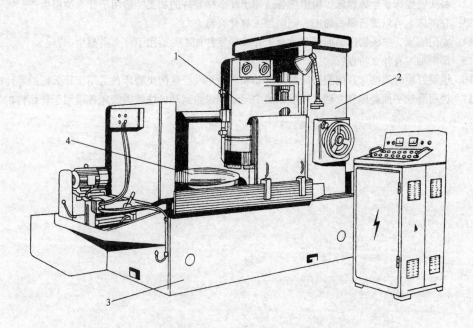

图 14-49　立轴圆台平面磨床
1—砂轮架　2—立柱　3—床身　4—圆工作台

砂轮直径大，所以常采用镶片砂轮。这种砂轮也便于冷却液冲入切削区，使砂轮不易堵塞。

立轴圆台平面磨床的生产效率较高，适用于成批生产中磨削小型零件的平面或大直径环形零件的端面。

复 习 题

14-1 在车床上可以进行哪些加工？车削加工有什么特点？

14-2 在图 14-11 所示的 CA6140 型车床传动系统中，当齿轮处于图示啮合位置时，试计算：

1）主轴的反转转速有多大？

2）刀架的纵、横进给量各等于多少？

3）车制米制螺纹的螺距有多大（M_5 合上）？

14-3 在图 14-11 所示的车床传动系统中，若使轴Ⅶ上齿数为 58 的齿轮右移到双点划线位置，这时机床可以车制加大螺距的螺纹。试说明螺距变大的原因，并写出车加大螺距螺纹运动的传动路线表达式。

14-4 卧式车床、立式车床、转塔车床和半自动转塔车床各适用于什么样零件的加工？适用于什么类型（单件、小批量、批量、大批量）生产？

14-5 在铣床上可以进行哪些加工？铣削加工有什么特点？

14-6 什么是顺铣？什么是逆铣？它们各有什么优缺点？

14-7 卧式铣床、立式铣床、圆工作台铣床、龙门铣床各适用于什么样零件的加工？适用于什么类型生产？

14-8 钻床可以进行哪些加工？钻削加工有什么特点？

14-9 台式钻床、立式钻床和摇臂钻床各适合于什么样零件的加工？适用于什么类型生产？

14-10 说明卧式铣镗床的典型加工方法。镗削加工有什么特点？

14-11 卧式铣镗床有哪些运动？

14-12 卧式铣镗床、坐标镗床、精镗床各适用于什么样零件的加工？适用于什么类型生产？

14-13 在刨床上可以进行哪些加工？刨削加工有什么特点？

14-14 龙门刨床、牛头刨床和插床各适合于什么样零件加工？适用于什么类型生产？

14-15 磨削加工有什么特点？

14-16 说明万能外圆磨床和内圆磨床的主运动和进给运动。这两类磨床各适用于什么样的零件加工？

14-17 说明卧轴平面磨床和立轴平面磨床的主运动和进给运动。这两类磨床各适用于什么样的零件加工？

第十五章

特 种 加 工

 本章学习目的

通过本章学习，了解特种加工的基本概念、特点及常用方法。

 本章要点

1. 电火花加工原理，电火花穿孔机、电火花线切割机的工作方式及应用
2. 电解加工、超声波加工、激光加工、电子束和离子束加工、复合加工的原理、特点及应用

第一节 概 述

特种加工是指用电、声、光、热、磁及化学等的能量，对结构形状特殊复杂、精度要求高、表面粗糙度低、材料难以加工的零件进行加工的方法。

一、特种加工的产生

随着科学技术的进步，许多部门对产品结构的要求日趋复杂，对性能的要求也日益提高，特别是在航天、航空及国防工业中更为突出。有的产品对高速度、大功率和小型化方面的要求越来越高，而有的产品对强度、韧性、硬度及耐高温、耐高压和抗腐蚀的能力要求越来越强，还有一些产品则对其结构形状以及精度提出了特殊的要求。为此，机械加工领域必须解决如下问题：

1）加工各种难加工的材料，如硬质合金、钛合金、耐热钢、不锈钢、金刚石、石英及锗、硅等各种高硬度、高强度、高韧性、高脆性和高纯度的金属或非金属材料。

2）加工各种结构特殊、形状复杂或者尺寸很小的零件，如叶片、各种模具的形面、喷丝头的异形孔以及细微孔、缝的结构等。

3）加工刚度极低的零件，如细长和薄壁零件以及厚度只有几十微米的弹性元件等低刚度结构的零件。

4）加工高精度零件，如高压液压阀门、精密光学透镜、尺寸精度和表面粗糙度要求很高的零件。

以上零件的加工用传统的切削加工方法，已不方便甚至不可能。机械制造业除了不断革新和发展传统的加工方法之外，还得不断地寻求新的加工方法，特种加工就是在这种前提下

产生和发展起来的。

二、特种加工的特点

传统的切削加工是通过刀具利用机械能切削工件上多余材料完成加工的，因而刀具的硬度必须高于被加工工件的硬度，否则无法进行加工。20世纪40年代以后，人们研究出了直接利用电、声、光、化学与机械加工相结合对工件进行加工的方法。这些加工方法不同于传统的切削方法，故把它们称为特种加工。特种加工具有以下特点：

1）特种加工不是利用机械能来进行加工的，有些种类的特种加工并不需要工具，或者虽然使用工具，但它并不与工件接触，且不承受较大的作用力，所以这些加工方法几乎与工件材料的硬度、强度等力学性能无关，因此工具的硬度可以低于工件的硬度，却能加工各种高硬度、高强度材料。

2）当利用电能等转换成热能来加工时，因热作时间很短，热作区很小，故能获得良好的表面质量，有利于加工热敏材料和低刚度零件。

3）在特种加工中，加工余量的去除过程大都是微细的，故它不仅能加工尺寸微小的孔或窄缝，有的还能获得极高的加工精度和极小的表面粗糙度。

4）在特种加工中，有的工件加工表面是工具形状、尺寸的复印，因此在二维甚至三维空间上工具与工件相对运动的控制关系都比机械加工方法简单。故特种加工可以采用简单的进给运动加工出复杂的型面。

特种加工的出现弥补了传统加工的不足，同时某些产品的加工质量、生产率和经济性能得到了提高。随着科学技术的不断进步和生产的发展，特种加工方法也不断地得到完善和发展，目前的应用日益广泛，对宇航、电子、仪表、机械和轻工行业的某些产品零件，已成为不可缺少的加工方法。但是，特种加工技术目前仍处于研究发展中，还面临一些有待进一步解决的问题，故主要应用于难加工材料和细微结构及复杂形状零件的加工。

特种加工与强、弱电技术有密切联系，除直接利用电能的特种加工外，其他的特种加工，其能量的产生（转换）、控制与电的关系也十分密切。故电类专业的工程技术人员，无论是从电在特种加工中所起的作用，还是从可能参与特种加工设备电气部分的设计、制造、使用和维修的角度看，都必须对特种加工加以了解。

目前在机械制造领域用于生产的特种加工方法主要有：电火花加工、电解加工、化学加工、电子束及离子束（包括等离子束）加工、激光加工、超声波加工、光刻加工和高压水喷射加工，以及某些特种加工自身或与切削加工方法联合的加工方法等。下面有选择地介绍几种。

第二节 电火花加工

电火花加工是利用电极间隙脉冲放电产生的局部瞬时高温对导电的零件进行电蚀（使加工区材料局部熔化）实现加工的。

一、电火花加工原理

图15-1所示为电火花加工的原理图。当置于液体绝缘介质（多用煤油、皂化油水溶液）2中的工具电极3与工件电极1靠近达到一定的微小距离（称放电间隙）时，电极间的电压

超过液体介质的绝缘强度，使工具与工件间的最近点间（微观不平的凸点之间）的介质被瞬时击穿，并电离成电子和正离子，在电场力的作用下分别高速向阳极和阴极运动，形成放电通道，产生脉冲放电。在放电过程中，瞬间产生的局部高温（中心温度在10000℃左右）使电极放电部位的金属迅速熔化甚至气化，形成熔融状的微粒，并在热爆炸力和放电压力的作用下被抛离放电区，达到蚀除金属的目的。随着脉冲放电的不断进行，就可逐渐地把工具电极的轮廓形状较精确地"复印"在工件上，从而完成预定的加工。

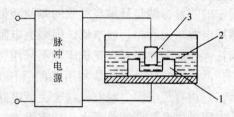

图 15-1　电火花加工原理图
1—工件　2—绝缘介质　3—工具电极

研究表明，脉冲放电时存在极性效应，正、负极的损耗量是不等的，而且相差较大，故工具电极应接在损耗量小的那个极上。采用短脉冲电源时，工件接正极（电蚀量大），采用长脉冲电源时工件应接负极（电蚀量大）。

利用电火花加工原理，可以对金属零件进行电火花穿孔和成型加工、电火花线切割、电火花磨削、电火花表面强化与蚀刻等。

二、电火花加工设备

（一）电火花加工设备的基本组成

电火花加工设备由四部分组成：机床本体、工作液循环系统、脉冲电源和自动进给调节装置。

（1）机床本体　电火花加工设备的机床本体和普通机床相似，用来安装工具电极和工件，并使它们获得精确的相对运动。

（2）工作液循环系统　电火花加工设备的工作液循环系统为电极间提供液体介质并带走电蚀屑。

（3）脉冲电源　电火花加工的脉冲电源的作用是把直流或工频交流电转变为一定频率的单向脉冲电流，提供加工所需放电能量。它对加工的生产率、稳定性、工具电极的损耗以及加工精度与表面质量等有着很大的影响。电火花加工的脉冲电源通常有三种，即 RC 脉冲电源、晶闸管式脉冲电源和晶体管式脉冲电源。

RC 脉冲电源由充电和放电回路组成，如图 15-2a 所示，RC 脉冲电源是利用电容器充、放电原理，把直流电转变为脉冲电流，充电回路由直流电源 E、限流电阻 R 和电容

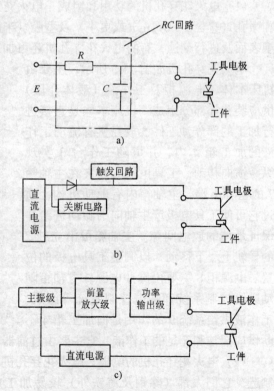

图 15-2　电火花加工用脉冲电源
a) RC 脉冲电源　b) 晶闸管式脉冲电源
c) 晶体管式脉冲电源

C 组成；放电回路由电容 C、工具电极和工件、极间放电间隙组成。由于电容器充、放电过程中的能量存储与释放与弓弦的张弛相似，故 RC 脉冲电源又称"张弛"式脉冲电源。RC 脉冲电源结构简单、成本低，但限流电阻能耗大、功率较小、效率低、稳定性差及工具电极损耗大，故大功率电火花机床均不采用。

晶闸管式脉冲电源是利用晶闸管作为开关元件而获得直流脉冲电流的，如图 15-2b 所示，它由直流电源、触发回路、关断电路及电源到工具与工件间隙的主回路组成，晶闸管脉冲电源的电参数调节范围大、功率大、过载能力强、生产率高，一般用于大电流加工。

晶体管式脉冲电源是利用晶体管作为开关元件而获得单向脉冲电流的，如图 15-2c 所示，它主要由直流电源、主振级、前置放大级、功率输出级等几部分组成。晶体管式脉冲电源具有脉冲频率高、脉冲参数可调范围广、脉冲波形也易于调整，并易于实现多回路加工和自适应控制，所以适用范围非常广泛。

(4) 自动进给调节装置　在电火花加工过程中，工具不但要随着工件材料的不断蚀除而进给，而且还要不断地调节进给速度以保持恰当的放电间隙，这就要靠自动进给调节装置来实现。常用的结构有电气-液压自动进给调节装置、步进电机自动进给调节装置等。

电火花加工根据电极的形状，可分为成形电极电火花加工和线电极电火花切割加工。前者用的设备为电火花穿孔机，后者用电火花线切割机。

(二) 电火花穿孔机

(1) 电火花穿孔机的功用和组成　电火花穿孔机主要用于各种截面形状的直通孔、小孔和微孔 (直径 $1\sim0.1$mm 或更小) 及型腔 (半敞开的孔) 的加工。除此之外，也可加工外成型表面及进行刻蚀，有的电火花穿孔机还可加工螺旋表面。

电火花穿孔机如图 15-3 所示，主要由机床本体、电源柜及工作液 (液体介质) 供应装置等部分组成。机床本体是直接进行加工的部分，工件 5 放在盛有流动工作液的加工箱 4 内，并可随工作台 3 实现纵、横向移动，工具电极 6 装夹在主轴箱 7 的主轴下端。主轴箱内有随动机构，通过它可使工具电极产生轴向的随动进给并保证最佳的放电间隙。主轴箱可沿立柱 2 的导轨上、下移动，以调整工具电极的位置。电源柜 8 主要由脉冲电源、主轴箱随动进给控制系统和强电控制系统等组成。工作液供给系统 9 的作用是向加工箱 4 不断供应清洁和充足的工作液，它主要由过滤器、泵、阀及箱体等组成。

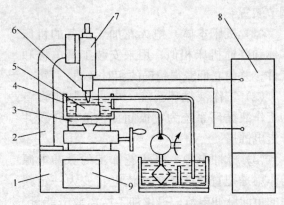

图 15-3　电火花穿孔机示意图

1—床身　2—立柱　3—工作台　4—加工箱　5—工件
6—工具电极　7—主轴箱　8—电源柜　9—工作液供给系统

(2) 电火花穿孔机的电极　电火花穿孔机的电极可用铜、铸铁、钢、石墨及银钨合金等制造，它们大都 (除钢及铸铁外) 较易加工成形。成形电极的形状必须与零件加工表面 (孔、形面、型腔等) 吻合，尺寸应考虑放电间隙 (对内表面应适当缩小，外表面则应适当放大)，精度应比零件的要求高，表面粗糙度值应低。在数控电火花穿孔机上，通过工具电极与工件间的相对运动，可进行平面轮廓及三维空间成形表面的加工。

（三）电火花线切割机（简称线切割机）

（1）线切割机的功用及组成 线切割机主要用于模具、夹具零件上各种形状的直通成形孔及成形柱面（外表面）的加工，对非圆曲面可近似加工；也可用于某些成型刀具（刨刀）、样板及小型精密平板零件的加工；还特别适合加工狭缝、窄槽及小深孔。

图 15-4 为快走丝数控线切割机的示意图。其工作原理是利用在垂直位置的细长金属丝作工具电极 2（接负极），工件 9 放在上工作台 1 上（接正极），在它们之间加上高频脉冲电流（由高频电源 10 提供，频率一般不小于 20000Hz），并由喷嘴 11 喷淋液体介质，利用两极间放电产生的高温，对工件进行电蚀，通过形成窄缝实现（切割）加工。线切割机使用的

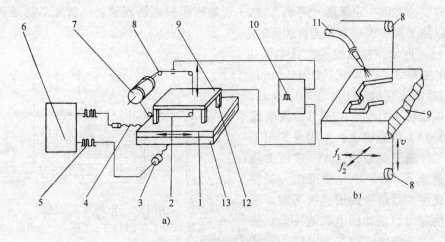

图 15-4 数控线切割机示意图

a）组成 b）切割区局部放大

1—上工作台 2—工具电极 3—步进电动机 4—精密丝杠 5—控制脉冲 6—数控装置
7—卷丝筒 8—走丝轮 9—工件 10—脉冲电源 11—喷嘴 12—支座 13—下工作台

工具电极丝，是直径为 $\phi 0.02\sim0.3$mm 的钼丝、钨丝或铜丝。由于不是用成形电极"复印"进行加工，故工件应安装在带有双层十字溜板的工作台（上、下工作台 1、13）上，其相互垂直方向的进给运动由数控装置 6 控制，并分别由两套进给驱动系统（由步进电动机 3、齿轮副及精密丝杠副 4 等组成）带动。电极丝在卷丝筒 7 上整齐地排绕，经线架（图上未画出）的若干个走丝轮 8（其中一个兼有导电作用）张紧在垂直位置。为防止电极丝被烧坏，使其腐蚀均匀，并带走放电区电蚀后的残留物，电极丝还应以一定速度在加工区的确定位置上相对工件作垂直上下运动。有些数控线切割机的线架还可用数控装置控制，使电极丝向预定方向倾斜，以切割锥度。

（2）线切割机的电极丝运动控制方法、特点及应用 靠模仿型控制是早期线切割加工的控制方式，这种控制方法比较简单、可靠，但是生产率低、电极丝损耗大，只能加工比较简单的形状。光电跟踪控制是利用光电转换技术来进行控制的，这种控制方式比较简单，可以加工复杂曲面，适用于加工花模等轮廓形状比较复杂的小型零件。数字程控方法是根据工件的尺寸、形状按一定格式编排程序，通过计算机控制机床工作台在水平面的两坐标方向运动，完成加工的控制方式。随着数控技术的发展，数字程控方法现已被广泛使用。

线切割机具有不需制作成形电极、电极损耗小、加工精度高、材料蚀除量少及机床尺寸较小等优点。同时，由于线切割加工时，电极丝必须穿过（贯穿）工件截面（厚度方向），

故只能加工直通的内、外表面。加工内表面时，要先在孔的中间预作穿透工件的走丝（通）孔以穿过电极丝。目前能切割工件的最大厚度可达 650mm。

第三节　电　解　加　工

一、电解加工原理

在电解液中，当两片保持一定距离的金属板分别接正、负极并通以直流电后，接阳极的金属板将被腐蚀并以一定速度"溶解"，这一现象叫阳极溶解现象。电解加工就是利用这一原理并加以控制来实现对零件进行加工的。

如图 15-5 所示，接负极的工具电极 2 与接正极的工件 3 二者间保持 0.01～1mm 的间隙，相对安放在机床上。在两电极上，由电源 1 供给低电压（6～24V）、大电流（500～20000A）的直流电，并用泵 5 向工具电极与工件间的间隙处注入一定压力及流量的电解液 4，由于电化学反应，工件表面的金属按工具负极的形状被溶解，形成的腐蚀物随即被流动的电解液冲走。加工过程中，工具电极在加工方向以一定的

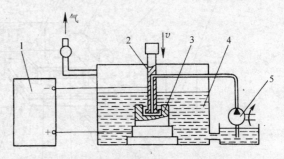

图 15-5　电解加工原理图
1—电源　2—工具电极　3—工件　4—电解液　5—泵

速度(0.3～12mm/min)接近工件并保持所需的间隙，溶解便不断进行，逐渐加工出符合工具电极形状的所需表面。

电解加工使用的工具电极，应与工件的形状及尺寸一致，并按严格的质量要求预先制成。从理论上来说，电解加工时工具电极是不消耗的，这有利于稳定加工质量。图 15-6a、b 所示为形面加工的示意图，图中细竖线表示通过负极与正极的电流，竖线的疏密程度表示电流密度的大小。在加工刚开始时（见图 15-6a）负极与正极距离较近的地方通过的电流密度较大，电解液的流速较高，正极溶解速度也较快，随着工具相对工件不断进给，工件表面就不断被溶解，直至工件表面形成与负极工作面基本相似的形状（见图 15-6b）。

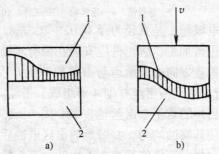

图 15-6　电解加工形面成型情况示意图
a) 加工开始　b) 加工完成
1—工具电极　2—工件

二、电解加工的特点及应用

电解加工具有加工范围广、加工表面质量好、生产率高、工艺装备简单、操作方便、对工人操作技术要求不高等优点。但是，由于它同时具有不易达到较高的精度、电解加工附属设备多、占地面积大、对机床的防腐性要求高、工具电极制造工作量较大、电解产物的处理

麻烦等缺点，所以主要用于能导电的难加工材料和形状复杂零件的加工，如小、深孔、枪炮管内孔的膛线、涡轮叶片、整体叶轮表面等的加工；同时也比较广泛地应用于各种零件的型孔倒圆、抛光、去毛刺及刻印等加工。此外，电解加工还可用于磨削（用导电砂轮，加工时砂轮、工件间通电并加注电解液），这是一种电化学腐蚀与机械磨削作用相结合的复合加工，称电解磨。电解磨能提高生产率。

第四节　超声波加工

超声波是指频率为 16000~20000Hz 的振动波，其能量远大于一般的声波，它可使传播方向上的障碍物受到很大的压力，超声波加工就是利用这种能量进行加工的。

一、超声波加工原理

如图 15-7 所示，加工工具 8 装在变幅杆 7 上，由其带动产生一定幅值的高能量超音频（纵向）机械振动，通过工具 8 的工作面迫使工具与工件 13 间的磨料液 14（由水或煤油加细微磨粒组成）中的悬浮磨粒及液体分子随之产生超声振荡，并剧烈冲撞位于工具下方的工件被加工表面，使部分材料被击碎成细小的微粒，由流动的磨料液带走。加工中的振荡还强迫磨料液在加工区工件和工具的间隙中流动，使变钝了的磨粒能及时更新。随着工具沿加工方向以一定速度移动，实现有控制的加工，逐渐将工具形状"复印"在工件上（成形加工时）。研究表明，超声波加工主要是由于磨粒机械冲击，加上抛磨和液压冲击波等作用的综合结果。虽然每个磨粒一次破碎的材料很少，但大量磨粒的高频冲撞，仍可获得一定的加工速度。

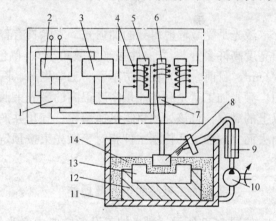

图 15-7　超声波加工原理

1—信号放大器　2—高频振荡器　3—硒整流器　4—励磁线圈
5—磁铁　6—换能器　7—变幅杆　8—工具　9—冷却器
10—泵　11—加工槽　12—夹具　13—工件　14—磨料液

振动头由高频电源 1、2、3 和励磁线圈 4、磁铁 5、磁致伸缩换能器 6、变幅杆 7 等组成。它们的作用分别是：高频电源产生高频振荡电流；励磁线圈将振荡电流变为振荡的交变磁场；换能器使交变磁场变成小振幅（0.005~0.1mm）的机械振动；变幅杆将振幅增大到 0.01~0.1mm 后传至工具 8。磁致伸缩换能器是利用某些材料制件的长度随施加于其上磁场的变化而微量改变的性质，即磁致伸缩原理进行工作的。

二、超声波加工的特点及应用

目前超声波加工技术主要用于脆、硬材料的加工，如对玻璃、人造宝石等非金属硬脆材料的加工。它的工具可由软材料制作，故较易于制造复杂形状的工具。超声波加工不需要工具与工件的复杂运动关系即可加工出复杂的型腔和型面，因此，机床结构简单，使用维护也很方便。加工过程中，工具对工件的作用力和热影响小，可用于加工薄壁、窄缝及低刚度的零件。与电火花加工、电解加工相比,超声波加工生产效率低,但其加工精度及表面质量均高于电火花及电解加工。特别是在加工硬脆的半导体或非导体材料方面,超声波加工仍是一种主要的加工方法。目前超声波加工主要用于型孔和型腔加工、超声波切割、超声波焊接、超声波清洗及超声波复合加工等。图15-8所示为超声波加工应用举例。

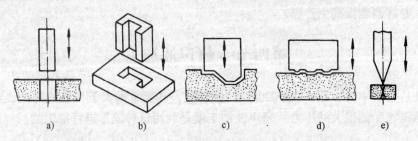

图 15-8　超声波加工应用举例

a) 加工小孔　b) 加工异形孔　c) 加工型腔　d) 雕刻　e) 研磨金刚石拉丝模

第五节　激光加工

激光是受激辐射得到的加强光,它除具有普通光的共性外,还是一种亮度高(比太阳表面亮度高许多倍)、方向性强(发散角小)、单色性好的相干光,其能量密度可达 $10^8 \sim 10^{10}$ W/cm^2,目前,激光在国防军事、工业生产、医学工业和科学研究等方面都得到了广泛的应用。激光加工就是利用能量密度很高的激光束照射工件的加工部位,在焦点处产生 10000℃以上的高温,将该处的材料迅速熔化、气化并产生爆炸,其熔融物质在冲击波作用下被喷射出去而完成加工。控制工件相对于激光束按预定的轨迹运动,就可加工出符合预定要求的零件。

一、激光加工系统的组成及功能

如图15-9所示,激光加工设备主要由激光器、光学系统、电气系统和机械系统等几部分组成。激光器是激光加工的核心装置,其作用是把激光电源所提供的电能转化为光能,产生所需的激光。激光器有多种,根据工作物质的不同,激光器可分为固体激光器、液体激光器、气体激光器及半导体激光器等。在激光加工中,目前多用气体和固体激光器,如二氧化碳气体激光器及红宝石、钕玻璃、YAG(掺钕钇铝石榴石)等固体激光器。光学系统的作用是把激光束精确地聚焦及瞄准加工表面,并能观察工件的定位和加工后的情况。机械系统主要包括床身和能在三个坐标范围内移动的工作台。若将激光用于切割,还要利用气体喷射装置以提

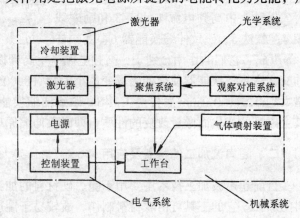

图 15-9　激光加工系统组成框图

高生产率和保证切割质量。电气系统中控制装置的主要任务是进行激光输出参数、光学系统、机床工作台的计算机控制。

二、激光加工的特点及应用

激光加工的主要特点：①激光的功率密度高，故可以加工任何能熔化而不产生化学分解的固体材料；②激光可以透过透明的物质，故激光可以在任何透明的环境中操作；③激光加工不需要工具，故不存在设计制造工具和加工过程中的工具损耗问题；④激光束能聚焦成$1\mu m$以下的光斑并且没有机械力的作用，因此适于微细加工，如微孔、窄缝和低刚度工件的加工，加工孔径和窄缝可以小至几微米，其深度与直径、缝宽比可以达 $5\sim10$ 及以上；⑤激光加工的速度快、热作用时间很短，故可以加工对热冲击敏感的材料，并且具有较高的效率。但是激光对具有高热传导率或高反射率材料的加工比较困难，并且存在加工精度不高、输出能量难于精确控制以及激光加工系统的效率低等缺点。

激光加工主要用于打孔、切割和动平衡去重、焊接、涂敷、表面热处理、强化以及光泽处理等方面。

第六节　电子束和离子束加工

电子束和离子束加工是近年来获得较大发展的两种特种加工技术。它们主要应用于精密微细加工方面。

一、电子束加工

1. 电子束加工的原理和特点

（1）电子束加工原理　电子束加工在真空中进行，其加工原理如图15-10所示。由电子枪射出的高速电子束经电磁透镜聚焦后轰击工件表面，在轰击处形成局部高温，使材料瞬时熔化和气化，从而达到去除材料的目的。图中的电磁透镜实际上是一个通以直流电的多匝线圈，利用其产生的磁场力作用使电子束聚焦。偏转器也是一个多匝线圈，通以不同的交变电流可产生不同的磁场，用以控制电子束的方向。如果使偏转电流按一定程序变化，电子束便可按预定的轨迹进行加工。电子的质量非常轻，它主要是靠高速运动的电子撞击材料产生的热效应来加工工件的。

（2）电子束加工的特点　电子束加工具有如下特点：

1）电子束可实现极其微细的聚焦（可达 $0.1\mu m$），可实现亚微米级的精密微细加工。

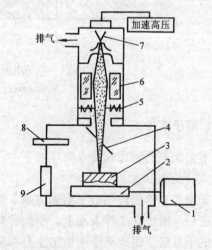

图 15-10　电子束加工原理
1—驱动电动机　2—工作台　3—工件　4—反射镜
5—偏转器　6—电磁透镜　7—电子枪　8—观察镜　9—窗口

2）电子束加工主要靠瞬时热效应，工件不受机械力作用，因而不产生宏观应力变形。

3）加工材料的范围广，对高强度、高硬度、高韧性的材料以及导体、半导体和非导体材料均可加工。

4）电子束的能量密度高，如果配合自动控制加工过程，加工效率非常高。每秒钟可在 0.1mm 厚的钢板上加工出 3000 个直径为 0.2mm 的孔。

5）电子束加工在真空中进行，污染少，加工表面不易氧化，尤其适合加工易氧化的金属及其合金材料。

2. 电子束加工的应用

电子束加工可用于打孔、切割、焊接、蚀刻和光刻等。

（1）高速打孔　电子束打孔的孔径范围为 0.02～0.003mm。喷气发动机上的冷却孔和机翼吸附屏的孔，孔径微小，孔数巨大，达数百万个，最适宜用电子束打孔。此外，还可以利用电子束在人造革、塑料上高速打孔，以增强其透气性。

（2）加工型孔　为了使人造纤维的透气性好，更具松软和富有弹性，人造纤维的喷丝头型孔往往设计成各种异型截面（图 15-11a）。这些异形截面最适合采用电子束加工。

（3）加工弯孔和曲面　借助于偏转器磁场的变化，可以使电子束在工件内部偏转方向。利用此原理，便可加工出图 15-11b 所示的曲面和弯孔。

此外，还可以利用电子束进行焊接、切割、蚀刻和表面热处理。由于电子束加工的成套设备价格昂贵，其应用受到一定限制。

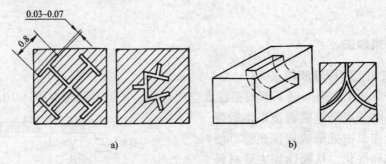

图 15-11　电子束加工微细异形孔、曲面和弯孔
a）电子束加工微细异形孔　b）电子束加工工件内部曲面和弯孔

二、离子束加工

离子束加工的原理和特点简述如下：

1. 离子束加工原理

离子束加工的原理与电子束加工基本类似，也是在真空条件下，将离子源产生的离子束经过加速后，撞击在工件表面上，引起材料变形、破坏和分离。由于离子带正电荷，其质量是电子的千万倍，因此离子束加工主要靠高速离子束的微观机械撞击动能，而不是像电子束加工主要靠热效应。图 15-12 为离子束加工原理图。惰性气体氩气由入口注入电离室。灼热的灯丝 5 发射电子，电子在阳极 7 的吸引和电磁线圈 4 的偏转作用下，向下高速作螺旋运动。氩气在高速电子的撞击下被电离成离子。阳极 7 和阴极 8 各有数百个上下位置对齐、直径为 0.3mm 的小孔，形成数百条较准直的离子束，均匀分布在直径为 50mm 的圆面积上。

通过调整加速电压，可得到不同速度的离子束，以实现不同的加工。

2. 离子束加工的特点

离子束加工具有如下特点：

1）离子束轰击工件的材料时，其束流密度和能量可以精确控制，因此可以实现毫微米（0.001μm）级的加工，是当代毫微米加工技术的基础。

2）离子束加工在真空中进行，污染少，特别适宜加工易氧化的金属、合金和高纯度的半导体材料。

3）离子束加工的宏观压力小，因此加工应力小，热变形小，加工表面质量非常高。

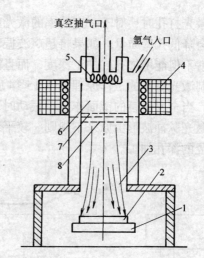

图 15-12　离子束加工原理

1—阴极　2—工件　3—离子束流　4—电磁线圈
5—灯丝　6—电离室　7—阳极　8—阴极

第七节　复 合 加 工

在特种加工的发展过程中，人们不但创造了如前所述的一系列新型的加工方法，而且发现，当把其中两种或两种以上的能量形式（包括机械能）合理地组合在一起，就发展成复合加工。复合加工有很大的优点，它能成倍地提高加工效率和进一步改善加工质量，是特种加工发展的重要方向。下面择要介绍目前生产中采用的几种复合加工。

1. 超声电解复合抛光

超声电解复合抛光是超声波加工和电解加工复合而成的，它可以获得优于靠单一电解或单一超声波抛光的抛光效率和表面质量。

超声电解复合抛光的加工原理如图 15-13 所示。抛光时，工具 4 接直流电源负极，工件 1 接正极。工具 4 与工件 1 间通入钝化性电解液 2。高速流动的电解液不断在工件待加工表层生成钝化软膜，工具则以极高的频率进行抛磨，不断地将工件表面凸起部位的钝化膜去掉。被去掉钝化膜的表面迅速产生阳极溶解，溶解下来的产物不断被电解液带走。而工件凹下去部位的钝化膜工具抛磨不到，因此不溶解。这个过程一直持续到将工件表面整平时为止。

工具在超声波振动下，不但能迅速去除钝化膜，而且在加工区域内产生的"空化"作用可增强电化学反应，进一步提高工件表面凸起部位金属的溶解速度。

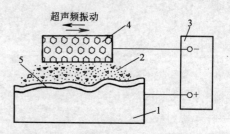

图 15-13　超声电解复合抛光原理

1—工件　2—电解液　3—电解电源
4—工具　5—钝化膜

2. 超声调制激光复合加工

　　单纯用激光打孔时，对于一定功率的激光束，如果只延长激光照射时间，不但难以增加孔深，反而会降低孔壁质量。如果将超声波振动和激光束的作用复合起来，采用超声调制的激光打孔，就不但能增加孔的加工深度，而且能改善孔壁质量。

　　超声调制激光打孔的工作原理如图 15-14 所示。将激光谐振腔的全反射镜 6 安装在变幅杆 7 的端面，当全反射镜的镜面作超声振动时，由于谐振腔长度的微小变化和多普勒效应，可使输出的激光脉冲波形由原来不规则、较平坦的排列，调制和细化成多个尖峰激光脉冲，有利于小直径的深孔加工。

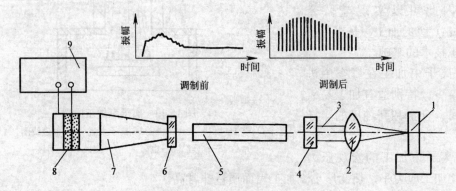

图 15-14　超声调制激光复合加工
1—工件　2—透镜　3—激光　4—半反射镜　5—工作物质　6—全反射镜
7—变幅杆　8—换能器　9—超声波发生器

　　由上述例子可以看出，超声波振动在复合加工中起着非常重要的作用。

复 习 题

15-1　什么是特种加工？它与传统的切削加工相比有何特点？

15-2　目前常用的特种加工方法有哪几种？

15-3　简述电火花加工、电解加工、超声波加工、激光加工、电子束加工、离子束加工及复合加工的特点和应用。

第十六章

机械加工自动化

 本章学习目的

通过本章学习，了解机械加工中各种不同的生产类型如何实现自动化，自动化加工中什么是"刚性"或"柔性"；了解组合机床及其自动线如何实现自动加工，适于什么样的生产加工情况；了解数控机床是如何工作的，有哪些类型及特点；了解 GT、CAD/CAM、FMS、CIMS 等现代制造技术的基本知识。

 本章要点

1. 组合机床及其自动线的产生、组成、功能和特点
2. 数控机床的工作原理、组成、类型和特点
3. GT、CAD/CAM、FMS、CIMS 等现代制造技术的基本知识

前面几章介绍了常用金属切削加工的方法，可加工出具有一定形状、尺寸精度和表面质量要求的合格零件。然而，机械制造不仅要获取合格的零件，而且要追求加工效率。实现生产自动化，减轻劳动强度，提高经济效益是机械制造永恒的主题。本章将重点介绍在机械制造中各种不同的生产类型是如何实现自动化的。

第一节　组合机床及其自动线

一、组合机床概述

（一）组合机床的产生

在前面介绍了一些常见的通用机床。这种机床的特点是调整范围大，加工适应性强，主要用于单件和小批生产。

随着生产的不断发展，许多机械加工部门的生产批量越来越大，生产质量要求越来越高，如果仍采用通用机床进行生产，就存在着生产效率低、工人劳动强度大、技术要求高、加工质量不稳定等问题。此外，通用机床只加工某一零件的单一工序，使得机床结构的利用率大大降低，造成不应有的浪费。为了解决生产需要与设备不相适应、大批量生产与效率等矛盾，出现了各种自动化的专用机床或专门化机床。

专用机床是根据被加工零件的工艺要求，专门为完成某种工件的一道或几道工序而设计

和制造的。它通常采用多刀多刃切削，机床的辅助运动也部分或全部地实现自动化，结构也比通用机床简单。它具有生产效率高、产品质量稳定、工人劳动强度低且易于操作等优点。但由于专用机床是专门针对某种零件的工艺要求设计的，它一般是单件生产，设计和制造的周期较长，造价较高。此外，当被加工零件的结构尺寸有变动时，原有专用机床就不能再用，需要另行设计和使用新的专用机床。由此可见，一般专用机床不能适应产品更新的要求。这种不能灵活适应加工对象变化的自动化机床又称为"刚性"自动化机床。

为了满足机械工业不断发展的需要，人们在实践的基础上创造了组合机床。所谓组合机床，是由已经系列化、标准化的通用部件和少量专用部件（按加工零件的形状和工艺要求而设计的）组合装配起来的专用机床。它既保留专用机床的结构简单、生产效率高等优点，又像通用机床那样具有部件通用化、可调整改装以适应不同结构尺寸的工件加工等特点。

（二）组合机床的组成

组合机床一般采用多轴、多刀、多面、多工位加工。加工时，刀具旋转为主运动，刀具或工件的直线移动为进给运动，加上一些辅助运动，即可完成一定的工作循环（包括快速趋近、工作进给和快速退回等）。

图16-1是一台组合机床的组成示意图，从图中可以看出，组合机床由许多通用部件和少量专用部件所组成。组合机床的通用部件是组成组合机床的主要部分，按其所起作用的不同，一般分为下面五类：

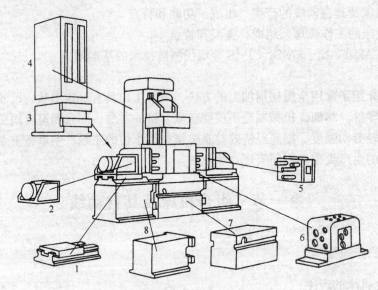

图 16-1　组合机床的组成

1—滑台　2—动力箱　3—立柱底座　4—立柱　5—多轴箱　6—夹具　7—中间底座　8—侧底座

（1）动力部件　如各种类型的切削头、滑台和动力箱等。它们在组合机床中完成主运动或进给运动，是传递动力的部件。动力部件是组合机床中最重要的通用部件，它决定着组合机床的主要工作性能和指标。目前我国已经设计和生产了多种新系列的通用部件，可供选择使用。其他部件的选用则以动力部件为基础进行配套。

（2）支承部件　如底座、立柱等。支承部件是组合机床的基础部件，主要用于支承和联接组合的其他部件，并使这些部件保持准确的相对位置和相对运动轨迹。因此，支承部件应具有足够的强度、刚度和稳定性，工作时不应产生不允许的变形。

（3）输送部件　如多工位的工作台、回转工作台和回转鼓轮等。它们一般用于多工位组合机床上，完成夹具的移动或转位。输送部件的分度和定位精度直接影响着组合机床的加工精度。

（4）控制部件　如液压元件、控制挡铁、行程开关、操纵台等。控制部件用于组合机床的动作控制，使机床按预定的程序完成工作循环。

（5）辅助部件　如冷却润滑装置、排屑装置、机械扳手等。它们是完成机床辅助动作的部件。

除上述各种通用部件外，根据加工零件形状及工艺要求，组合机床还需采用少量的专用部件，如根据工件孔位、孔距、孔数不同而设计制造的多轴箱，以及根据工件的具体结构和定位基准不同而设计制造的夹具等。这些专用部件在组合机床中只占很少的一部分，而且在这少量的专用部件中，大部分零件也是通用的，如各种规格的传动轴，齿轮等。组合机床零部件的通用化程度可达 70%～90%。

（三）组合机床的配置型式

组合机床的通用零部件分大型和小型两大类。大型通用部件是指电动机功率为 1.5～30kW 的动力部件及配套部件，这类动力部件多为箱体移动的结构形式。小型通用部件是指电动机功率为 0.1～2.2kW 的动力部件及其配套部件，这类动力部件多为套筒移动的结构形式。用大型通用部件组成的机床称为大型组合机床；用小型通用部件组成的机床称为小型组合机床。

大型组合机床的配置形式可分为两大类：单工位组合机床和多工位组合机床。

1. 单工位组合机床（见图 16-2）

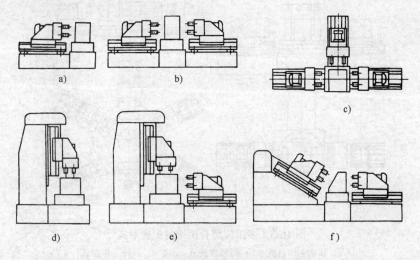

图 16-2　单工位组合机床的配置形式
a）卧式单面　b）卧式双面　c）卧式三面　d）立式　e）复合式（立式与卧式组合）
f）复合式（倾斜式与卧式组合）

这类组合机床的特点是工件仅在一个工作位置上加工。在整个工作循环中，夹具和工件固定不动，由动力箱或切削头完成主运动（刀具的旋转），滑台带动动力箱或切削头完成进给运动（刀具的移动），以实现对工件的加工。根据被加工工件的结构特点和加工部位的不同，可以配置成卧式（动力部件水平安置）、立式（动力部件垂直安置）、倾斜式（动力部件倾斜安置）或复合式（动力部件安置成卧式、立式、倾斜式的组合形式）等几种形式。根据零件加工部位多少，配置形式可以是单面的（动力部件从一个方向对工件进行加工）、双面的（动力部件从两个方向对工件进行加工），也可以是三面的或三面以上的。

这种配置形式的组合机床，结构较简单，加工精度较高。当加工工序单一而集中时，可以用很多把刀具同时在一个方向或几个方向进行加工，因而生产效率较高。但是其辅助时间（工件装卸时间）与机动时间（加工时间）不重合，有时间损失。这类组合机床特别适合于加工多孔的大型箱体零件。

2. 多工位组合机床（见图 16-3）

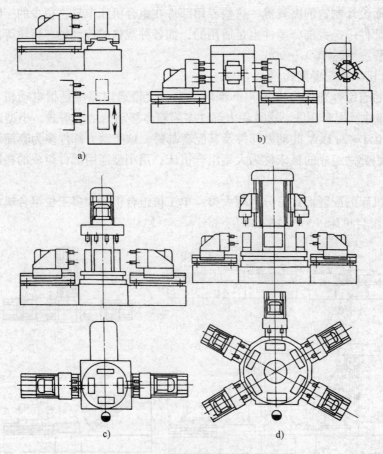

图 16-3　多工位组合机床的配置形式
a) 移动工作台式　b) 回转鼓轮式　c)、d) 回转工作台式

这类组合机床的特点是工件能在几个工位上进行加工。工位的变换是靠移动式工作台、回转式工作台或回转鼓轮带动工件移动或回转来实现的。在整个加工过程中，夹具和工件按照预定的工作循环周期性地变换工位，以便用配置在不同工位上的动力部件对工件进行一定顺序的加工，如钻—扩—铰等，其工位数一般为 2～12 个。

这种多工位组合机床，都设有一个装卸工件的工位，因此辅助时间和机动时间重合，生产效率较高。但由于变换工位后的定位有一定的误差，所以加工精度要比单工位组合机床低些。这些组合机床主要用于工序比较复杂的中、小型零件的加工。

（四）组合机床的特点及应用范围

1. 组合机床的特点

组合机床与通用机床或一般专用机床相比，主要有如下优点：

1）由于组合机床设计和制造时大量选用通用部件，只需设计、制造少量的专用部件，因此设计和制造的周期短。

2）由于组合机床是由 70％～90％ 的通用零部件组成的，当被加工零件变化时，这些通用零部件可以继续利用，以组装新的机床，适应产品变化或更新的需要。

3）用于组合机床的通用零部件都经过实践的验证，结构比较合理，使用较为可靠，性能也较稳定，用它们组装的组合机床具有较高的工作可靠性，有利于稳定加工精度，保证产品质量。

4）组合机床采用多刀、多刃、多面、多件加工，工序集中，生产效率高。

5）组合机床的通用部件由专门工厂批量生产，制造成本可以降低。又由于组合机床的零部件大多是通用的，因此，机床的维护和修理都比较方便。

组合机床有很多优点，但也有一定的缺点：

1）组合机床中的少量专用部件和零件，在机床改装时不能重复利用，因此有一定的损失。

2）组合机床的通用部件不是为某种组合机床专门设计的，而是考虑了具有比较广泛的适应性，规格也是有限的。这样，在组成各类型的组合机床时，就不一定完全适合于某种具体情况和具体要求，可能有的结构显得较为复杂，或者尺寸较大。

2. 组合机床的应用范围

目前，我国的组合机床已广泛用于大批大量生产的企业中，如汽车、拖拉机、柴油机、电机、机床制造、缝纫机、仪器仪表、纺织机械、矿山机械及军工生产等部门。

组合机床最适于箱体零件（如各种变速箱的箱体、气缸体、电机座、仪器仪表壳体等）的加工。这类零件上所有的平面及各种各样要求的孔，几乎全部都可以在组合机床上完成加工。近年来，轴类、盘套类、叉类等零件也越来越多地采用组合机床加工。

二、组合机床的几种通用部件

在组合机床的通用部件中，较重要的是动力部件和输送部件。下面就将动力部件中的滑台、单轴头、动力箱及输送部件中的回转工作台的用途和工作原理作一介绍。

（一）动力滑台

1. 动力滑台的功用

动力滑台简称滑台，它是常用的动力部件，主要用来带动各种主轴部件进给，也可以带动夹具和工件，作移动工作台用。滑台驱动方式有机械的和液压的两种。

当滑台用来完成进给运动时，可根据工件的加工工艺要求，在滑台上安装动力箱和多轴箱，或安装各种工艺切削头（即单轴头，如铣削头、钻削头、镗削头等），进行铣平面、钻孔、扩孔、铰孔、镗孔、车端面、攻螺纹等工序的加工。这时，主运动由动力箱或各种切削头来完成，进给运动则由滑台来完成。图 16-4 是将动力箱和多轴箱以及各种单轴头安装在滑台上组成各种切削动力头的情况示意图。

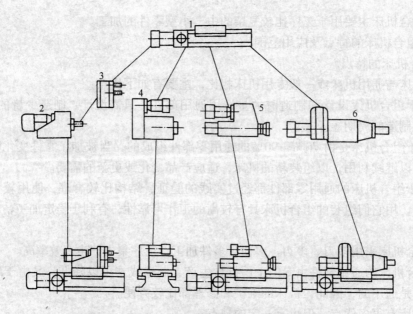

图 16-4　滑台上安装动力箱及各种切削头的情况

1—滑台　2—动力箱　3—多轴箱　4—铣削头　5—镗车头　6—钻削头

将各种切削动力头安装在侧底座或立柱上，可配置成各种形式的组合机床。

2. 滑台的典型工作循环

滑台在作工作进给时，能实现各种循环。图 16-5 所示是几种常见的工作循环。

图 16-5a 所示的工作循环，用于仅有一种工作进给要求的情况，如钻、扩、铰、镗、铣平面等单一工序的加工。图示为钻孔时的情况。

图 16-5b 所示的工作循环，适用于有两种工作进给要求的加工。如图示镗削阶梯孔时，用第一种工作进给速度（简称一工进）镗削小孔，用第二种工作进给速度（简称二工进）镗削大孔。

图 16-5c 所示的工作循环，适用于加工不连续表面，如铣削不连续的平面或钻、镗不连续的箱体孔等。在对图示零件的两个壁上镗削同心孔时，刀具快速趋近工件以后，即转换为工进速度，进行第一个孔的加工；然后再超越空程快速趋近第二个孔壁，又转换为工进速度加工第二个孔。加工结束后，快速退回。这种工作循环的安排，可以缩短空程时间。

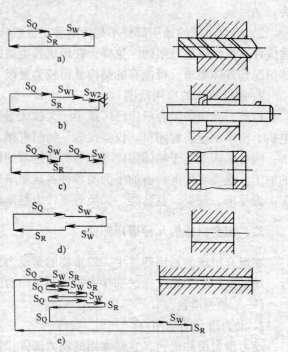

图 16-5　滑台的典型工作循环

a) 一次工作进给　b) 二次工作进给　c) 超越工作进给
d) 双向工作进给　e) 分级工作进给
S_Q—快进　S_W—工进　S_R—快退

图 16-5d 所示的工作循环，适用于粗精镗、粗精铣或攻螺纹。例如在进行镗孔时，刀具快速趋近工件以后，实现工作进给，完成粗镗加工。然后在没有继续进刀的情况下，刀具又以工作进给速度返回，完成精镗加工（加工余量很小），再快速退回至原位停止。

图 16-5e 所示的典型工作循环是专门为钻深孔设计的。为了适应深孔钻削中的排屑及冷却润滑的需要，采用分级进给，直至工件加工结束为止。

3. 液压滑台

图 16-6 为液压滑台的外观图。它主要由滑鞍、滑座、液压缸等部分组成，滑鞍和滑座以导轨相配合，液压缸体固定在滑座上，活塞杆和滑鞍相连接。当液压缸两腔相继进入压力油时，活塞就带动滑鞍在滑座导轨上作直线往复运动。液压滑台油路系统的工作原理，已在第九章讲过，这里不再重述。

4. 机械滑台

图 16-7 为机械滑台的外观图。它主要由滑鞍、滑座、传动箱和电动机等部分组成。机械滑台和液压滑台的根本区别在于传动方式不一样，在机械滑台中，滑鞍在滑座导轨上的运动是由机械传动方式实现的。

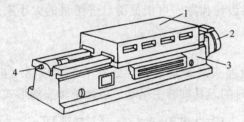

图 16-6 液压滑台
1—滑鞍 2—液压缸 3—滑座 4—死挡块

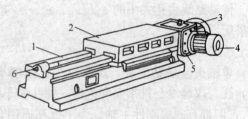

图 16-7 机械滑台
1—滑座 2—滑鞍 3—工进电动机 4—快速电动机
5—传动箱 6—死挡块

图 16-8 为机械滑台的传动系统图。滑台的快速移动和工作进给分别由两个电动机驱动实现。工作进给由工进电动机经传动箱中的齿轮、蜗杆、蜗轮和行星减速机构等传给丝杠；而快进、快退则由快速电动机（正反转）经一些齿轮传给丝杠。滑台作快速运动时，工作进

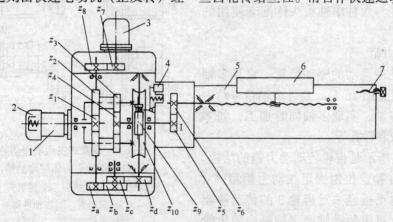

图 16-8 机械滑台的传动系统
1—快速电动机 2—电磁制动器 3—工进电动机 4—行程开关 5—滑座 6—滑鞍 7—死挡块

给电动机可以工作，也可以不工作；但工作进给时，快速电动机通过它后端的电磁制动器实现制动。这种电磁制动器由动摩擦片、静摩擦片、电磁铁及弹簧等组成，当电磁铁线圈断电时（这时快速电动机也是断电的），在弹簧力作用下，动、静摩擦片紧紧压合在一起，由于动摩擦片是跟电动机转子相连接的，从而实现制动。

滑台工作进给碰上死挡块或发生故障而不能前进时，丝杠不转，蜗杆也不转，但工进电动机仍在转动，势必迫使蜗杆克服弹簧力而产生轴向窜动，这时通过杠杆压下行程开关，发出信号使快速电动机反转，滑台快速退回。

机械滑台的传动，可用如下传动路线表达式来表示：

1）快速进退

$$\text{快速电动机} — \frac{z_1}{z_2} \times \frac{z_3}{z_4} — \text{I} — \frac{z_5}{z_6} — \text{丝杠} — \text{螺母} — \text{滑台（快速）}$$

2）工作进给

$$\text{工进电动机} — \frac{z_7}{z_8} — \text{II} — \frac{z_a}{z_b} \times \frac{z_c}{z_d} — \text{III} — \frac{z_9（蜗杆）}{z_{10}（蜗轮）} — \boxed{\text{行星减速机构}} — \text{I} — \frac{z_5}{z_6} — \text{丝杠} — \text{螺母} — \text{滑台（慢速）}$$

传动路线表达式中的 z_a、z_b、z_c、z_d 是交换齿轮齿数，可根据滑台进给量的大小来选择搭配。

（二）单轴头

单轴头包括钻削头、攻螺纹头、铣削头、镗削头及车端面头，分别用于实现钻（扩、铰）孔、攻螺纹、铣平面和沟槽、镗孔和车端面时的刀具旋转主运动。各种单轴头的形式相似，它们都有一根刚性主轴。为了提高通用化程度，各种单轴头都由头体和主运动传动装置两个独立的部件组成，两者可实现跨系列通用，即每一种传动装置可以与同规格的一种或几种头体配套使用；同样，一种头体也可与相同规格的一种或几种传动装置配套使用。例如，图16-9所示为一种系列顶置式主运动传动装置与六种单轴头头体配套使用的情况。

（三）动力箱

动力箱是主运动的驱动装置，它与多轴箱配合使用（见图16-4），通过多轴箱将动力传递给刀具主轴，实现多轴同时加工，如多轴钻、扩、铰和镗孔等。

图16-10所示是齿轮传动动力箱的结构。多轴箱用螺钉和定位销固定在动力箱箱体1左侧面上，电动机经一对齿轮3的传动使驱动轴2旋转，再由驱动轴经多轴箱内的齿轮将动力传给各个刀具主轴。

（四）回转工作台

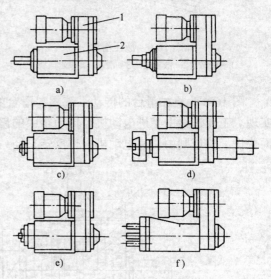

图16-9 顶置式主运动传动装置与
六种单轴头头体配套的情况

a）钻削头 b）攻螺纹头 c）镗削头 d）镗车头
e）铣削头 f）多轴可调头
1—主运动传动装置 2—单轴头头体

回转工作台是组合机床的一种输送部件，用于多工位组合机床。各工位的夹具将工件夹紧在工作台上，由回转装置驱动工作台转位，每转到一个工位，机床对工件进行一次加工，回转一周，加工全部结束。回转工作台的定位方式有齿盘定位式、插销定位式、反靠定位式等多种，其驱动方式通常有机械的和液压的两种。下面将齿盘定位式液压回转工作台的工作原理作一简单介绍：

图 16-11 是齿盘定位式液压回转工作台的结构原理图。上下相互啮合的多齿盘 2 和 3 分别固定在台面 1 及底座 4 上，图示为台面被压紧的情况。工作过程中，当分度转位动作开始时，1YA 通电，压力油

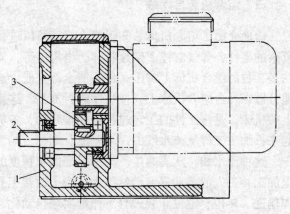

图 16-10　齿轮传动动力箱的结构
1—动力箱箱体　2—驱动轴　3—齿轮

经电磁阀 10 左位进入液压缸 5 的下腔，上腔通油箱，台面 1 被抬起，上齿盘 2 与下齿盘 3 脱开；同时，牙嵌离合器 6 啮合。由于台面的抬起，挡块松开行程开关 2ST，压下 1ST，使 3YA 通电，压力油经电磁阀 9 左位进入齿条液压缸 8 的左腔，右腔通油箱，于是活塞 8 向右移动，由活塞杆上的齿条带动空套齿轮 7，通过离合器 6 使台面 1 转位。当转位终了时，行程开关 4ST 被压下，时间继电器接通并延时一个很短的时间（让回转工作台台面 1 转位稳定后），使 1YA 断电，2YA 通电，此时压力油进入液压缸 5 的上腔，下腔通油箱，于是台面 1 落下，上、下齿盘啮合，工作台在新的位置上定位并夹紧，同时离合器 6 脱开。由于台面落下，松开行程开关 1ST，压下 2ST，使 3YA 断电，4YA 通电，压力油进入缸 8 的右腔，活塞返回原位，为下一次转位作准备。此时，由于离合器已经脱开，所以活塞返回时齿轮 7 空转复位。

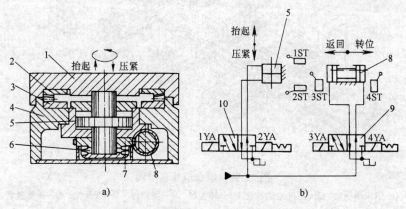

图 16-11　齿盘定位式液压回转工作台的结构原理
a) 结构示意　b) 液压传动原理
1—台面　2—上齿盘　3—下齿盘　4—底座　5—压紧液压缸　6—牙嵌离合器
7—齿轮　8—齿条液压缸　9、10—电磁阀

三、组合机床自动线

前面介绍了组合机床,知道组合机床可以进行单工位或者几个工位的加工。但有些比较复杂的零件,如气缸体、变速箱体、电机座等,需要加工的面很多,加工的工序也长,就是在多工位的组合机床上加工,也不能全部完成。这时,通常是将工件的全部加工工序,合理地分散在几台组合机床上,按顺序进行加工,这就是将组合机床组成了生产流水线。流水线上的机床,是按工件的工艺过程顺序排列的,各机床之间用滚道或起重设备等输送装置连接起来,加工工件从流水线的一端"流"到另一端,就完成了整个加工过程。

这种流水线,从提高生产率和保证加工精度的要求来说,问题是解决了,但是在流水线上加工,工人的劳动强度仍然很大。为了改善工人的劳动条件,要求流水线上各机床间的工作输送、转位、定位和装夹等工作都实现自动化,并通过机械、电气和液压的结合使用,把整条线上的动作联系起来,按规定的程序自动地工作。这种能自动工作的生产流水线,就叫做组合机床自动线。

组合机床自动线的电气控制是比较复杂的,在工作中如果出现一个误动作,就会影响全线工作的正常进行。所以,搞好电气部分的设计和维护对组合机床自动线的正常工作是很重要的。电气部分并不是孤立的,它和液压、机械有着紧密的联系,只有在三者结合的基础上,才能搞好电气设计和维护。

图 16-12 为某一组合机床自动线的组成示意图,全线由四台组合机床和一些辅助装置组成。加工时的全部动作,如工件的输送、转位、定位及加工等全部由电气和液压系统进行控制,工人可在操纵台上用按钮控制全线的自动化工作。

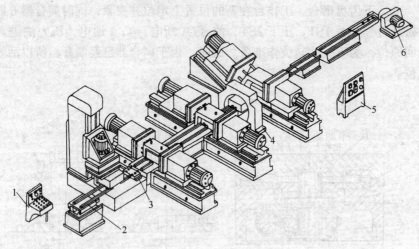

图 16-12 组合机床自动线
1—中央操纵台 2—工件输送装置 3—转位台 4—翻转台 5—液压站 6—排屑装置

组合机床自动线中,全部加工过程是靠各种机械自动操作完成的,工人只需在自动线的前端安装毛坯,在末端取下完工的工件即可。有些自动化程度较高的自动线,还能自动完成测量、试验、分组及装配等工序。

综上所述,组合机床自动线,是在组合机床的基础上发展起来的,它的特点是生产效率高、质量稳定,自动化程度高,大大减轻工人的体力劳动。但是组合机床自动线也存在有设计周期长、维修时全线停产、出现故障不易很快排除等问题。此外，当被加工零件的结构或尺寸有变动时，原有的组合机床自动线就不能再用，需要重新设计、制造和调整成为新的组合机床自动线。由此可见，组合机床自动线不能适应产品更新的要求，因此又称为"刚性"自动线。

目前，我国应用组合机床自动线较多的是汽车工业、拖拉机工业、轴承工业、机床工业、电机工业及轻工业等。

第二节 数 控 机 床

一、数控机床概述

计算机数控机床（Computer Numerical Control——CNC）简称为数控机床，它是采用计算机利用数字信号进行控制的高效能自动化加工机床。在数控机床上加工零件时，一般是先编写零件加工程序单，即用数字代码来描述被加工零件的工艺过程、零件尺寸和工艺参数（如主轴转速、切削速度等），再将零件的加工程序输入计算机，经计算机的处理与计算，发出各种控制指令，以控制机床的运动，将零件自动加工出来。当变更加工对象时，只需重新编写零件的加工程序，而机床本身则不需要进行任何调整就能把零件加工出来。所以数控机床是一种灵活性极强的、高效能的全自动化加工机床（也称为"柔性"自动化机床），是今后机床控制技术的发展方向。

现在世界上很多发达的工业化国家都已在生产上广泛应用数控机床。当今，一个国家数控机床的生产量和应用程度，已成为衡量这个国家工业化程度和技术水平的重要标志之一。

（一）数控机床的组成

数控机床主要由信息载体及输入装置、数控装置、伺服系统和机床本体等四部分组成（见图 16-13）。

（1）信息载体及输入装置　信息载体又称控制介质，它用于记载各种加工信息（如零件加工的工艺过程、工艺参数和位移数据等），以控制机床的运动，实现零件的机械加工。常用的信息载体有八单位标准穿孔纸带（见图 16-14）、磁带和磁盘等。

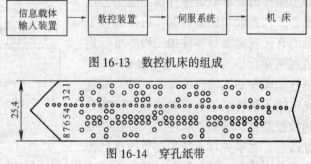

图 16-13　数控机床的组成

图 16-14　穿孔纸带

信息载体上记载的加工信息要经输入装置输送给数控装置。常用的输入装置有光电纸带输入机、磁带录音机、磁盘驱动器等；对于有微型机控制的数控机床，也可在操作面板上用按钮和键盘将加工程序直接输入，并在 CRT 显示器上显示，或者包含有自动编程机或 CAD/CAM 系统。

（2）数控装置　数控装置一般是指控制机床运动的计算机及相关部件，它是属于控制机床运动的中枢系统。它的功能是接受输入装置输入的加工信息，经处理与计算，发出相应的控制脉冲信号送给伺服系统，通过伺服系统使机床按预定的轨迹运动。

数控装置一般有两种类型：专用数控装置和通用数控装置。

1）专用数控装置（简称 NC 数控装置）。专用数控装置是指根据零件加工功能要求，采用专用硬接线逻辑电路的方法构成的控制装置。要想增加或更改某种功能，就必须改动控制装置内部的逻辑电路。可见这种数控系统灵活性差，使用很不方便，现已逐渐被淘汰。

2）通用数控装置（简称 CNC 数控装置）。通用数控装置是由一台小型计算机或微型计算机作为控制硬件，再配以适当的接口电路构成的数控装置。将预先设计调试好的控制软件存入计算机内，以实现数控机床的控制逻辑和各种控制功能，只要改变软件就可改变控制功能，因而这种数控装置的灵活性和通用性很强，现代数控系统多数都采用这种通用数控装置。

（3）伺服系统　伺服系统是数控系统的执行部分，它是由速度控制环、位置控制环、驱动伺服电动机和相应的机械传动装置组成（图 16-15）。当数控装置输出指令电脉冲信号给伺服系统时，伺服系统就使机床上的移动部件作相应的移动，并对定位的精度和速度加以控制。因此，

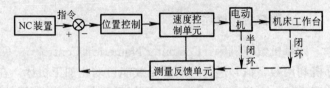

图 16-15　伺服系统的组成

伺服系统的性能好坏，将是直接影响数控机床加工精度和生产率的主要因素之一。

（4）机床　数控机床加工时，零件的粗加工和精加工往往是在同一台机床上一次装卡自动完成整个切削加工过程的，进给量的变换是靠伺服电动机本身变速来实现的。因此数控机床的机床本体要具有刚性好、热变形小、精度高和机械传动系统比较简单等特点。

（二）数控机床的工作过程

图 16-16 所示为数控机床对零件加工的工作过程示意图。由图可知，在数控机床上加工零件时，要预先根据零件加工图样的要求确定零件加工的工艺过程、工艺参数和位移数据，再按编程手册的有关规定编写零件加工程序单。然后利用穿孔机（以纸带为信息载体时）制作记载有加工信息的穿孔纸带，通过光电输入机将纸带上记载的加工信息送到数控装置。当加工程序输入到数控装置以后，在事先存入数控装置内部的控

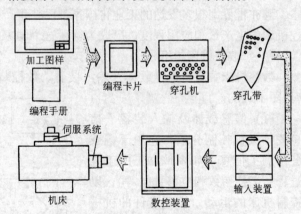

图 16-16　数控机床的工作过程

制软件支持下，经处理与计算发出相应的电脉冲信号，通过伺服系统使机床按预定的轨迹运动，以进行零件的切削加工。

（三）数控机床的特点

数控机床因具有加工精度高、生产效率高和灵活性强等特点，所以在机械加工中得到了日益广泛的应用。

（1）加工精度高、加工质量稳定可靠　数控机床的机械传动系统和结构本身都有较高的精度和刚度，数控机床的加工精度不受零件本身的复杂程度影响。加工的精度和质量是由机床来保证的，完全排除了操作者的人为误差影响，同时，可以通过检测反馈修正误差或补偿

来获得更高的精度。所以数控机床的加工精度高，加工误差一般能控制在 0.005～0.01mm 之内，而且同一批零件加工的精度一致性好，质量稳定可靠。

（2）生产效率高　采用数控机床加工可免去划线工作，降低对机床工夹具的要求，缩短加工准备时间。数控机床刚度大、功率大、能自动进行切削加工，所以每个工序都能选择较大的、合理的切削用量，并自动连续完成整个切削加工过程，因而大大缩短机加工时间。又因数控机床定位精度高，可省去加工过程的中间检测，减少了停机检测时间。而且，一机多用的数控加工中心，在一次装夹后几乎可以完成零件的全部加工，这样不仅可减少装夹误差，还大大减少了半成品的周转（包括运输、测量等）时间，生产率的提高更为明显。所以数控机床的生产效率高。

（3）减轻工人劳动强度、改善劳动条件　数控机床当输入加工程序后，不需人工直接操作，就能按加工程序要求连续自动地进行切削加工，并在加工过程中能自动进行找刀、换刀、不停车变速、启停冷却液和进行快速空行程运动，所以采用数控机床能减轻工人劳动强度，改善劳动条件。

（4）零件加工的适应性强、灵活性好　因数控机床能实现几个坐标联动，加工程序可按加工零件要求随需变换，当加工对象改变时，仅需改变加工程序，就能适应新的产品的生产需要，而不需改变机械部分和控制部分的硬件，而且生产过程是自动完成的。所以它的适应性和灵活性很强，可以加工普通机床无法加工的形状复杂的零件。

（5）有利于生产管理　采用数控设备能准确地计算产品生产的工时，并有效地简化检验、工夹具和半成品的管理工作。同时控制信息采用标准代码输入，有利于与计算机连接，构成由计算机控制和管理的小批量生产系统，实现制造和生产管理的自动化。

二、数控机床的类型及应用

目前数控机床的品种数量很多，功能各异，但归纳起来可按下列几种方法进行分类。

（一）按机械运动的轨迹分类

1. 点位控制系统

点位控制系统又称点到点控制系统，它是指刀具从某一位置向另一目标点位置移动，不管其中的刀具移动轨迹如何，只要刀具最终能准确到达目标点位置的控制方式。点位控制的数控机床在刀具移动的过程中，并不进行切削加工，而是作快速空行程的定位运动。如图 16-17 所示，当用数控钻床钻削零件上的两孔时，若 A 孔加工后，钻头从 A 孔向 B 孔移动，可以是沿一个坐标方向移动完毕后，再沿另一坐标方向移动（图中轨迹①）；也可是沿两坐标方向同时移动（图中轨迹②）。

点位控制系统一般用于数控钻床、数控镗床、数控冲床和数控测量机等。

2. 直线控制系统

直线控制系统是指能控制刀具或机床工作台以适

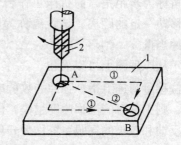

图 16-17　点位控制系统钻孔加工
1—工件　2—刀具

当速度沿着平行于某一坐标轴方向进行直线切削加工的控制系统。该系统也可以沿着与坐标轴成 45° 的斜线进行直线切削加工(图 16-18)，但不能沿任意斜率的直线进行直线切削加工。

直线控制系统一般具有主轴转速控制、进给速度控制和沿平行于坐标轴方向直线循环切削的功能。一般的简易数控系统均属于直线控制系统。

将点位控制和直线控制结合起来的控制系统称为点位直线控制系统，该系统同时具有点位控制和直线控制的功能。此外，有些系统还有刀具选择、刀具长度和刀具半径补偿功能。数控镗铣床、数控加工中心等均采用点位-直线控制系统。

3. 连续控制系统

连续控制系统又称轮廓控制系统，该系统能对刀具相对零件的运动轨迹进行连续控制，以加工任意斜率的直线、圆弧、抛物线或其他函数关系的曲线。这种系统一般都是两坐标或两坐标以上的多坐标联动控制系统，其功能齐全，可加工任意形状的曲线或型腔，如图16-19所示的平板凸轮等。数控铣床、功能完善的数控车床、数控凸轮磨床等均采用连续控制系统。

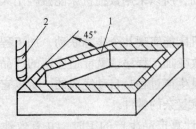

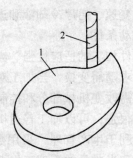

图16-18　直线控制系统铣削加工
1—工件　2—铣刀

图16-19　连续控制系统的切削加工
1—工件　2—铣刀

（二）按伺服系统的类型分类

1. 开环伺服系统

图16-20所示为采用步进电动机驱动的开环伺服系统的原理。它一般由环形分配器、步进电动机功率放大器、步进电动机、配速齿轮和丝杠螺母传动副等组成。每当数控装置发出一个指令脉冲信号，就使步进电动机的转子旋转一个固定角度，该角称为步距角，而机床工作台将移动一定的距离，该距离称为脉冲当量。

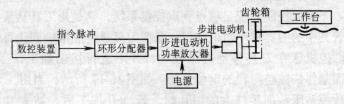

图16-20　开环伺服系统

从原理图上可以看出，工作台位移量与进给指令脉冲的数量成正比，即数控装置发出的指令脉冲频率越高，脉冲数量越多，则工作台的位移速度越快，位移量越大。这种只含有信号的放大和变换，不带有位移检测反馈和校正的伺服系统称为开环伺服系统，或简称开环系统。

开环伺服系统因既没有工作台位移检测装置，也没有位置反馈和校正系统，所以工作台的位移精度完全取决于步进电动机的步距角精度、配速齿轮和丝杠螺母副的精度与传动间隙等，可见这种系统很难保证较高的位置控制精度要求。同时由于受步进电动机性能的影响，其速度也受到一定的限制。但这种系统结构简单，调试方便，工作可靠，稳定性好，价格低廉，因而被广泛用于精度要求不太高的中小型数控机床上。

2．闭环伺服系统

图 16-21 所示为采用宽调速直流电动机驱动的闭环伺服系统的原理。由图可知，闭环伺服系统主要是由位置比较和放大元件、速度比较和放大元件、驱动元件、机械传动装置和测量装置等组成。其中，驱动元件可采用宽调速直流电动机或宽调速交流电动机，测量元件可采用感应同步器或光栅等直线测量元件。

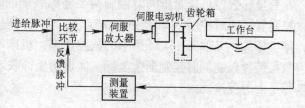

图 16-21　闭环伺服系统

闭环伺服系统的工作原理是：数控装置发出位移指令脉冲，经电动机和机械传动装置使机床工作台移动。此时，安装在工作台上的位置检测器把机械位移变成电量，反馈到输入端与输入信号相比较，得到的差值经过放大和变换，最后驱动工作台向减少误差的方向移动。如果输入信号不断地产生，那么工作台就不断地跟随输入信号运动。只有在差值为零时，工作台才静止，即工作台的实际位移量与指令位移量相等时，电动机停止转动，工作台停止移动。由于闭环伺服系统有位置反馈环节，可以补偿机械传动装置中的各种误差、间隙和干扰的影响，因而可以达到很高的定位精度，同时还能达到较高的速度，因此在数控机床上广泛应用，特别是精度要求高的大型和精密机床。

从理论上讲，闭环伺服系统的精度主要取决于测量元件的精度和数-模转换器的精度，但由于该系统受进给丝杠的拉压刚度、扭转刚度及摩擦阻尼特性和间隙等非线性因素的影响，给调试工作造成很大困难。如果各种参数匹配不当，将会引起系统振荡，造成不稳定，影响定位精度。所以，闭环系统要比开环伺服系统安装调试困难复杂，价格较贵，维护费用也比较高。

3．半闭环伺服系统

如果在闭环伺服系统中，用安装在进给丝杠轴端或电动机轴端的角位移测量元件（如旋转变压器、脉冲编码器、圆光栅等）来代替安装在机床工作台上的直线测量元件，用测量丝杠或电动机轴旋转角位移来代替测量工作台直线位移，这样的伺服系统称半闭环伺服系统（图 16-22）。因这种系统未将丝杠螺母副、齿轮传动副等传动装置包含在闭环反馈系统中，不能补偿该部分装置的传动误差，所以半闭环伺服系统的加

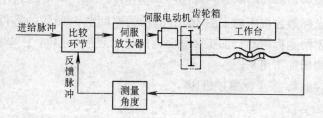

图 16-22　半闭环伺服系统

工精度低于闭环伺服系统的加工精度。但半闭环伺服系统将质量大（惯性大）的工作台安排在闭环之外，使这种系统调试比较容易，稳定性也较好。

另外，角位移测量元件比直线位移的测量元件简单，价格较低。如果选用传动精度较高的滚珠丝杠和精密消隙齿轮副，再配以存储有螺距误差补偿和反向间隙补偿功能的数控装置，则半闭环伺服系统仍能达到较高的加工精度，这在生产中应用相当普遍。

（三）按控制坐标数分类

所谓数控机床的坐标数或轴数是指数控装置控制的机床移动部件的运动坐标数目。按控

制坐标数的不同，可分为两坐标、三坐标、$2\frac{1}{2}$坐标和多坐标数控机床。

1. 两坐标数控机床

两坐标数控机床是指同时控制两个坐标联动的数控机床，如图 16-23 所示的数控车床，数控装置可同时控制 X 和 Z 方向的运动，实现两坐标联动，可用于加工各种曲线轮廓的回转体类零件。又如图 16-24 所示的数控铣床，机床本身虽能有 X、Y、Z 三个方向的运动，但数控装置仅能同时控制两个坐标，实现两坐标联动。因此，通常根据需要可在加工中实现坐标平面的变换。

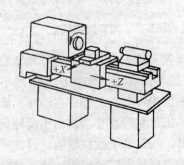

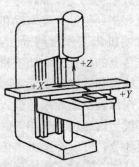

图 16-23　数控车床　　　　　　　　　图 16-24　数控铣床

2. 三坐标数控机床

数控机床能同时控制三个坐标，实现三坐标联动的机床，称为三坐标数控机床。如图 16-24 所示的铣床若能实现三坐标联动，则称三坐标数控铣床，可用于加工图 16-25 所示的曲面零件。

3. $2\frac{1}{2}$坐标数控机床

$2\frac{1}{2}$坐标数控机床常称为两个半坐标数控机床。这种机床有三个坐标，能作三个方向的运动，但控制装置只能同时控制两个坐标，而第三坐标仅能作等距的周期移动。例如用 $2\frac{1}{2}$坐标数控机床加工图 16-26 所示的空间曲面形状的零件，此时，在 XZ 坐标平面内控制 X、Z 两坐标联动，加工竖截面内的轮廓表面，控制 Y 坐标定期作等距移动，即能将零件空间曲面加工出来。

4. 多坐标数控机床

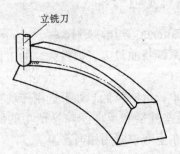

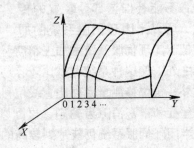

图 16-25　三坐标数控铣床适于加工的曲面零件　　　图 16-26　$2\frac{1}{2}$坐标数控机床加工的空间曲面

　　四坐标以上的数控机床称为多坐标数控机床。多坐标数控机床结构复杂、机床精度高、编程复杂，主要用于加工形状复杂的零件。

　　（四）按工艺用途分类

　　1．普通数控机床

　　与传统的通用机床一样，数控机床根据不同的工艺需要，也分为数控车床、数控铣床、数控钻床、数控镗床及数控磨床等，并且在每一类中又有很多品种，具有和同类通用机床相似的工艺性能，并且能自动加工精度更高、形状更复杂的零件。

　　2．数控加工中心

　　数控加工中心是在普通数控机床的基础上增加了刀库和自动换刀装置的数控机床。它可使零件在一次装夹后，进行多种工艺、多道工序的集中连续加工，从而减少装卸工件、更换和调整刀具的辅助时间；并且减少了由于工件多次装卸造成的定位误差。从而提高机床的工作效率和各加工面间的位置精度。因此，近年来数控加工中心得到了迅速的发展。

　　3．数控特种加工机床

　　如数控电火花加工机床、数控线切割机床、数控激光切割机床等。

　　此外，还有按数控装置的功能和水平分类的方法，即把数控机床分为低、中、高三个档类，这种分类方式，在我国用得很多。低、中、高三档的界限是相对的，不同时期，划分标准会有所不同。

第三节　现代制造技术

　　由于现代科学技术的迅速发展，社会需求多样化以及市场竞争的日益激烈，现代企业生产的主流已从少品种、大批量生产转向多品种、小批量生产。如何提高多品种、小批量生产的生产效率和自动化水平，是现代生产必须解决的问题。为提高多品种、小批量生产的生产效率和自动化水平，通常可从以下两方面考虑：

　　1）采用一定的方法将多品种、小批量生产转化为大批量生产，利用大批量生产的自动化作业提高生产效率，如成组技术等。

　　2）提高加工设备和制造系统的柔性，使其高效、自动化地加工不同的零件，生产不同的产品，如柔性制造系统、计算机集成制造系统等。

　　现代制造技术是指在制造领域内采用高新科学技术的总称，即在制造过程中强调采用信息技术、计算机技术和管理技术，将传统的制造技术与现代科学技术有机结合起来，进行多学科的交叉融合。现代制造技术是在数控机床的基础上不断发展起来的，包括成组技术（GT）、计算机辅助设计与制造（CAD/CAM）、柔性制造单元（FMC）、柔性制造系统（FMS）、计算机集成制造系统（CIMS）等先进的制造技术。

一、成组技术（Group Technology——GT）

　　1．成组技术的基本原理

　　成组技术是一门生产技术科学，它研究如何识别和发掘生产活动中有关事物的相似性，并充分加以利用，即把相似的问题归类成组，寻求解决这一组问题相统一的最优方案。

　　成组技术应用于机械加工（见图16-27），将多种零件按其结构形状、尺寸大小、毛坯、材料和工艺要求的相似性，通过一定的方法对零件分类成组，并按零件组的工艺要求配备相应的工艺设备，采用适当的机床布置形式组织成组加工，从而将小批量的零件归并为大批量

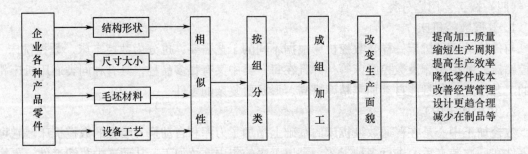

图 16-27　成组技术基本原理示意图

生产。因此，使得多品种小批量生产也能获得近似于大批量生产的效率。

2．零件分类编码

对零件进行分类编码是实施成组技术的重要手段。即对每个零件赋予规定的数字符号表示零件结构特征（如零件名称、功能、结构、形状等）和工艺特征的信息，据此划分出结构相似或工艺相似的零件组。

目前，国内外的分类编码系统很多，常用的有德国奥匹兹零件编码系统和我国的"机械工业成组技术零件分类编码系统"（简称 JLBM—1 分类编码系统）。JLBM—1 分类编码系统采用主码和副码分段的混合式结构，由 15 个码位组成。其基本结构见表 16-1。

表 16-1　JLBM—1 零件分类编码系统的基本构成

码位	主码									副码					
	1	2	3	4	5	6	7	8	9	10	11	12	13	14	15
特征	名称类别粗分类	名称类别细分类	外部基本形状	外部功能要素	内部基本形状	内部功能要素	外平面、曲面加工	内平面加工	辅助加工	材料	毛坯原始状态	热处理	最大直径或宽度	最大长度	精度

每个码位又分为 0，1，2，…，9，共十个等级。每个等级均有一定的含义，详见 JLBM—1 中的规定。

目前，将零件分类成组的常用方法有编码分类法（选择反映零件工艺特征的部分代码作为分组依据）、生产流程分析法（以零件生产流程为依据，把使用同一组机床加工的零件归结为一类）和视检法（凭经验分组）。只有按编码分类才有助于计算机辅助成组技术的实施。

3．成组技术的主要优点

在多品种、中小批量生产中采用成组技术，实质上是扩大了生产批量，因此无论在产品设计、制造方面，还是在生产管理方面，都具有明显的优点：

（1）在产品设计方面　可以促进零件、部件设计的标准化，避免不必要的重复设计和多

样化设计。

（2）在产品制造方面　可以促进工艺设计的标准化、规范化和通用化，减少重复性劳动，实现成组加工和应用成组夹具，以提高生产效率和系统的柔性。

（3）在生产管理方面　可以缩短生产周期，简化作业计划，减少在制品数量，提高人员、设备的利用率，提高质量和降低成本。

二、计算机辅助设计与制造（CAD/CAM）

（一）计算机辅助设计与制造的基本概念

计算机辅助设计（Computer Aided Design，CAD）和计算机辅助制造（Computer Aided Manufacturing，CAM）技术是指以计算机技术为主要手段来生成和处理各种数字、图形信息，以进行产品设计和制造的技术。从计算机科学角度看，设计和制造过程是一个信息处理、交换、流通和管理的过程。因此，人们能够对产品的设计和制造过程中信息的产生、转换、存储、流通、管理进行分析和控制。CAD/CAM系统实质上是一个有关产品设计和制造的信息处理系统。

CAD实质上是一项产品建模技术，即把产品的物理模型转化为产品数据模型，并把产品的数据模型存储在计算机内供后续的计算机辅助技术所共享。CAD也是一个过程，即在计算机环境下完成产品设计的创造、分析和修改，以达到预期的设计目标。

CAM的定义是在不断发展的，可以从狭义和广义两个方面来理解。狭义CAM是指计算机辅助编制数控机床的加工指令；广义CAM是指应用计算机进行制造信息处理的全过程。它包括用计算机辅助生产前的准备工作，如工艺过程规划、工装设计、数控编程、生产作业计划编制、生产过程控制和质量监控等。

CAD的应用覆盖了产品设计和工艺装备设计。计算机辅助规划（CAP）包含了工艺装备的规划、工艺过程规划和数控加工的程序编制，CAM则包含了计算机辅助规划、制造、装配和质量检测的全过程。

CAD/CAM也就是产品从设计到制造全过程的信息集成和信息流自动化。

（二）CAD/CAM系统的组成

通常，一个CAD/CAM系统基本上只适用于某一类产品的设计和制造，如电子产品CAD/CAM只适用于设计制造印刷板或集成电路，而机床的CAD/CAM只适用机床的设计和制造。不同的系统不仅基础和专业软件不一样，而且硬件配置上也有差异。但从系统的逻辑功能和系统结构角度来看还是基本相同的。不管是用于何种产品设计和制造的CAD/CAM系统，从其逻辑功能角度来看，CAD/CAM系统基本上是由计算机和一些外部设备（计算机和外部设备通常称为硬件）及相应的软件组成（其中包括系统软件、支撑软件及应用软件），如图16-28所示。

1. CAD/CAM硬件系统

CAD/CAM硬件系统主要由计算机主机、外存储器、输入设备、输出设备等组成。

（1）计算机主机　计算机主机主要由CPU、主存储器及输入/输出接口组成。

（2）外存储器　外存储器有硬盘、软盘、磁带、光盘等。

（3）输入设备　输入设备主要有键盘、鼠标、光笔、扫描仪、图形输入板等。

（4）输出设备　输出设备主要有显示器、打印机、绘图仪等。

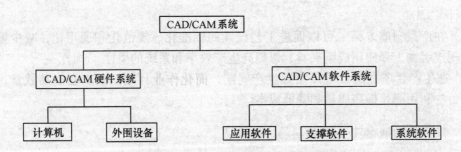

图 16-28　CAD/CAM 系统的基本结构

根据当前的计算机市场情况，CAD/CAM 系统的计算机配置有以下三种类型：

1）主机-终端 CAD 系统，适用于较大规模的 CAD/CAM 系统，它以大中型通用计算机为中央处理器。一般来说，它并不是单纯为 CAD/CAM 系统服务，还担负其他工作，终端可以从几个到几十个，这些终端可以是本地的，也可以是远程的。这类 CAD/CAM 系统特点是：通信功能较差，但数据处理能力较强。

2）工作站 CAD 系统，适用于特大规模的 CAD 系统。工作站 CAD 系统以 32 位超微机为主机，在主机结构上区别于主机-终端 CAD 系统。它的特点是：CPU 运算及处理能力强，图形智能化程度高，网络能力强，系统成本高。

3）以微机为主体的 CAD 系统，适用于小型 CAD 系统，是为数众多的中小企业的最佳选择，该类 CAD 系统的特点是可以方便地进行系统升级和功能扩展。

2．CAD/CAM 软件系统

CAD/CAM 的软件系统主要由系统软件、支撑软件、应用软件等组成。

（1）系统软件　系统软件是指计算机在运行状态下，保证用户正确而方便工作的那一部分软件。包括：操作系统、汇编系统、编译系统、监督系统、诊断系统、数据交换和管理的数据库管理系统、网络及网络通信软件等。

（2）支撑软件　支撑软件是指通用的应用软件，包括：图形处理软件、几何造型软件、有限元分析软件、优化设计软件、动态仿真软件、各种标准零件设计库以及工程数据库及其管理系统等。

（3）应用软件　指专为某一领域开发的 CAD/CAM 应用软件，如数控加工、检测与质量控制软件等。

（三）CAD/CAM 的应用与发展

1．CAD/CAM 的应用

1959 年美国麻省理工学院（MIT）制定的 CAD 计划标志着计算机辅助设计技术的诞生，至今已有 40 多年的发展历史。这期间，计算机图形学、有限元建模与分析技术、自由曲面的表达与处理技术、几何造型技术以及人工智能技术均有了飞速的发展。进入 20 世纪 90 年代，发展重点集中在丰富系统的功能，使系统更加灵活、实用和可靠及 CAD/CAM 集成技术，以便更显著地缩短产品周期、提高产品质量和降低成本，使更多生产企业主动采用 CAD/CAM 技术。CAD/CAM 技术主要应用于以下几个方面：

1）用于设计方案的动态修改，它可以使设计结果以图形方式输出，能进行实时输入/输出的交互设计。

2）用于机械制造工艺过程，进行计算机辅助工艺设计、计算机数控等。

3）用于企业管理，进行生产规划及生产调度最优化、生产过程的材料消耗、成本核算、仓库自动管理和产品销售等。

CAD/CAM 应用非常广泛，最基本和常用的模块有：

（1）计算机辅助绘图　计算机辅助绘图是 CAD 系统应用最早的一个最基本的组成部分，其主要功能是完成二维图形、图样的设计和绘制。目前，二维图样的设计和绘制仍是机械设计与制造中的重点，计算机辅助绘图的推广应用能够有效地提高绘图效率、提高图样质量和标准化程度并易于修改，从而有利于提高了产品设计效率。

计算机绘图主要有两种方式，即交互式绘图和参数化绘图。交互式绘图系统把计算机屏幕当作图板，借助于交互图形输入装置（如鼠标、键盘等），以人机交互方式输入命令进行绘图。人机交互绘图方法直观、方便、易于修改，不需要用户编制图形生成程序。参数化绘图则根据图形基本结构编制图形生成程序，在程序运行时根据的指定的尺寸参数生成图形，这种方法适用于零件结构形式基本固定而尺寸变化的图形绘制，易于实现图形的自动化绘制。

（2）CAD 建模　建模是 CAD 的核心技术，它是分析计算的基础，也是实现计算机辅助制造的基本手段。建模技术的研究、发展和应用，就代表了 CAD 技术的研究、发展和应用。建模技术的发展经历了二维建模、三维几何建模、特征建模及产品集成建模的发展过程。建模方法主要有几何建模和特征建模两大类。

几何建模把真实世界的三维物体的几何形状用一套合适的数据结构来描述，并输入计算机进行存储，这种过程称为几何建模。常用几何建模方法有：线框建模、表面建模、实体建模、混合建模等。

特征建模是面向整个设计、制造过程的，不仅支持 CAD 系统、CAPP 系统和 CAM 系统，还要支持绘制工程图、有限元分析、数控编程、仿真模拟等多个环节。因此，必须能够完整地、全面地描述零件生产过程的各个环节的信息以及这些信息之间的关系。除了实体建模中已有的几何、拓扑信息之外，还要包含特征信息、精度信息、材料信息、技术要求和其他有关信息。除了静态信息之外，还应当支持设计、制造过程中的动态信息，例如有限元的前、后置处理，零件加工过程中工序图的生成，工序尺寸的计算等。因此，特征建模是一种以实体建模为基础，包括上述信息的产品建模方案，通常由形状特征模型、精度特征模型、材料特征模型组成，而形状特征模型是特征建模的核心和基础。

（3）产品数据交换技术及管理　产品数据是指一个产品从设计到制造生命周期的全过程中对产品的全部描述，并需以计算机可以识别的形式来表示和存储的信息。产品数据是在产品设计到制造的生命周期全过程中通过数据采集、传递和加工处理的过程而形成和不断完善的。因而，产品数据交换在产品生命周期中将频繁地进行。如在产品设计的各个部门之间，产品生命周期的各个过程之间，CAD、CAM 之间，同一 CAD 系统的不同版本之间，不同类型的 CAD 系统之间等情况，均需要实现产品数据的交换。

目前，CAD/CAM 系统中的各模块基本上是在各自的模型数据结构上独立研制和发展起来的，它们之间存在着较大的差异，这给数据的交换带来困难。同时，一个企业的计算机技术应用往往是逐步地、阶段性地实施，在一个企业中产品开发往往是在多种不同的 CAD 系统或同一类 CAD 系统的不同版本上完成的。产品数据交换已成为充分利用现有的技术资源和开展国内外技术合作的瓶颈技术。产品数据交换成为 CAD/CAM 集成所亟待解决的问题。

实现数据交换通常有两种方法：通过系统的专用接口，实现点对点的连接，如图 16-29a 所示；通过一个中性（即与系统无关）接口，实现星式连接，如图 16-29b 所示。

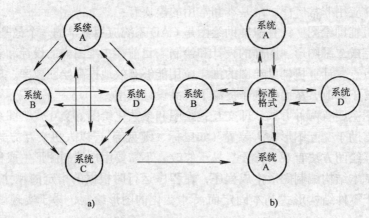

图 16-29　两种数据交换的方法

a）点对点连接　b）星式连接

（4）计算机辅助工艺规程设计　计算机辅助工艺规程设计（Computer Aided Process Plying，CAPP）是在成组技术的基础上，通过向计算机输入被加工零件的原始数据、加工条件和加工要求，由计算机自动地进行编码、编程、制定工艺路线、进行工艺设计直至最后输出经过优化的工艺文件的过程。它改变了手工工艺设计的局限性和手段的落后性，大幅度地提高了工艺设计的效率、生产工艺水平和产品质量。它能把产品的设计信息转为制造信息，所以它是计算机辅助设计和计算机辅助制造的纽带，因此在现代机械制造业中具有重要的作用。

（5）数控加工自动编程　数控加工编程是 CAD/CAM 系统中的重要模块之一。由 CAD 系统所生成的产品数字模型以及与制造工艺有关的产品信息在 CAM 系统中转换为产品的应用模型，设计与制造所用模型的惟一性保证了产品的精确定义与制造；应用 CAM 系统，产品制造工程师可以在产品的零件模型上完成全部加工过程的模拟，选择优化的加工方法，并通过对刀具轨迹的验证以确认加工的正确性、工艺性以及可靠性，从而实现了产品虚拟设计与制造的完整过程；数控加工编程系统的应用对缩短产品的制造周期，减少生产的准备时间，尤其是对于批量小、变化快、复杂程度大和精度要求高的产品具有明显优势，在 CAD/CAM 系统应用中其经济成效最为突出。

2．CAD/CAM 系统的功能与发展

（1）CAD/CAM 系统的功能　一个比较完善的 CAD/CAM 系统，是由产品设计制造的数值计算和数据处理程序包、图形信息交换（输入、输出）和处理的交互式图形显示程序包、存储和管理设计制造信息的工程数据库等三大部分构成的。这种系统的主要功能包括：

1）曲面造型功能。该功能是指系统应具有根据给定的离散数据和工程问题的边界条件来定义、生成、控制和处理过渡曲面与非矩形域曲面的拼合能力，提供汽车、飞机、船舶设计和制造，以及某些用自由曲面构造产品几何模型所需要的曲面造型技术。

2）实体造型功能。该功能是指系统应具有定义和生成体素的能力，以及用几何体素构造法或边界表示法构造实体模型的能力，并且能提供机械产品总体、部件、零件以及用规则几何形体构造产品几何模型所需要的实体造型技术。

3）物体质量特性计算功能。该功能是指系统应具有根据产品几何模型计算相应物体的体积、表面积、质量、密度、重心、导线长度以及轴的转动惯量和回转半径等几何特性的能力，为系统对产品进行工程分析和数值计算提供必要的基本参数和数据。

4）三维运动机构的分析和仿真功能。该功能是指系统应具有研究机构运动学特征的能力，即具有对运动机构（如凸轮连杆机构）的运动参数、运动轨迹、干涉校核进行研究的能力，以及对运动系统的仿真等进行研究的能力，从而为设计师设计运动机构时，提供直观的、可以仿真的交互式设计技术。

5）二、三维图形的转换功能。该功能是指二、三维图形应相互变换。众所周知，设计过程是一个反复修改、逐步逼近的过程。产品总体设计需要三维图形，而结构设计主要用二维图形。因此，从图形系统角度分析，设计过程也是一个三维图形变二维图形，二维图形变三维图形的变换过程。所以 CAD/CAM 系统应具有二、三维图形的转换功能。

6）三维几何模型的显示处理功能。该功能是指系统应具有动态显示图形、消除隐藏线（面）、彩色浓淡处理的能力，以便使设计师通过视觉直接观察、构思和检验产品模型，解决三维几何模型设计的复杂空间布局问题。

7）有限元法网格自动生成的功能。该功能是指系统应具有用有限元法对产品结构的静、动态特性、强度、振动、热变形、磁场强度、流场等进行分析的能力，以及自动生成有限元网格的能力。以便为用户精确研究产品结构受力，以及用深浅不同的颜色描述应力或磁力分布提供分析技术。有限元网格，特别是复杂的三维模型有限元网格的自动划分能力是十分重要的。

8）优化设计功能。该功能是指系统最低限度应具有用参数优化法进行方案优选的功能。优化设计是保证现代产品设计具有高速度、高质量、良好的市场销售的主要技术手段之一。

9）数控加工的功能。该功能是指系统具有三、四、五坐标机床加工产品零件的能力，并能在图形显示终端上识别、校核刀具轨迹和刀具干涉，以及对加工过程的模态进行仿真。

10）信息处理和信息管理功能。该功能是指系统应具有统一处理和管理有关产品设计、制造以及生产计划等全部信息（包括相应软件）的能力。或者说，应该建立一个与系统规模匹配的统一的数据库，以实现设计、制造、管理的信息共享，并达到自动检索、快速存取和不同系统间的交换和传输的目的。

（2）CAD/CAM 的发展趋势 CAD/CAM 技术开始于 20 世纪 50 年代，经历了近 50 年的发展，CAD/CAM 技术已经在工业生产的各个部门得到了普遍的应用，跨入 21 世纪，CAD/CAM 技术必将继续向前发展。展望未来，CAD/CAM 技术有以下几方面的发展趋势：

1）集成化。CAD/CAM 的集成是指把 CAD、CAM、CAPP 等各功能通过软件有机地结合起来，用统一的执行程序来组织各种信息的提取、交换、共事和处理，以保证系统内信息流的畅通，并协调各个系统有效地运行。它的显著特点是将产品设计与制造同生产管理、质量管理集成起来，通过生产数据采集形成一个闭环系统。CAD/CAM 集成是制造业发展的基础。该技术的应用与发展，正引发机械制造行业产生巨大的变革，对产业结构、生产方式、管理模式、产品设计与制造过程都将产生重大影响。

2）智能化。传统 CAD 技术在机械设计与制造中只能承担数值工作，如计算、分析、绘图等，然而在设计活动中还存在着另一类的推理型工作，如方案的构思与拟定，最佳方案的选择、结构设计、评价与决策、参数选择等。这些工作依赖于一定的知识模型，只有采用符号推理方法，才能获得圆满解决。CAD/CAM 智能化就是把人工智能的思想、方法引入传统的 CAD/CAM 系统中，分析归纳设计方案，从而提高设计制造水平，缩短生产周期，降低生产成本。近 20 年来，以知识和知识工程为基础的专家系统的出现，给 CAD/CAM 研究带来新的启发，并且取得了显著的成绩。它们使 CAD/CAM 系统具有一定的智能能力，能提出和选择设计方法与策略，使计算机能支持设计过程的各个阶段，尽量减少人工干预，使设计能自动地进行。因此，智能化 CAD/CAM 技术是一必然发展趋势。

3）网络化。网络技术是计算机技术和通信技术相互渗透而又密切结合的产物，CAD/CAM 作为计算机应用的一个重要方面，同样也离不开网络技术。单台计算机的处理能力限制了其应用范围，只有通过网络互联起来，才能资源共享和协调合作，发挥各自的效能。一个复杂的 CAD 系统本身就由一个计算机网络组成，其中的所有公用信息如图形、零件、编码等都存储在服务器所带的一个公用数据库中，而多台工作站可以通过网络共享其中的数据，进行各自的设计工作。工作站之间也可以通过网络交换相互所需的处理中间结果和最后结果。因此，CAD/CAM 技术网络化可以实现数据的交换、共享和集成，减少中间数据的重复输入、输出过程，从而大大提高生产效率，提高企业在市场上的竞争力。

三、柔性制造单元（FMC）与柔性制造系统（FMS）

（一）FMC 与 FMS 的基本概念

FMC 即柔性制造单元（Flexible Manufacturing Cell），它是在加工中心的基础上，配备自动上下料装置或机器人、自动测量和监控装置所组成的加工设备。它能高度自动化地完成工件与刀具的运输、测量、过程监控等，实现零件加工的自动化，常用于箱体类复杂零件的加工。与加工中心相比，它具有更好的柔性（可变性）和更高的生产效率。FMC 是多品种、中小批量生产中机械加工自动化的理想设备，特别适用于中、小企业。

FMS 即柔性制造系统（Flexible Manufacturing System），它是指以多台数控机床、加工中心及辅助设备为基础，用柔性的自动化运输、存储系统有机地结合起来，由计算机对系统的软、硬件资源实施集中管理和控制，从而形成一个物料流和信息流密切结合的高效自动化制造系统。

FMS 具有多方面的柔性，也称为柔性自动线，能够实现多品种、中小批量产品的生产自动化。

（二）FMS 的组成

FMS 主要由三部分组成：计算机控制信息系统、自动化物料输送和存储系统、自动化加工系统。

1. 计算机控制信息系统

计算机控制信息系统通过主控计算机或分级式计算机系统来实现制造自动化系统的主要控制功能。根据 FMS 的规模大小，系统的复杂程度将有所不同，通常大多采用 3 级分布式计算机控制系统。第三级为设备层控制系统，主要是对机床和工件装卸机器人的控制，包括对各种加工作业的控制和监测；第二级是工作站层控制系统，它包括对整个运转的管理、零件运动的控制、零件程序的分配以及第三级生产数据的收集；第一级为单元级控制系统，主要编制日程进度计划，把生产所需的信息如加工零件的种类和数量、每批生产的期限、刀夹具种类和数量等送到第二级系统管理计算机。

2. 自动化物料输送和存储系统

在 FMS 中，需要经常将工件装夹在托板（有的称随行夹具）上进行输送和搬动，通过物料输送系统可以实现工件在机床之间、加工单元之间、自动仓库与机床或加工单元之间以及托板存放站与机床之间的输送和搬运。在有些 FMS 中，自动搬运系统也负责刀具和夹具的运输。FMS 中的物料输送系统与传统的自动线或流水线不同，FMS 的工件输送系统可以不按固定节拍强迫运送工件。工件的传输也没有固定的顺序，甚至是几种零件混杂在一起输送的，FMS 的工件输送系统一般都处于可以随机调度的工作状态，而且都设置储料库以调节各工位上加工时间的差异。FMS 物料系统主要完成两种不同的工作：

（1）物料输送　物料输送包括两部分：一是零件毛坯、原材料、工具和配套件等由外界搬运进系统，以及将加工好的成品及换下的工具从系统中搬走；二是零件、工具和配套件等在系统内部的搬运。在一般情况下，前者需要人工干预，即将工件送入系统和在夹具上装夹工件都是人工操作，而后者可以在计算机的统一管理和控制下自动完成。物料输送系统所用的运输工具为运输小车、辊式运送带、传输带和搬运机器人等。

（2）物料存储　物料存储包括物品在仓库中的保管和生产过程中在制品的临时性停放。这就要求 FMS 的物料系统中，设置适当的中央料库和托盘库以及各种形式的缓冲储区，以保证系统的柔性。在 FMS 中，中央料库和托盘库往往采用自动化立体仓库。在制造自动化系统中，以自动化立体仓库为中心组成的一个毛坯、半成品、配套件或成品的自动存储、自动检索系统是物料系统的核心之一。它由库房、堆垛起重机、控制计算机、状态检测器、条形码扫描器等设备组成，是一个计算机统一控制进行作业和管理的仓库系统。在该系统中，堆垛起重机将根据主计算机的控制指令动作，主计算机与各物料搬运装置的计算机联机，并负责进行数据处理和物料管理工作。自动化立体仓库不仅因为对占地的立体使用，解决了地皮不足的难题，而且由于实现了出库作业的自动化和迅速处理存储信息的能力，克服了人手缺乏、库存管理复杂的困难。

3. 自动化加工系统

自动化加工系统通常由若干台加工零件的 CNC 机床或 CNC 加工设备组成。待加工的工件类别将决定 FMS 所采用的设备形式。自动化加工系统的主要类型有：

1）以加工箱体类零件为主的 FMS，这类 FMS 配备有数控加工中心（有时也有 CNC 铣床）。

2）以加工回转体类零件为主的 FMS，这类 FMS 多数配备有 CNC 车削中心和 CNC 车床（有时也有 CNC 磨床）。

3）适于混合零件加工的 FMS，即能够加工箱体类零件和回转体零件的 FMS。它们既配备有 CNC 加工中心，又配备有 CNC 车削中心或 CNC 车床。

4）用于专门零件加工的 FMS，如加工齿轮等零件的 FMS，它除配备有 CNC 车床外，还需配备 CNC 齿轮加工机床。柔性制造系统的加工能力，由它所拥有的加工设备的性能所决定。而 FMS 加工中心所需的功率、加工尺寸范围和精度都由待加工的零件族的精度决定。从物料输送和系统的连接方便性考虑，FMS 最好采用具有托盘装置的机床。同时，机床刀具库的容量也应能够满足加工的需要。从控制角度看，机床与外部环境的通信能力，即信息交换的种类、数量以及通信接口支持的网络标准也是机床的重要特性之一。

（三）FMS 的特点与应用

1. FMS 的特点

柔性制造系统（FMS）有两个主要特点，即柔性和自动化。FMS 与传统的单一品种自动生产线（相对于刚性自动生产线，如由机械式、液压式自动机床或组合机床等构成的自动生产线）的不同之处主要在于它具有柔性。有关专家认为，一个理想的 FMS 应具备 8 种柔性：

1）设备柔性。该柔性是指系统中的加工设备具有适应加工对象变化的能力。其衡量指标是当加工对象的类型、品种变化时，加工设备所需刀、夹、辅具的准备和更换时间；硬、软件的交换与调整时间；加工程序的准备与调校时间等。

2）工艺柔性。该柔性是指系统能以多种方法加工某一类工件的能力。工艺柔性也称加工柔性或混流柔性，其衡量指标是系统不采用成批生产方式而同时加工的工件品种数。

3）产品柔性。该柔性是指系统能够迅速地转换到生产另一新产品的能力。产品柔性也称反应柔性。衡量产品柔性的指标，是系统从加工一类工件转向加工另一类工件时所需的时间。

4）工序柔性。该柔性是指系统改变每种工件加工工序先后顺序的能力。其衡量指标是系统以实时方式进行工艺决策和现场调度的水平。

5）运行柔性。该柔性是指系统处理其局部故障，并维持继续生产原定工件的能力。其衡量指标是系统发生故障时生产率的下降程度或处理故障所需的时间。

6）批量柔性。该柔性是指系统在成本核算上能适应不同批量的能力。其衡量指标是系统保持经济效益的最小运行批量。

7）扩展柔性。该柔性是指系统能根据生产需要方便地进行模块化组建和扩展的能力。其衡量指标是系统可扩展的规模大小和难易程度。

8）生产柔性。该柔性是指系统适应生产对象变换的范围和综合能力。其衡量指标是前述 7 项柔性的总和。

2. FMS 的优点与应用

FMS 用于生产制造，从坯料进入车间到加工成成品零件的全生产过程中，由于各个环节自动化的实现，以及按生产需要，由计算机编制最佳零件加工进度计划，产生最佳物流和信息流，可明显看出 FMS 具有下列主要优点：①提高劳动生产率；②缩短生产周期；③提高产品质量；④充分提高机床利用率；⑤较大地减少操作人员；⑥较大地降低成本；⑦减少在制品数量和库存容量。

相对于大批量生产用的固定不变的刚性自动线而言，柔性制造系统主要用于中小批量生产。由于柔性制造系统具有高柔性、高质量、高效率、低成本等优点，所以应用日益广泛。

（四）FMS 的功能与发展趋势

1. FMS 的功能

一个比较完善的柔性制造系统通常具有以下功能：

1）以成组技术为核心的零件分析编组功能。

2）自动输送和储料功能。

3）能自动完成多品种、多工序零件的加工功能。

4）自动监控和诊断功能。

5）信息处理功能（如编制生产计划及生产管理程序等）。

2．FMS 的发展趋势

通过 30 多年的努力和实践，FMS 技术已臻完善，并进入了实用化阶段，形成了高科技产业。随着科学技术的飞跃进步以及生产组织与管理方式的不断完善，FMS 作为一种生产手段也将不断适应新的需求，不断引入新的技术，不断向更高层次发展。FMS 的主要发展趋势有：

1）小型化、单元化。早期的 FMS 强调规模，但由此产生了成本高、技术难度大、系统复杂、可靠性低、不利于迅速推广的弱点。自 20 世纪 90 年代开始，为了让更多的中小企业采用柔性制造技术，FMS 正在由大型复杂系统向经济、可靠、易管理、灵活性好的小型化、单元化方向发展。

2）模块化、集成化。为有利于 FMS 的制造厂家组织生产、减低成本，也有利于用户按需、分期、有选择性地购置系统中的设备，并逐步扩展和集成为功能强大的系统，FMS 的软、硬件都向模块化方向发展。以模块化结构（比如 FMC 即为 FMS 加工系统的基本模块）集成为 FMS，再以 FMS 作为制造自动化基本模块集成为 CIMS 是一种基本趋势。

3）高性能。各项技术性能与系统性能不断提高，例如采用各种新技术，提高机床的加工精度、加工效率；综合利用先进的检测手段、网络、数据库和人工智能技术，提高 FMS 各单元及系统的自我诊断、自我排错、自我修复、自我积累、自我学习能力，并提高机床对温度变化、振动、刀具磨破损、工件形状和表面质量的自反馈、自补偿、自适应控制能力；采用先进的控制方法和计算机平台技术，实现 FMS 的自协调、自重组和预报警功能等。

4）适用性。应用范围在逐步扩大，金属切削 FMS 的适应范围和品种正在逐步扩大，如向适合于单件生产的 FMS 扩展和向适合于大批量生产的 FMS（即 FML）扩展。另一方面，FMS 由最初的金属切削加工向金属热加工、装配等整个机械制造范围发展，并迅速向电子、食品、药品、化工等各行业渗透。

5）人性化。重视人的因素，完善适应先进制造系统的组织管理体系，将人与 FMS 以及非 FMS 生产设备集成为企业综合生产系统，实现人-技术-组织的兼容和人机一体化。

四、计算机集成制造系统（CIMS）

（一）CIMS 的基本概念

CIMS 即计算机集成制造系统（Computer Integrated Manufacturing System），它是在信息技术、自动化技术、计算机技术及制造技术的基础上，将企业全部生产活动所需的各种分散的自动化系统，通过计算机及其软件有机地集成起来，成为优化运行的高柔性和高效益的制造系统。

计算机集成制造系统又称计算机综合制造系统。它是在网络、数据库支持下，由计算机辅助设计为核心的工程信息处理系统、计算机辅助制造为中心的加工、装配、检测、储运、监控自动化工艺系统和经营管理信息系统所组成的综合体。在计算机集成制造系统的概念中应强调说明两点：

1）在功能上，计算机集成制造系统包含了一个工厂的全部生产经营活动，即从市场预测、产品设计、加工工艺设计、制造、管理至售后服务以及报废处理的全部活动。因此，计算机集成制造系统比传统的工厂自动化的范围要大得多，是个复杂的大系统，是工厂自动化的发展方向，是未来制造工厂的模式。

2）在集成上，计算机集成制造系统涉及的自动化不是工厂各个环节的自动化的简单叠加，而是在计算机网络和分布式数据库支持下的有机集成。这种集成主要是体现在以信息和功能为特征的技术集成，即信息集成和功能集成，以便缩短产品开发周期、提高质量、降低成本。这种集成不仅是物质（设备）的集成，而且是人的集成。

近年来，计算机集成制造系统取得了很大的进展，在其实施中有两个很重要的变化：一是由强调技术支撑变为强调技术、人和经营的集成，要通过管理把技术、组织（包括人）和经营（包括策略）集成起来；二是由"技术推动"变为"需求牵引"，强调用户的需求是成功实施的关键，用户是核心。

计算机集成制造是一种概念、一种哲理，是指导制造业应用计算机技术、信息技术走向更高阶段的一种思想方法、技术途径和生产模式，它代表了当前制造技术的最高水平，因而受到了广泛重视。

（二）CIMS 的组成和结构

1．CIMS 的组成

计算机集成制造系统包含了一个制造工厂的设计、制造和经营管理三种主要功能，在分布式数据库、计算机网络和指导集成运行的系统技术等所形成的支撑环境下，将三者集成起来。

（1）设计功能　设计功能包括计算机辅助设计、计算机辅助工艺过程设计、计算机辅助制造的工程设计（如夹具、刀具、检具等）和分析工作。

（2）加工制造功能　加工制造功能由加工工作站、物料输送及存储工作站、检测工作站、夹具工作站、刀具工作站、装配工作站、清洗工作站等完成产品的加工制造。同时应有工况监测和质量保证系统以便稳定可靠地完成加工制造任务。这里物料流与信息流交汇，将加工制造的信息适时反馈到相应部门。

（3）生产经营管理功能　经营功能主要包括市场预测和制定发展战略计划；管理功能主要包括制定年、月、周、日生产计划，物料需求计划，制造资源计划。

具体来说，计算机集成制造系统是由四个应用分系统和两个支撑分系统组成。它们分别是管理信息分系统、设计自动化分系统、制造自动化分系统、质量保证分系统、计算机通信网络分系统、数据库分系统，如图 16-30 所示。

1）管理信息分系统。该系统的主要功能是进行信息处理、提供决策信息和进行管理。将来自市场的竞争信息，结合企业的人、财、物等资源，制定企业相应的战略规划；将决策结果的信息，通过数据库和通信网络与各分系统进行联系和交换；对各分系统进行管理。

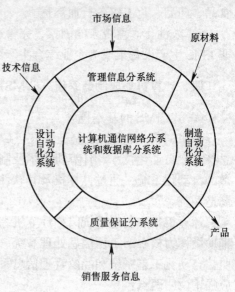

图 16-30　CIMS 的组成

2）设计自动化分系统。该系统的主要功能是进行工程设计、分析和制造，其主要功能模块有成组技术（GT）、计算机辅助设计（CAD）、计算机辅助工程（CAE）、计算机辅助工艺过程设计（CAPP）、计算机辅助制造（CAM）等。系统根据决策信息，利用计算机进行产品研究、设计和开发工作，并将设计文档、工艺规程、设备信息、工时定额发送给管理信息系统，将数控加工等工艺指令发送给制造自动化系统。

3）制造自动化分系统。该系统主要有数控机床（CNC）、加工中心（MC）、直接数控系统（DNC）、柔性制造单元（FMC）、柔性制造系统（FMS）等，包括仓库、缓冲站、运输车、刀具预调仪、装刀台、刀具库、清洗机、三坐标测量机、夹具组装台、机器人等设备。该系统也是物料流与信息流的结合部，能在计算机的控制与调度下，按照 NC 代码将毛坯加工成合格的零件，并装配成部件或产品。

4）质量保证分系统。该系统的主要功能是制定质量计划、进行质量信息管理和计算机辅助在线质量控制等。通过采集、存储、评价和处理在设计、制造过程中与质量有关的大量数据，从而提高产品的质量。

5）两个支撑分系统。数据库分系统管理整个 CIMS 的数据，实现数据的集成和共享；计算机通信网络分系统传递各个分系统内部和相互之间的信息，实现数据传递和系统通信功能。通过数据库和通信网络，使整个企业集成为一个有机的大系统。

2. CIMS 的结构

任何企业都是层级结构，但各层的职能及信息特点可能不同，计算机集成制造系统可以由公司、工厂、车间、单元、工作站和设备六层组成，也可由公司以下的五层、工厂以下的四层组成。设备是最下层，如一台机床、一台输送装置等；工作站是由几台设备组成；几个工作站组成一个单元，单元相当于柔性制造系统、生产线；几个单元组成一个车间，几个车间组成一个工厂，几个工厂组成一个公司。公司、工厂、车间、单元、工作站和设备各层的职能有计划、管理、协调、控制和执行。层次越高，信息越抽象，处理信息的周期就越长；层次越低，信息越具体，处理信息的时间要求越短。计算机集成制造系统的各层之间进行递阶控制，公司层控制工厂层，工厂层控制车间层，车间层控制单元层，单元层控制工作站层，工作站层控制设备层。递阶控制是通过各级计算机进行的，上层的计算机容量大于下层的计算机容量。

计算机集成制造系统的集成结构有多方面的含意：

1）功能集成，是指在产品设计、工程分析、工艺设计、制造生产等方面的集成。

2）信息集成，是指在工种信息、管理信息、质量信息等方面的集成，并通过信息集成做到从设计到加工的无图样自动生产，即数字化产品。

3）物流集成，是指从毛坯到成品的制造过程中，各个组成环节的集成，如储存、运输、加工、监测、清洗、检测、装配以及刀、夹、量具、工艺装备等的集成，通常称为底层的集成。

4）人机集成，是强调了"人的集成"的重要性及人、技术和管理的集成，提出了"人的集成制造（Human Integrated Manufacturing，HIM）"和"人机集成制造（Human and Computer Integrated Manufacturing，HCIM）"等概念，代表了今后集成制造的发展方向。

五、CIMS 的发展

20 世纪 70 年代初期，美国 Joseph Harrington 博士首先提出了计算机集成制造的概念，其核心思想就是强调在制造业中充分利用计算机的网络、通过技术和数据处理技术，实现产品信息的集成。此后，计算机集成制造在世界各国发展起来，美国国家标准和技术研究所自动化制造研究实验基地于 1981 年提出研究计算机集成制造的计划并开始实施，1986 年底完成全部工作，该部门已成为美国计算机集成制造技术的实验研究中心。

欧洲共同体把工业自动化领域的计算机集成制造作为信息技术战略的一部分，制定了欧洲信息技术研究发展战略计划（ESPRIT）以及有欧洲 19 个国家参加的西欧高技术合作发展计划（EURECA）即尤里卡计划。ESPRIT 计划包括微电子技术、软件技术、先进的信息处理技术、办公室自动化、计算机集成化生产 5 个部分。ESPRIT 计划的战略重点是为多家厂商生产的制造系统开发标准和技术，创建符合开发系统内部互连模式的体系结构，设计准则和接口，开发制造领域的计算机集成制造系统。英国、德国不少大学及澳大利亚、加拿大、日本也开展了 CIMS 技术的研究。

我国从 1986 年开始酝酿筹备进行计算机集成制造的研究工作，将它列入高技术研究发展计划（863 计划），成立了计算机集成制造系统（CIMS）主题专家组，提出了建立计算机集成制造系统实验研究中心（Computer Integrated Manufacturing System Experiment Research Center，CIMS—ERC）、单元技术网点和应用工厂等举措。建立了清华大学（计算机集成制造系统实验工程）、北京航空航天大学（集成化设计制造及信息处理）、上海交通大学（工艺规划与设计集成）、西安交通大学（集成化质量控制系统）、北京机床研究所（集成化柔性制造工程）、清华大学（集成化管理与决策信息系统）、东南大学（计算机集成制造数据库／网络）、中国科学院沈阳自动化研究所（计算机集成制造系统技术）7 个网点。先后选择了成都飞机工业公司、沈阳鼓风机厂、济南第一机床厂、上海第二纺织机械厂、北京第一机床厂等作为重点应用工厂。同时又设立了研究课题，重点研究 CIMS 的关键技术问题。

经过十几年的努力，我国在计算机集成制造技术上获得了巨大成功。从 1988 年至 1992年，通过 5 年工作，清华计算机集成制造系统实验工程按时胜利建成，1992 年通过了国家的鉴定和验收，达到了国际先进水平，在我国起到了示范工程的作用。该工程于 1993 年获国家教委科技进步一等奖，1994 年获美国制造工程学会议（SME）"大学领先奖"，1995 年获国家教委科技进步二等奖。为了发展我国的国民经济，成立了一大批工程技术研究中心，成为国家进行计算机集成制造工程研究的基地。在这段时期，单元技术网点也相继建成，在研究范围上均有所扩充。在工厂应用方面也取得了重大进展和优异成绩。北京第一机床厂获1995 年美国制造工程学会"工业领先奖"，还获联合国工业发展组织 1994、1995 年"工业发展奖"，该厂和成都飞机工业公司、沈阳鼓风机厂均获得了 CIMS 应用领先企业奖，现已在全国十多个省市近 60 个厂家推广应用 CIMS。

复 习 题

16-1　什么叫组合机床？它有什么特点？

16-2　组合机床有哪几种配置型式？

16-3　组合机床的通用部件和专用部件主要是指哪些部件？

16-4　指出滑台的几种典型工作循环，并说明各适合什么样零件的加工？

16-5　根据机械滑台的传动系统图（图 16-8）分析下列问题：

1）快速电动机工作时，工进电动机为什么可以工作或可以不工作？

2）工作进给时，快速电动机为什么要制动？不制动会怎样？

16-6　说明齿盘定位式回转工作台的工作原理。

16-7　什么是组合机床自动线？它适于什么样的生产加工情况？

16-8　什么是数控机床？说明它的组成及工作过程。

16-9　数控机床及其加工有什么特点？

16-10　数控机床通常是怎样分类的？

16-11　什么是成组技术？它有什么优点？

16-12　CAD/CAM 系统的主要功能有哪些？

16-13　什么是柔性制造系统？它适于什么样的生产加工情况？

16-14　柔性制造系统（FMS）由哪几部分组成？它有哪些功能和特点？

16-15　下列代号各表示什么意思？

CNC；MC；FMC；CIMS

16-16　简述 CIMS 的组成和结构。

附　录

附录 A　机构运动简图符号（摘自 GB/T4460—1984）

序号	名　称	基 本 符 号	可 用 符 号
1	平面回转副		
2	空间回转副		—
3	棱柱副（移动副）		
4	螺旋副		
5	圆柱副		
6	球销副		—
7	球面副		—
8	平面副		—

序 号	名 称	基 本 符 号	可 用 符 号
9	球与圆柱副		—
10	球与平面副		—
11	机架		—
12	轴、杆		—
13	构件组成部分的永久连接		
14	组成部分与轴（杆）的固定连接		
15	构件组成部分的可调连接		
16	导杆		
17	滑块		—
18	圆柱轮摩擦传动		
19	圆锥轮摩擦传动		
20	双曲面轮摩擦传动	—	

（续）

序　号	名　　称	基　本　符　号	可　用　符　号
21	可调圆锥轮 摩擦传动		
22	可调冕状轮 摩擦传动		
23	圆柱齿轮		
24	圆锥齿轮		
25	挠性齿轮		—
26	直齿圆柱齿轮		
27	斜齿圆柱齿轮		
28	人字齿圆柱齿轮		
29	直齿锥齿轮		
30	斜齿锥齿轮		
31	弧齿锥齿轮		
32	圆柱齿轮传动		

序　号	名　称	基　本　符　号	可　用　符　号
33	非圆柱齿轮传动		
34	锥齿轮传动		
35	准双曲面 锥齿轮传动		
36	蜗轮与圆柱 蜗杆传动		
37	蜗轮与球面 蜗杆传动		
38	交错轴齿轮传动		
39	齿条传动		

序 号	名 称	基 本 符 号	可 用 符 号
40	扇形齿轮传动		
41	盘形凸轮		—
42	移动凸轮		—
43	圆柱凸轮		
44	槽轮机构		—
45	棘轮机构		
46	联轴器（一般符号）		—
47	固定联轴器		—
48	可移式联轴器		—
49	弹性联轴器		—
50	啮合式离合器（单向式）		
51	啮合式离合器（双向式）		—

序 号	名 称	基 本 符 号	可 用 符 号
52	摩擦离合器 （单向式）		
53	摩擦离合器 （双向式）		
54	液压离合器 （一般符号）		—
55	电磁离合器		—
56	离心摩擦离合器		—
57	超越离合器		—
58	安全离合器 （带有易损元件）		—
59	安全离合器 （无易损元件）		—
60	制动器（一般符号）		—
61	带传动（一般符号）		—
62	链传动（一般符号）		—
63	螺杆传动（整体螺母）		

（续）

序　号	名　称	基　本　符　号	可　用　符　号
64	螺杆传动 （开合螺母）		
65	滚珠螺母	—	
66	挠性轴		—
67	轴上飞轮		
68	分度头	n	—
69	向心普通轴承		
70	向心滚动轴承		
71	单向推力 普通轴承		—
72	双向推力 普通轴承		—
73	推力滚动轴承		
74	单向向心推力 普通轴承		
75	双向向心推力 普通轴承		—
76	向心推力滚动轴承		

序　号	名　称	基　本　符　号	可　用　符　号
77	压缩弹簧	ϕ 或 $\square$	—
78	拉伸弹簧		—
79	扭转弹簧		—
80	碟形弹簧		—
81	原动机（通用符号）		—
82	电动机（一般符号）		—
83	装在支架上的电动机		—

注：1. 对于离合器，当需要表明操纵方式时，可加注下列符号：M—机动的；H—液动的；P—气动的；E—电动的（如电磁）。

2. 序号 69～76 有关轴承的部分采用的是现行机械制图国家标准 GB4460—84 的规定画法，其部分名词术语已陈旧，有待修订，故与表 4-1 中滚动轴承的名称不一致。

附录 B 常用液压与气动元件图形符号（摘自 GB/T786.1—1993）

表 B-1 基本符号、管路及连接

名　称	符　号	名　称	符　号
工作管路		管端连接于油箱底部	
控制管路		密闭式油箱	
连接管路		直接排气	
交叉管路		带连接排气	
柔性管路		带单向阀快换接头	
组合元件线		不带单向阀快换接头	
管口在液面以上的油箱		单通路旋转接头	
管口在液面以下的油箱		三通路旋转接头	

表 B-2 控制机构和控制方法

名　称	符　号	名　称	符　号
按钮式人力控制		单向滚轮式机械工程	
手柄式人力控制		单作用电磁控制	
踏板式人力控制		双作用电磁控制	
顶杆式机械控制		电动机旋转控制	
弹簧控制		加压或泄压控制	
滚轮式机械控制		内部压力控制	

（续）

名　称	符　号	名　称	符　号
外部压力控制	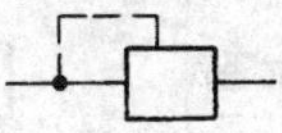	电-液先导控制	
气压先导控制	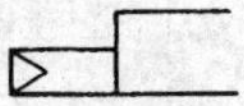	电-气先导控制	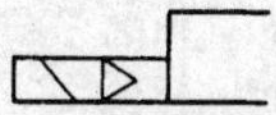
液压先导控制	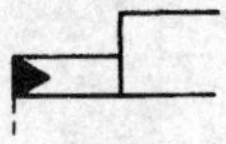	液压先导泄压控制	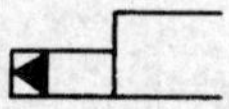
液压二级先导控制	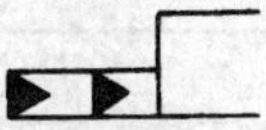	电反馈控制	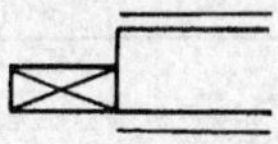
气-液先导控制		差动控制	

表 B-3　泵、马达和缸

名　称	符　号	名　称	符　号
单向定量液压泵	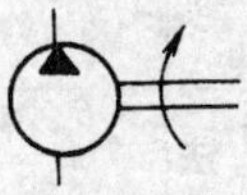	双向变量马达	
双向定量液压泵	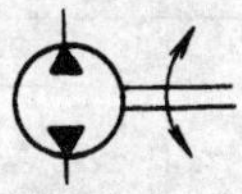	定量液压缸-马达	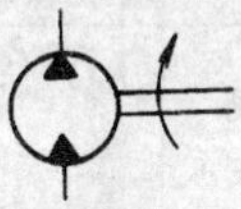
单向变量液压泵	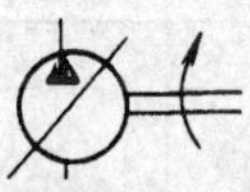	变量液压泵-马达	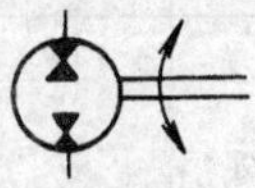
双向变量液压泵	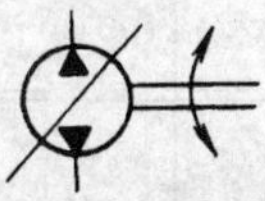	液压整体式传动装置	
单向定量马达	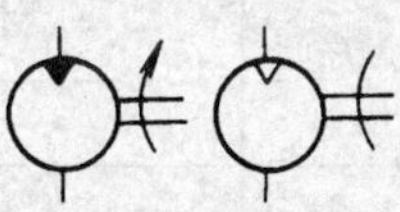	摆动马达	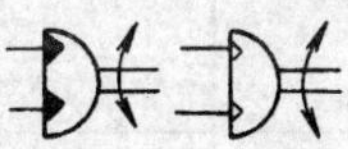
双向定量马达	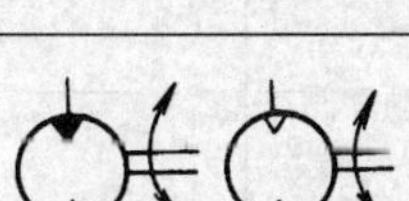	单作用弹簧复位缸	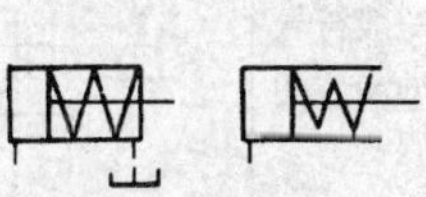
单向变量马达	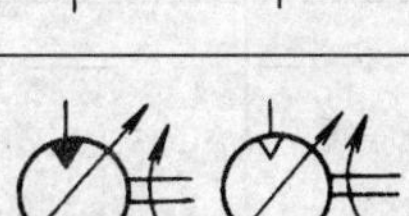	单作用伸缩缸	

（续）

名　称	符　号	名　称	符　号
双作用单活塞杆缸		双向缓冲缸	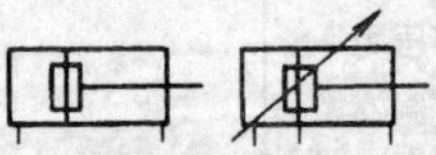
双作用双活塞杆缸	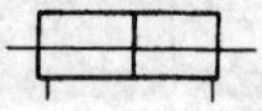	双作用伸缩缸	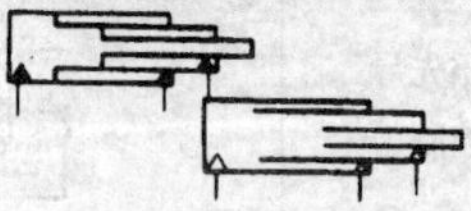
单向缓冲缸	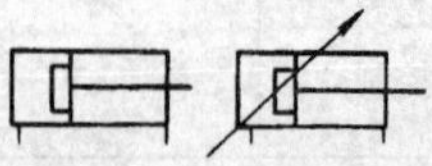	增压器	

表 B-4　控 制 元 件

名　称	符　号	名　称	符　号
溢流阀一般符号或直动型溢流阀	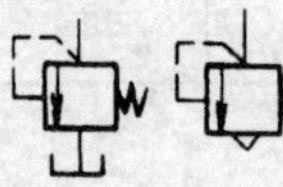	溢流减压阀	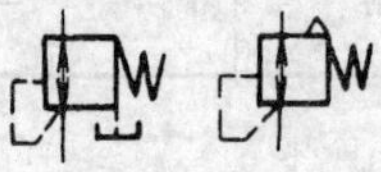
先导型溢流阀	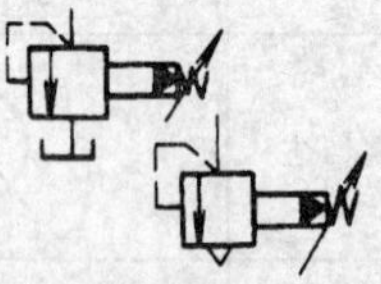	先导型比例电磁式溢流阀	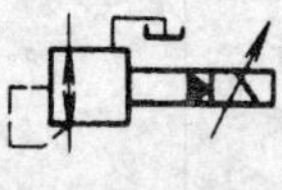
先导型比例电磁溢流阀	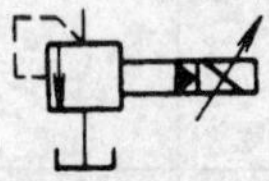	定比减压阀	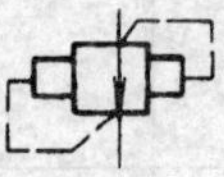
卸荷溢流阀	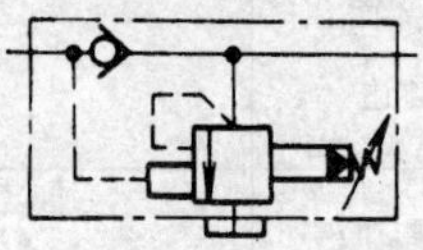	定差减压阀	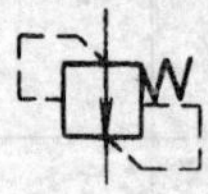
双向溢流阀	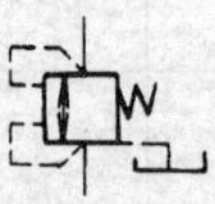	顺序阀一般符号或直动型顺序阀	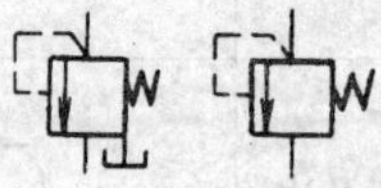
减压阀一般符号或直动型减压阀	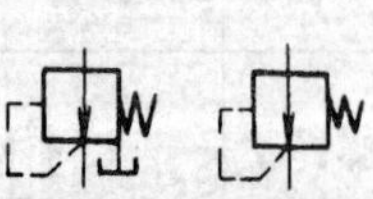	先导型顺序阀	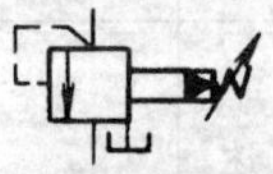
先导型减压阀	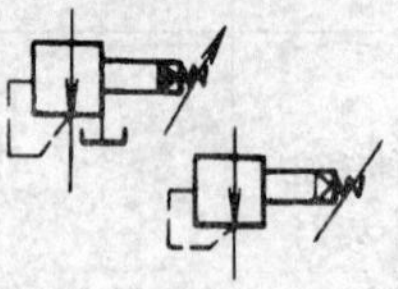	单向顺序阀（平衡阀）	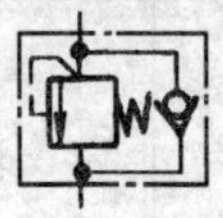

名　称	符　号	名　称	符　号
卸荷阀一般符号或直动型卸荷阀		集流阀	
制动阀		分流集流阀	
不可调节流阀		单向阀	
可调节流阀		液控单向阀	
可调单向节流阀		液压锁	
减速阀		或门型梭阀	
带消声器的节流阀		与门型梭阀	
调速阀		快速排气阀	
温度补偿调速阀		二位二通换向阀	
旁通型调速阀		二位三通换向阀	
单向调速阀		二位四通换向阀	
分流阀		二位五通换向阀	

（续）

名　称	符　号	名　称	符　号
三位四通换向阀		四通电液伺服阀	
三位五通换向阀		截止阀	

表 B-5　辅　助　元　件

名　称	符　号	名　称	符　号
过滤器	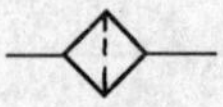	气罐	
磁芯过滤器		压力计	
污染指示过滤器	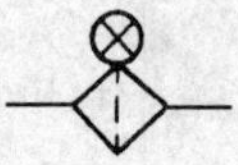	液面计	
分水排水器	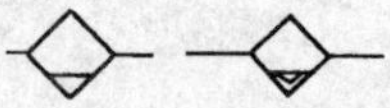	温度计	
空气过滤器		流量计	
除油器	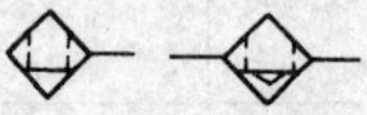	压力继电器	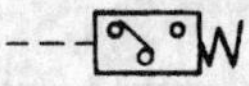
空气干燥器	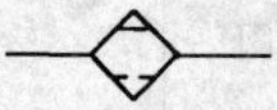	消声器	
油雾器		液压源	
气源调节装置		气压源	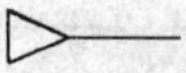
冷却器		电动机	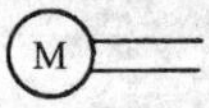
加热器		原动机	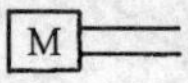
蓄能器		气-液转换器	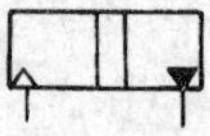

参 考 文 献

1　黄锡恺，郑文纬主编．机械原理．北京：人民教育出版社，1981
2　文朴等主编．机械设计．北京：机械工业出版社，1997
3　陈家康，刘靖华，包展康编．机械基础．上海：上海科学普及出版社，1993
4　符颖示主编．机械基础知识．北京：高等教育出版社，1991
5　许德珠，司乃钧主编．金属工艺学．北京：高等教育出版社，1993
6　邓文英主编．金属工艺学．第3版．北京：高等教育出版社，1991
7　雷天觉主编．液压工程手册．北京：机械工业出版社，1990
8　大连工学院机械制造教研室编．金属切削机床液压传动．第2版．北京：科学出版社，1985
9　丁树模主编．液压传动．第2版．北京：机械工业出版社，1998
10　谢家瀛主编．组合机床设计简明手册．北京：机械工业出版社，1994
11　张利平主编．液压气动系统设计手册．北京：机械工业出版社，1997
12　王孝华，陆鑫盛编．气动元件．北京：机械工业出版社，1991
13　郑洪生主编．气压传动及控制．修订本．北京：机械工业出版社，1998
14　徐永生主编．液压与气动．北京：高等教育出版社，1998
15　吴圣庄主编．金属切削机床．北京：机械工业出版社，1980
16　顾维邦主编．金属切削机床概论．北京：机械工业出版社，1992
17　范俊广主编．数控机床及其应用．北京：机械工业出版社，1993
18　丁树模主编．机械工程学．第3版．北京：机械工业出版社，2003
19　虞同书，文允钢主编．机械工程基础．北京：航空工业出版社，1996
20　贾亚洲主编．金属切削机床概论．北京：机械工业出版社，1994
21　吴国华主编．金属切削机床．北京：机械工业出版社，1995
22　张振国主编．数控机床的结构与应用．北京：机械工业出版社，1995
23　刘振辉，杨嘉楷主编．特种加工．重庆：重庆大学出版社，1991
24　宗培言主编．机械工程概论学．北京：机械工业出版社，2002
25　张绍甫主编．机械工程基础．第2版．北京：高等教育出版社，2003
26　刘跃南主编．机械基础．北京：高等教育出版社，2000